天下文化
BELIEVE IN READING

財經企管 BCB777

元宇宙

THE
METAVERSE

And How it Will Revolutionize Everything

馬修‧柏爾 Matthew Ball ——— 著

林俊宏——譯

葛如鈞（寶博士）———審訂

獻給蘿西（Rosie）、伊莉絲（Elise）與希拉蕊（Hillary）

目錄

各界推薦

對於科技、社會、人性與創意的發展交會，提出發人深省的看法。任何創作者或企業如果想要踏上旅程、探索元宇宙這個全新領域，就不能錯過馬修·柏爾這本啟迪觀點的指南。一個由個人所形塑、由驚人美妙的社交體驗所推動的新世界，已經揭開序幕。

——吉田憲一郎
索尼（Sony）執行長

「元宇宙」是新興的熱門詞彙，但很少人能夠真正提出定義。馬修·柏爾這部涵蓋全面的著作，不但點出元宇宙的潛力，同樣重要的是，書中也提出實現元宇宙需要面對的挑戰，並指出元宇宙如何融入科技演變過程，從個人運算、網際網路再發展到行動運算。這本書能讓我們區分事實與虛構、炒作與現實，只要想了解元宇宙的可能性，都應該以本書為最基本的讀物。

——里德·海斯汀（Reed Hastings）
Netflix 共同創辦人暨共同執行長

內容面面俱到、引人入勝，並與我們切身相關。不論我們如何看待元宇宙的發展，馬修・柏爾在本書所提出的議題都會繼續形塑我們在線上與實體的未來。

——菲爾・史賓塞（Phil Spencer）
微軟遊戲執行長

這些年來，馬修・柏爾的文章定義、分析、啟發元宇宙的發展。他的著作平易近人、不容錯過，讓我們了解這種新媒體的策略、技術與哲學基礎。同時也點出一項契機，能夠打造開放的系統、為所有人帶來機會，而不只是讓科技巨擘再次建起圍牆花園。

——提姆・斯維尼（Tim Sweeney）
Epic Games 執行長暨共同創辦人

本書勾勒出一幅清晰且豐富的景象，讓人了解元宇宙會呈現出什麼樣貌，以及元宇宙出現的方式與原因。馬修・柏爾提供深入精闢的分析，介紹推動元宇宙的各項關鍵科技，也讓我們看到元宇宙將如何改變全球的生活、創造數十兆美元的價值。

——約翰・里奇泰羅（John Riccitiello）
Unity Technologies 執行長、
美商藝電（Electronic Arts）前執行長

元宇宙會取代網際網路嗎？還是會像燦爛的煙火一樣轉瞬即逝？……馬修・柏爾頭腦清晰、熟知產業與數位世代，並且行文流暢簡明，他擔任我們的嚮導，協助讀者看穿炒作，看清前方可能出現驚天動地的種種變化。

——肯恩・歐來塔（Ken Auletta）
《紐約時報》（*New York Times*）排行榜暢銷著作
《Google 大未來》、《友敵》（*Frenemies*）作者

多年來，馬修・柏爾寫下一篇又一篇關於元宇宙的文章，影響深遠，而他現在將所知的一切去蕪存菁，呈現出一本權威性的指南。只要是受到元宇宙影響的人，也就是我們所有人，都能作為參考。這本著作不僅記錄我們的當下，還將塑造我們共同的未來。

——泰勒・羅倫茲（Taylor Lorenz）
《華盛頓郵報》（*Washington Post*）科技專欄作家

這本書是一項非凡的成就，它對於一種可能形塑整個數位世界、全球經濟、甚至是人類意識的新興現象，提出最權威可靠的論述。

——德瑞克・湯普森（Derek Thompson）
《大西洋月刊》（*Atlantic*）特約撰稿、暢銷著作
《引爆瘋潮》作者

引言

　　科技常常會帶來眾人意料之外的驚喜；但說到那些最宏大、也最奇幻的發展，又往往在幾十年前便有人預期到它們的出現。1930 年代，時任華盛頓卡內基研究所（Carnegie Institution of Washington）所長的凡納爾·布許（Vannevar Bush）開始研究一種機電設備，當時這種設備還只存在於假說之中，號稱能把所有書籍、紀錄與通訊資料都儲存起來，再靠著關鍵字關聯（keyword association）將這些資訊自動連結在一起，無須採用傳統階層式的儲存模型。布許將這套設備稱為「Memex」〔記憶延伸器（memory extender）的縮寫〕，並強調雖然這樣做資料庫會非常龐大，但查閱的過程將「無比迅速且靈活」。

　　在這項早期研究之後的幾年間，布許成為美國歷史上影響力數一數二的工程師暨科學官員，於 1939 到 1941 年擔任美國航空顧問委員會（National Advisory Committee for Aeronautics）副主席，並且曾經臨時接任主席職位；這個委員會正是美國太空總署（NASA）的前身。布許在任內說服小羅斯福總統（Franklin D. Roosevelt）成立聯邦機關「科學研發辦公室」

（Office of Scientific Research and Development，簡稱 OSRD），
這個新機構由布許執掌，直屬總統府。科學研發辦公室得到幾
乎無上限的資金支持，主要用來研發在第二次世界大戰期間襄
助美國的各種祕密計畫。

　　科學研發辦公室成立才四個月，小羅斯福總統與布許和副
總統亨利・華萊士（Henry A. Wallace）開了個會，會後批准
史稱「曼哈頓計畫」的原子彈計畫。為了管理這項計畫，小羅
斯福成立「最高政策小組」（Top Policy Group），成員有他本
人、布許、華萊士、戰爭部長亨利・史汀生（Henry L. Stimson）、
陸軍參謀長喬治・馬歇爾（George C. Marshall），以及詹姆斯・
科南特（James B. Conant）；當時科南特領導科學研發辦公室
管理的一個子機構，而這個機構原先是由布許帶領。此外，鈾
委員會〔Uranium Committee，後來改稱 S-1 執行委員會（S-1
Executive Committee）〕也是直屬於布許。

　　1945 年，大戰已經結束，但布許還要再兩年才會卸下科
學研發辦公室主任的身分。他在這段期間發表兩篇著名的文
章。第一篇是向總統的投書〈科學，無盡的邊疆〉（Science,
the Endless Frontier），呼籲政府增加對科技的投資，而不是進
入承平時期便減少經費，另外他也呼籲成立國家科學基金會
（National Science Foundation）。第二篇則是發表在《大西洋月
刊》（The Atlantic）的〈如吾人所思〉（As We May Think），公
開詳細介紹對 Memex 的願景。

　　在這兩篇文章之後，布許逐漸退出公職與大眾的視線，但他對政府、科學與社會的各種貢獻則漸漸水到渠成。從 1960 年代開始，美國政府資助一系列國防部計畫，和外部研究者、大學與其他民間機構合作，共同開發出網際網路的基礎。與此同時，布許的 Memex 也慢慢推動著「超文件」（hyper-text）概念的創造與發展，這也正是全球資訊網（World Wide Web）的一項基本概念。全球資訊網一般正是以 HTML（HyperText Markup Language，意思是：超文件標記語言）編寫，使用者只要點選某段特定文字，就能連結到幾乎無窮無盡的各種線上內容。經過二十年後，美國聯邦政府成立網際網路工程任務小組（Internet Engineering Task Force，簡稱 IETF）指導「網際網路協定套組」（Internet Protocol Suite，通稱 TCP/IP）的技術發展，並且在國防部協助下成立全球資訊網協會（World Wide Web Consortium），協會的職責之一就是管理持續發展的 HTML 的技術。

　　雖然一般民眾通常無緣在第一線見證科技的發展，但科幻小說倒是常常刻畫出最清楚的未來景象。1968 年，擁有彩色電視機的美國家庭還不到 10％，電視的尺寸也幾乎只有小冰箱那麼大，但是當年票房第二高的電影《2001 太空漫遊》（*2001: A Space Odyssey*）已經想像著未來的電視會像杯墊一樣薄，大家也能輕鬆的配電視吃早餐。現在的人看到這部電影，立刻就會聯想到 iPad。一般來說，想像中的科技（像是布許提

出的 Memex）得花上比預期更久的時間才能實現。就像是在史丹利・庫柏力克（Stanley Kubrick）這部開創性的科幻未來電影上映之後，足足經過將近四十五年，iPad 才終於上市，已經比電影的設定晚了十幾年。

時間走到 2021 年，平板電腦已經處處可見，太空旅行也似乎即將成真。整個夏天，億萬富翁理查・布蘭森（Richard Branson）、伊隆・馬斯克（Elon Musk）與傑夫・貝佐斯（Jeff Bezos），都在努力將民航高度帶到地球的較低軌道（lower orbit），並設法開啟太空電梯與星際殖民時代。然而，真正讓人覺得未來已經來到的科技發展，卻是另一個同樣已經有數十年之久的科幻概念：元宇宙（Metaverse）。

2021 年 7 月，臉書（Facebook）創辦人暨執行長馬克・祖克柏（Mark Zuckerberg）表示：「我們公司的下個篇章，將會從大家眼中的社群媒體公司，轉變為一間元宇宙公司。而且不用多說，我們目前推出的各種應用程式，都會直接推動實現這項願景。」[1] 在這之後不久，祖克柏公開宣布成立一個以元宇宙為焦點的部門，並且將臉書實境實驗室（Facebook Reality Labs）主任升職為科技長（Chief Technology Officer，簡稱 CTO）；臉書實境實驗室負責各種未來科技計畫，包括 Oculus VR（VR 指 virtual reality，意思是：虛擬實境）、AR 眼鏡（AR 指 augmented reality，意思是：擴增實境）眼鏡，以及各種腦機介面（brain-to-machine interface， 又 名 Brain-to-Computer

Interface）。2021 年 10 月，祖克柏宣布臉書將更名為「Meta 平台」（Meta Platforms）＊，以反映公司將致力朝向「元宇宙」轉型。許多臉書股東並沒有預料到，祖克柏也表示，他對元宇宙的投資將使臉書 2021 年的營收減少超過 100 億美元，並且他還警告，投資金額將在未來數年間水漲船高。

雖然祖克柏的大膽宣告得到最多關注，但是臉書的眾家同行與競爭對手，其實早在先前幾個月就推過類似的計畫，或是提出類似的聲明。當年 5 月，微軟執行長薩蒂亞・納德拉（Satya Nadella）就談過由微軟主導的「企業元宇宙」（enterprise Metaverse）。同樣，運算與半導體龍頭輝達（Nvidia）的執行長暨創辦人黃仁勳（Jensen Huang）也告訴投資人：「元宇宙的經濟規模⋯⋯（將會）大於實體世界的經濟規模」†，而輝達平台與處理器將會成為元宇宙的核心。[2] 在 2020 年第四季以及 2021 年第一季，遊戲業出現兩次史上規模最大的首次公開募股（IPO），分別是 Unity Technologies 與 Roblox Corporation；這兩間公司都提出一套和元宇宙相關的敘事，用來包裝企業歷史與壯志雄心。

＊ 作者注：為了避免混淆，本書還是會繼續以「臉書」來指稱「Meta 平台」。因為在解釋元宇宙與各個相關平台的時候，我們還得談到元宇宙科技的早期霸主叫作 Meta 平台，實在太過混亂。

† 作者注：根據國際貨幣基金組織（International Monetary Fund，簡稱 IMF）、聯合國與世界銀行（World Bank）估計，全球在 2021 年的國內生產毛額（GDP）約為 90 到 95 兆美元。

　　在 2021 年剩下的幾個月裡,「元宇宙」一詞幾乎是人人都得提一提,所有企業與高層似乎都得對這件事說上兩句,好像有了元宇宙就能讓公司更賺錢、顧客更快樂,對手也沒那麼可怕了。在 Roblox 於 2020 年 10 月申請首次公開募股之前,「元宇宙」這個詞只在美國證券交易委員會(Securities and Exchange Commission)申報文件裡出現過五次。[3] 到了 2021 年,這個詞卻已經出現超過 260 次。同年,為投資人提供財務與投資資訊的軟體公司彭博(Bloomberg),就有超過一千則文章與報導提到元宇宙;然而,在過去十年間,這間公司的文章當中只有七則提及這個詞。

　　對元宇宙有興趣的不只有西方國家與企業。2021 年 5 月,中國最大的企業、也是網路遊戲龍頭的騰訊公司,就公開提出對於元宇宙的願景,稱其為「超數位實境」(Hyper Digital Reality)*。隔天,韓國科學技術情報通訊部(Ministry of Science and ICT)宣布成立「(韓國)元宇宙聯盟」,成員包括 SK 電訊(SK Telecom)、友利銀行(Woori Bank)、現代汽車(Hyundai Motor)等超過四百五十間公司。8 月初,推出《絕地求生》(*PlayerUnknown's Battlegrounds*,簡稱 PUBG)的韓國遊戲產業龍頭魁匠團(Krafton)完成首次公開募股,規模達到韓國史上第二大之高。魁匠團的投資銀行清楚告訴各方潛

---

* 譯注:中國用語為「超數字現實」。

在投資人，這間企業將會成為元宇宙領域的全球領導者。而在接下來幾個月裡，中國網際網路龍頭阿里巴巴，以及全球社群網路 TikTok（抖音國際版）的母公司字節跳動，也開始註冊各種元宇宙商標，並且收購各個和虛擬實境與 3D 相關的新創企業。與此同時，魁匠團也公開表示將打造一個「PUBG 元宇宙」（PUBG Metaverse）。

　　元宇宙不只抓住科技資本與科幻迷的想像。在騰訊公開發表超數位實境的願景後不久，中國共產黨對中國國內的遊戲產業進行史上最大規模的壓制。新政策包括週一至週四禁止未成年人玩電玩，週五至週日也只開放晚上 8 點到 9 點；換句話說，未成年人每週玩電玩的時間最多就只有三小時。此外，騰訊等公司也必須使用臉部辨識軟體搭配玩家的中國身分證，定期確保未成年玩家不會借用成年玩家的設備而規避相關規則。騰訊也承諾為「可持續社會價值」投入 500 億人民幣；據彭博表示，捐款將主要用在「增加窮人收入、改善醫療援助、提高農村經濟效率、補助教育計畫」。[4] 短短兩週後，中國第二大企業阿里巴巴也投入差不多的金額。中國共產黨釋出的訊息很明確：你該看的是同胞，而不是什麼虛擬化身。

　　眼見遊戲內容與平台在大眾生活中變得愈來愈重要，中國共產黨的憂慮也在同年 8 月表現得更明顯，官方報紙《證券時報》警告讀者，元宇宙是個「宏大而虛幻的概念」，如果「盲

目追捧（元宇宙），最終受傷的可能是自己的錢袋子」。[*†5]對
於中國所提出的各種警告、禁令與稅目，有些評論家認為這正
證明元宇宙的重要性。對於一個一黨專政、中央計畫經濟的共
產國家而言，一個可以推動協作與交流的平行世界是一種威
脅，無論這個世界是由單一企業或是去中心化的社群來經營。

　　然而，不只有中國擔心元宇宙的崛起。當年 10 月，歐洲
議會的成員也開始提出憂慮，其中一股特別重要的聲音來自凱
絲特・夏德慕瑟（Christel Schaldemose）。夏德慕瑟在歐盟擔
任總談判代表，當時歐盟正針對數位時代法規進行史上最大規
模的改革，法規內容絕大部分就是要限制所謂科技巨擘的權
力，例如臉書、亞馬遜（Amazon）、Google 等。她在 10 月向
丹麥《政治報》（*Politiken*）表示：「元宇宙的各項計畫令人深
感憂慮」，歐盟「必須有所考量」。[6]

　　很有可能，目前會有這麼多關於元宇宙的宣告、批評與警
告，其實只是因為現實世界有個同溫層，正眾聲嘈雜的談論某
個虛擬的幻想。或者，甚至這些聲音只是為了提出新的故事、
推出新的產品、帶動新一波行銷，根本不會讓生活產生什麼重
大改變。畢竟科技業早有先例，儘管某個流行詞受到大肆炒
作，但距離能夠真正上市卻還早得很，像是 3D 電視；又或

---

* 作者注：《證券時報》對於元宇宙的描述中也引用了本書作者的說法。
† 編注：譯者在此未依循英文原文翻譯，而是引用《證券時報》原文，詳見：
　https://finance.sina.com.cn/roll/2021-09-09/doc-iktzscyx3129923.shtml。

者，技術能達到的程度和當初的承諾有大幅落差，像是虛擬實境頭戴設備或虛擬助理。但是，這次倒有個過去難得一見的現象。這些全球規模數一數二的企業，竟然在如此早期就公開宣告，要以這些新概念為自己重新定位，矢言達成他們許下的無比遠大願景，並且把這樣的願景交給員工、顧客與股東做評斷。

元宇宙這個概念能激起如此戲劇性的反應，顯示出眾人愈來愈相信這會是下一代的運算與人際網路連結平台，這種轉變所影響的層面，不亞於從 1990 年代的個人電腦與固網，轉換為現今的行動裝置與雲端運算世代。當時的轉變，捧紅了一個原本鮮為人知的商學院術語：「破壞」（disruption），幾乎所有產業都因此徹底轉型，同時也讓現代社會與政治大為改觀。然而，當時的轉變與這次元宇宙將帶來的轉變有一項關鍵差異，那就是「時機」。當時，大多數產業與個人並未預見到行動裝置與雲端運算的重要性，因此只能被動回應改變，或是辛苦的抵擋那些更有見識的人所帶來的破壞。但是，面對元宇宙，眾人卻提早許久就開始準備，而且十分積極主動。

2018 年，元宇宙還只是個模糊而不受關注的概念，而我已經開始在網路上撰寫一系列相關文章，在接下來幾年內，那些文章的閱讀人次來到數百萬次，而元宇宙也從平裝科幻小說的世界來到《紐約時報》頭版、進入全球各地的企業策略報告。

本書會將我過去關於元宇宙所寫的一切內容加以更新、擴

展與重塑，核心目的就是為這個還在發展中的概念提出一項清晰、全面、權威的定義。同時，我還有一項更大的抱負：希望能幫助讀者了解，怎樣才能實現元宇宙、為什麼未來會有許多世代移居至元宇宙，以及元宇宙將會如何永遠改變我們的日常生活、工作以及思維。在我看來，這些改變將帶來數十兆美元的價值。

第一部

元宇宙是什麼？

第 1 章

一部簡單的未來史

「Metaverse」*（元宇宙）一詞，是由作家尼爾・史蒂文森（Neal Stephenson）在 1992 年的小說《潰雪》(*Snow Crash*) 中所創。這部小說影響深遠，雖然書中並沒有提出元宇宙的具體定義，但描述一個會不斷延續存在的虛擬世界，與人類幾乎所有的生存層面都有所接觸、互動與影響。在那個虛擬世界，人類可以工作、可以休閒，可以自我實現、可以消耗體力，可以培養藝術、也可以發展商業。在史蒂文森筆下，魅他域的這條「大街」(The Street) 上不論何時都有大約一千五百萬個由真人控制的虛擬化身，是「魅他域的百老匯、它的香榭大道」；在那個足足有地球兩倍半大小的虛擬行星上，大街橫跨整個星球。如果做個比較，在《潰雪》出版的那一年，現實世界的網際網路使用者人數還不到一千五百萬人。

雖然史蒂文森提出的願景鮮活生動，讓許多人覺得深受鼓舞，但同時也是個反烏托邦的景象。《潰雪》的場景設定在 21

---

* 譯注：Metaverse 在小說中的譯名為「魅他域」，後文中的「魅他域」表示為《潰雪》書中的敘述與情節。

世紀初，全球經濟崩潰多年後的某個時間點，管理體制多半已經從過去的政府組織替換成為以營利為目標的「特許經營事業組織類國家實體」（Franchise-Organized Quasi-National Entity）與「郊郡」（burbclave，suburban enclave 的縮寫）。每個郊郡就是「一個有自己體制的城邦，有邊境、法律、條子，什麼都有」[1]，有些甚至會完全基於種族而給予「公民」身分。這個元宇宙為數百萬人提供庇護與機會，在「現實世界」裡送披薩的小弟，在這裡可能是個刀劍格鬥家，能進入最熱門的私人俱樂部。但史蒂文森的小說也說得很清楚，在《潰雪》當中，這個元宇宙讓現實生活變得更糟。

　　史蒂文森和凡納爾・布許的狀況如出一轍，雖然一般大眾可能幾乎沒聽過史蒂文森這位作者，但他的影響力卻隨著時間愈來愈大。傑夫・貝佐斯正是在和史蒂文森談話後，才決定要在 2000 年創辦民營航空製造商暨次軌道太空飛行（suborbital spaceflight）公司「藍色起源」（Blue Origin）；史蒂文森曾於這間公司兼職至 2006 年，之後轉正職擔任資深顧問至今。截至 2021 年，一般認為藍色起源的市值在同類公司排名第二，僅次於伊隆・馬斯克的 SpaceX。Google 地球的前身是衛星圖像公司 Keyhole，這間公司的三位創辦人中，也有兩位表示他們的願景是出自《潰雪》所描述的類似產品，而且他們也曾試著招募史蒂文森加入團隊。除此之外，從 2014 到 2020 年，史蒂文森還在 Magic Leap 擔任「未來長」（Chief Futurist）職務，

這間混合實境（mixed reality）公司的願景同樣受到史蒂文森作品的啟發。Magic Leap 從 Google、阿里巴巴與 AT&T 等企業，募得超過 5 億美元資金，市值預估最高一度來到 67 億美元，但一直沒能實現最初的偉大願景，最後只能進行資本重整，創辦人黯然去職。*還有許多計畫，也都曾經表示受到史蒂文森小說的啟發，像是建立加密貨幣、致力以非加密方式打造去中心化電腦網路，以及製作電腦合成影像（computer-generated imagery，簡稱 CGI）電影等；我們在家裡就能看到的電影，有可能是靠著設備捕捉位於數萬公里以外的演員動作所拍成。

　　然而，雖然史蒂文森作品的影響力既深且遠，他卻一直警告大家，千萬不要只看作品的字面涵義，特別是《潰雪》這部作品。他在 2011 年就告訴《紐約時報》:「要說我犯的錯有多大，我能說上一整天」,[2] 後來他在 2017 年接受《浮華世界》（Vanity Fair）訪問，被問及他對矽谷的影響時，他也提醒別忘記《潰雪》成書時間「早於我們所知的網際網路、早於全球資訊網，當時就是我在胡扯瞎掰」。[3] 所以，對於史蒂文森所提出的這項特定願景，我們實在應該多加小心，不要讀得太過煞有

---

* 作者注:最後，Magic Leap 的市值預估跌掉超過三分之二，投資人也請來曾長期在高通（Qualcomm）與微軟擔任執行副總的佩姬・約翰遜（Peggy Johnson）擔任執行長。正是在這段時間，史蒂文森與許多全職員工以及一級主管都離開了公司。

介事。雖然是他創造出「元宇宙」一詞，但絕不是他率先引進這個概念。

　　早在 1935 年，史丹利‧溫鮑姆（Stanley G. Weinbaum）就寫過一則短篇小說〈畢馬龍的眼鏡〉（Pygmalion's Spectacles），說到有人發明像是虛擬實境的神奇眼鏡，能夠創造出一個「電影世界，看得到、也聽得見……你就在故事情節裡，可以和影子說話、影子也會回話，而且故事情節並不是呈現在螢幕上，而是故事圍繞著你發展，你就在故事之中」。[*4] 雷‧布萊伯利（Ray Bradbury）1950 年的短篇小說〈大草原〉（The Veldt），則是想像某個小家庭家裡有個虛擬實境的育兒室，但父母的功能被育兒室取代，兩個孩子變得不想離開育兒室。（結局是孩子把父母鎖在育兒室裡，讓育兒室殺掉父母。）菲利普‧狄克（Philip K. Dick）1953 年的故事〈關於泡泡世界的紛擾〉（The Trouble with Bubbles），時代設定則是人類已經探索到外太空深處，但一直沒有找到其他生命。由於消費者太渴望接觸到其他世界、其他生命形式，市面上開始出現一種名為「創世」（Worldcraft）的產品，能夠讓人打造並「擁有屬於自己的世界」，培養出有知覺的生命、充分發展的文明；但大

---

* 作者注：這則故事中的畢馬龍，正是指涉神話中的塞普勒斯國王畢馬龍。在奧維德（Ovid）的史詩《變形記》（Metamorphoses）中，畢馬龍雕出一尊美麗而栩栩如生的少女雕像，他愛上這尊雕像，甚至還和她成婚；最後他感動女神阿芙蘿黛蒂（Aphrodite），將雕像變成了真人。

多數的「創世」擁有者，最後又會因為進入一種狄克所稱「神經質」的「破壞高潮」，就像是「有某個神覺得太無聊」，於是把自己所創的世界給毀掉。再過幾年，則是以撒·艾西莫夫（Isaac Asimov）出版小說《裸陽》（*The Naked Sun*），在書中的世界裡，人們覺得各種面對面的互動（「看」）與身體接觸既浪費又令人反感，多數的工作與社交都是透過遠距的全像投影（hologram）與 3D 電視來完成。

1984 年，威廉·吉布森（William Gibson）的小說《神經喚術士》（*Neuromancer*）讓「網際空間」（cyberspace）一詞開始為人所知。吉布森把這個詞定義為「一種自願接受的幻覺，每天都有來自各國的幾十億人合法體驗這個幻覺……幻覺畫面生動呈現出從人類系統每一台電腦的資料庫中所提取的資料。複雜的程度難以想像。在心靈的非空間、資料的集群當中，排列著一道又一道的光線，如同城市的燈光，向後退去」。值得注意的是，吉布森把這個網際空間的視覺呈現稱為「母體」（The Matrix），而在 15 年後，拉娜·華卓斯基（Lana Wachowski）與莉莉·華卓斯基（Lilly Wachowski）也以這個詞為英文片名，拍出《駭客任務》。在這部電影中，時間已經來到 2199 年，但母體不斷延續模擬著 1999 年的地球，全人類就這樣毫無所覺、永無止盡的被強行連結到這樣的模擬之中。在 22 世紀，地球已經遭到有知覺的人造機器征服，而母體做出這種模擬的目的，則是要安撫人類、為機器擔任生物電池的角色。

現實世界比筆下更樂觀

　　雖然每位作者想法各有不同，但不論史蒂文森、吉布森、華卓斯基、狄克、布萊伯利或溫鮑姆，筆下的合成世界（synthetic world）都是一副反烏托邦的景象。但是，就實際的元宇宙而言，並沒有理由會必然走向這樣的結果，甚至可以說幾乎沒有這種可能。畢竟，要是社會發展得順順利利，並不會出現什麼太灑狗血的情節；而許多小說就是得灑灑狗血才行。

　　作為對比，可以談談法國哲學家暨文化理論家尚‧布希亞（Jean Baudrillard）的想法，他在 1981 年提出「超真實」（hyperreality）一詞，許多人也常常將他提出的概念與吉布森（以及受吉布森影響的人）所提出的概念加以比較。* 布希亞所謂的「超真實」指的是現實與模擬完全無縫結合、難以區分。

---

* 作者注：1991 年 4 月，被問到對布希亞的想法時，吉布森的反應是：「他是個很酷的科幻小說作家。」（摘自 Daniel Fischlin, Veronica Hollinger, Andrew Taylor, William Gibson, and Bruce Sterling, "'The Charisma Leak': A Conversation with William Gibson and Bruce Sterling," *Science Fiction Studies* 19, no. 1 [March 1992], 13。）華卓斯基姐妹也曾經想請布希亞加入製作《駭客任務》，但遭到拒絕，而且布希亞後來也表示這部電影誤讀了他的概念。（摘自 Aude Lancelin, "The Matrix Decoded: Le Nouvel Observateur Interview with Jean Baudrillard," *Le Nouvel Observateur* 1, no. 2 [July 2004]。）在電影中，莫菲斯（Morpheus）向尼歐（Neo）介紹「真實世界」的時候提到：「就像布希亞講的，你的一生只活在地圖中，而從未踏上真正的疆域。」（摘自 Lana Wachowski and Lilly Wachowski, *The Matrix*, directed by Lana Wachowski and Lilly Wachowski [1999; Burbank, CA: Warner Bros., 1999], DVD。）另外，也別忘記，騰訊最初給他們的元宇宙願景所取的名稱就叫作「超數位實境」。

雖然許多人覺得這種概念十分嚇人，但在布希亞看來，重點在
於個人究竟會在哪個世界得到更多的意義與價值？而他認為答
案會是在模擬世界。[5] 元宇宙的概念也和 Memex 的概念密不
可分，但布許想像的是一連串無止盡的文件、透過文字相連；
而史蒂文森等人想像的景象，則是有無止盡的世界彼此相連。

　　就元宇宙而言，相較於史蒂文森等人以文字帶來的啟發，
更值得注意的是過去這幾十年來眾人打造虛擬世界所實際付出
的努力。從這段歷史當中，不但可以看到幾十年來邁向元宇宙
的進程，更讓我們看到元宇宙的本質。這些未來的元宇宙，並
未將重點放在征服或牟取暴利，而是放在協作、創意與表現自
我。

　　在某些觀察家看來，元宇宙的原型可追溯到 1950 年代大
型主機興起期間，這是人類第一次能夠透過由不同設備形成的
網路，互相分享純數位的訊息。但是，大多數人的共識則認
為，元宇宙的原型始於 1970 年代的文字虛擬世界，一般稱為
「多人地下城遊戲」（Multi-User Dungeon，簡稱 MUD）。這些
遊戲其實就是將角色扮演遊戲「龍與地下城」（Dungeons &
Dragons）發行成軟體而發展出的結果。在遊戲中，玩家能夠
使用類似人類語言的文字指令來互相溝通，共同探索虛擬世
界；這個世界裡有各種非玩家角色（non-playable character，
簡稱 NPC）與怪物，玩家要提升自己的能力與知識，最後才
能得到聖杯、打敗邪惡的巫師，或是救出公主。

多人地下城遊戲的人氣節節高升，也催生後續的多人共享空間遊戲（Multi-User Shared Hallucination，簡稱 MUSH）與多人體驗遊戲（Multi-User Experience，簡稱 MUX）。這些遊戲的不同之處在於，多人地下城遊戲通常有某個奇幻故事作為背景，玩家需要扮演特定角色；而多人共享空間遊戲與多人體驗遊戲，則是由參與者協作，共同定義世界觀與目標。舉例來說，玩家可以選擇將多人共享空間遊戲的場景設定在法庭，再個別扮演被告、律師、原告、法官與陪審團等角色。遊戲場景原本或許只是個相對普通的聽證會，但要是某個玩家突然決定要挾持人質，場景就會跟著轉換，後來也可能由其他玩家發起即興填字遊戲（Mad Libs），而讓氣氛又緩和下來。

下一次的重大進展則是在 1986 年，《星際大戰》（*Star Wars*）創作者喬治・盧卡斯（George Lucas）創辦的製作公司盧卡斯影業（Lucasfilm），針對 Commodore 64 家用電腦推出線上遊戲《棲地》（*Habitat*）。他們表示這是「一個多人參與的線上虛擬環境」，並且引用吉布森的《神經喚術士》，描述這就是個「網際空間」。《棲地》的世界和多人地下城遊戲與多人共享空間遊戲不同的地方在於，這款遊戲已經圖像化，雖然畫面還只是 2D 點陣圖，但玩家能夠實際看到虛擬環境與角色，在遊戲中也握有更多控制權。《棲地》的「公民」需要制定維護虛擬世界裡的法律與期許、相互交換必要資源，也要小心避免因為持有的道具而遭到搶劫或殺害。由於這樣的設計，遊戲裡

時不時就會出現一段時間的混亂，直到玩家社群建立起新的規則、規定與權威來維持秩序。

雖然《棲地》的人氣遠遠不及 1980 年代的其他電玩，像是《小精靈》（*Pac-Man*）或《超級瑪利歐兄弟》（*Super Mario Bros.*），但卻已經超越多人地下城遊戲與多人共享空間遊戲的小眾市場，成為一款商業熱門遊戲。此外，《棲地》也是最早從梵文借用「阿凡達」（avatar）一詞，來指稱玩家的虛擬化身；avatar 原文大致的翻譯為「神靈降臨人間的化身」。幾十年後，大家對這個用詞已經習以為常；其中部分原因當然也是因為史蒂文森在《潰雪》中沿用這個詞的用法。

時間來到 1990 年代，雖然並未出現其他元宇宙原型的遊戲大作，但進步仍在繼續。在這十年之間，有數百萬人體驗過最早期的等距視角 3D（isometric 3D，也有人稱為 2.5D）虛擬世界，也就是說，玩家在視覺上可以看到 3D 空間，但還是只能在平面的兩個軸上移動。再過不久，便出現了全 3D 虛擬世界。包括 1994 年的《網路世界》（*Web World*）與 1995 年的《主動世界》（*Activeworlds*）在內，許多遊戲都讓玩家能夠即時打造出可見的虛擬空間，而不再像過去只能透過非同步的指令與投票機制遊玩，遊戲商也推出許多圖像式、符號式的工具，讓玩家可以更輕鬆的打造世界。值得一提的是，《主動世界》還明確表示，他們就是想打造出史蒂文森的魅他域，希望玩家不只是享受其中的各個虛擬世界，還能投資來擴大、移居到這些

世界。到了 1998 年,《實況!旅行者》(*OnLive! Traveler*)則
是推出空間語音聊天功能,玩家能夠透過聽覺感受彼此的相對
位置,虛擬化身的嘴巴也會在玩家說話的時候跟著動作。[6]隔
年,3D 遊戲軟體公司本質圖像(Intrinsic Graphics)另外成立
了 Keyhole 公司。雖然 Keyhole 公司一直要到 2000 年代中期
由 Google 收購後才聲名大噪,但這間公司的重要性在於首開
先河,讓地球上所有人都能取得完整的虛擬地球。接下來的十
五年間,這個地圖資料庫有一大部分更新為部分 3D 地圖,也
和 Google 規模更大的地圖產品與資料庫結合,讓使用者可以
把即時路況等資訊疊加到地圖上。

　　一直要到 2003 年,名稱取得再恰當不過的《第二人生》
正式上市,才讓許多人(特別是矽谷人)開始認真看待這種虛
擬空間中的平行人生,並思考這個概念能夠帶來的前景。《第
二人生》推出第一年,一般使用者的人數就突破百萬;不久之
後,也有許多現實世界的組織進軍《第二人生》成立業務、追
求曝光,包括像是 adidas、BBC、富國銀行(Wells Fargo)等
營利企業;美國癌症協會(American Cancer Society)、救助兒
童會(Save the Children)等非營利組織;甚至還有哈佛在內
的大學,例如哈佛法學院就曾經在《第二人生》開設專屬課程。
2007 年,《第二人生》還成立證券交易所,協助遊戲平台上的
企業募集資金,使用的貨幣當然就是當中的林登幣(Linden
Dollar)。

　　重點在於，《第二人生》的開發商林登實驗室（Linden Labs）並不會經手交易，也不會主動管理遊戲中製造或販售的產品。交易完全是直接在買賣雙方之間進行，也完全根據雙方所感受到的價值與需求為基礎。整體來說，林登實驗室的角色更像是政府，而不像遊戲製造商，雖然他們仍然會提供一些服務給使用者，例如身分管理、所有權紀錄、虛擬世界的法律體系，但並不會著重在由公司直接打造整個《第二人生》的宇宙。相反的，林登實驗室之所以能創造出一個繁榮的經濟，是靠著不斷改進基礎設施、技術能力與工具，吸引更多開發者與創造者，而這些人創造出其他使用者可以做的事、可以參觀的地方、可以購買的物品；這樣又能引來更多使用者、帶來更多消費，於是讓開發者與創作者願意繼續投入。為此，《第二人生》也允許使用者匯入平台外的虛擬物品與材質（texture）。2005年，也就是《第二人生》推出僅僅兩年後，它的年化國內生產毛額就超過 3,000 萬美元。到了 2009 年，年化國內生產毛額已經超過 5 億美元，當年使用者將林登幣轉到現實世界兌現的市值也高達 5,500 萬美元。

　　雖然《第二人生》已經大獲成功，但還是要等到 2010 年代，《當個創世神》（*Minecraft*）與《機器磚塊》（*Roblox*）兩款遊戲興起，才真正讓主流民眾開始認識到虛擬世界的概念。和過去的類似遊戲相比，《當個創世神》與《機器磚塊》不但在技術上顯著提升，也因為目標族群鎖定兒童與青少年用戶，因

此更容易上手，而不只有功能增強而已。結果只能說令人大吃一驚。

在 2010 年代，玩家在《當個創世神》通力合作，打造出的城市面積幾乎有洛杉磯那麼大，足足達到將近 1,300 平方公里。有一位電玩直播主 Aztter，用了一整年、平均每天工作十六小時，花上大約三億七千萬個方塊，打造出一座叫人嘆服的賽博龐克（cyberpunk）城市。[7] 而且，《當個創世神》的優秀之處絕不只是規模龐大而已。2015 年，威訊通訊（Verizon）在《當個創世神》推出一款手機，能夠撥打與接聽即時視訊通話，連結到我們的「現實世界」。而到了 2020 年 2 月，當新冠病毒在中國蔓延傳播的時候，一群中國玩家也迅速在平台上重現武漢的火神山與雷神山醫院，面積超過 11 萬平方公尺，以此向「現實生活」（in real life，縮寫為 IRL）的醫護人員致敬，還得到全球媒體的報導。[8] 一個月後，無國界記者（Reporters Sans Frontières）也委託人在《當個創世神》內建造一座博物館，最後由來自十六個國家的二十四名專業玩家，總共花了大約兩百五十個小時、使用超過一千兩百五十萬個方塊，建成「未經審查圖書館」（The Uncensored Library），讓來自俄羅斯、沙烏地阿拉伯與埃及等國家的用戶得以閱讀在當地遭禁的文學作品。另外，圖書館中也收藏各種宣揚言論自由的著作，或是詳細介紹像是賈邁爾‧哈紹吉（Jamal Khashoggi，遭沙烏地阿拉伯政治領導者下令謀殺）等記者的生平。

　　時至 2021 年底，《當個創世神》平台的每月使用者高達一
億五千萬人，已經是 2014 年微軟收購時的六倍有餘。雖然如
此，這個平台的規模卻已經遠遠不及最新的市場龍頭《機器磚
塊》平台；同一時期，《機器磚塊》平台的每月使用者已經從
不及五百萬人，一路成長到兩億兩千五百萬人。根據 Roblox
Corporation 的資料，在 2020 年第二季，美國九到十二歲的兒
童有 75％ 經常使用這個遊戲平台。如果將這兩款遊戲的每月
使用時數相加，時間將堂堂超越六十億個小時，遊戲中靠著超
過一千五百萬名玩家，已經打造出超過一億個不同的世界。在
《機器磚塊》平台裡遊玩時數最高的遊戲《收養我！》（*Adopt
Me!*）是由兩名玩家出於興趣在 2017 年所打造，能讓玩家孵
化、飼養與買賣交易各種寵物。時至 2021 年底，《收養我！》
虛擬世界的到訪者已經超過 300 億人次，是 2019 年全球國際
旅遊人次的十五倍以上。此外，《機器磚塊》平台的開發者多
半是人數不到三十人的小團隊，而且他們從這個平台上得到的
獲利，也已經超過 10 億美元。時至 2021 年底，Roblox 已經
成為中國以外、全球市值最高的遊戲公司，比起傳奇遊戲龍頭
動視暴雪（Activision Blizzard）與任天堂（Nintendo）都還高
出近 50％。

　　雖然《當個創世神》與《機器磚塊》的玩家人數與開發者
社群雙雙大幅成長，但從 2010 年代末期開始，許多其他平台
也開始崛起。像是在 2018 年 12 月，熱門電玩遊戲《要塞英雄》

（*Fortnite*）也效法《當個創世神》與《機器磚塊》建設世界的機制，推出《要塞英雄創意模式》（*Fortnite Creative Mode*）。與此同時，《要塞英雄》也開始轉型為社交平台，提供非遊戲體驗。2020 年，嘻哈歌手、同時也是卡戴珊（Kardashian）家族成員的崔維斯・史考特（Travis Scott）就在《要塞英雄》上舉辦演唱會，參與的玩家人數來到兩千八百萬人，而在社群媒體上觀看直播的人數更是比遊戲中多出數百萬人。史考特在演唱會上首次演唱的曲目請來基德・酷迪（Kid Cudi）客串演出，一週後這首歌直接空降美國告示牌單曲榜（Billboard Hot 100）第一名；這是酷迪首次登上排行榜首位，也是 2020 年成績第三的首發單曲。此外，在演唱會後，史考特已經發行兩年的專輯《崔式遊樂園》（*Astroworld*）也有幾首曲目重新登上告示牌單曲榜。演唱會後十八個月，《要塞英雄》官方頻道上傳的活動影片觀看次數已經累積來到將近 2 億次。

從多人地下城遊戲到《要塞英雄》，綜觀這幾十年來的社群虛擬世界歷史，有助於我們了解為什麼元宇宙的概念已經走出科幻小說與科技專利，來到一般消費者與企業科技的眼前。我們已經來到目前的時間點，這些體驗能夠吸引數億人的目光，超越技術的局限，只有想不到、沒有做不到。

2021 年年中，距離臉書揭露要進軍元宇宙的計畫還有幾週，《要塞英雄》開發商 Epic Games 的執行長暨創辦人提姆・斯維尼（Tim Sweeney）在推特發文，並且放出 1998 年推出的

遊戲《魔域幻境》（*Unreal*）發行前的程式碼，還提到：「在《魔域幻境》第一版公布的時候，玩家能夠從各種入口網站進到其他玩家架設的伺服器。我還記得有一次，社群做了一張沒有戰鬥機制的石窟地圖，大家就站成一圈聊天。只不過當時這種玩法沒有持續多久。」[9] 幾分鐘後，他又補充道：「我們抱著對元宇宙的期望已經有很長、很長一段時間……但要到最近幾年，各項條件才開始迅速集結，並到達關鍵多數（critical mass）*。」[10]

　　所有科技轉型都呈現出這樣的發展軌跡。行動網路從 1991 年就已經存在，而且在更早之前就有人預測到這樣的發展，但一直得等到 2000 年代末期，才終於湊齊無線網路速度、無線設備與無線應用程式這三大要素，讓已開發國家的所有成年人都會想要、也都能負擔擁有智慧型手機與寬頻網路方案；而且在十年之內，地球上大多數人已經都能享有相同的產品與服務。這又回過頭來，讓數位資訊服務與整體人類文化出現轉變。且讓我們提出以下幾個數字：1998 年，即時通訊軟體先驅 ICQ 被網際網路龍頭美國線上（AOL）收購的時候，使用人數為一千兩百萬；過了十年，臉書每個月的使用人數已經超過一億人；再到 2021 年底，臉書每個月的使用人數高達

---

* 編注：原本是核能用語，譯為「臨界質量」，指的是在核分裂反應中，維持連鎖反應所需的核分裂材料的最小質量。後延伸為商業用語，指的是能夠讓產業或產品保持效率、持續成長的一定規模。

三十億人，每天都上線的使用者也有大約二十億人。

　　部分變化也是世代傳承的結果。iPad 上市大約兩年之後，開始出現一些關於嬰幼兒的新聞報導與 YouTube 瘋傳影片，像是嬰幼兒拿起一本「類比」的雜誌或書，卻以為是觸控螢幕，用手指在那邊滑呀滑。時至今日，那些當時還只有一、兩歲的孩子已經長成十一、二歲。而在 2011 年還只有四歲的孩子，現在即將成年，已經成為媒體的消費者，會花錢購買內容，甚至有些人還開始創造內容。過去，這些孩子還不懂事，成年人覺得他們用兩隻手指在紙上拉來拉去想縮放畫面實在太好笑；現在這些孩子長大了，了解當初大人們是在笑些什麼，但老一輩的人卻並未跟著成長，看不出來年輕一代已經和自己有了怎樣不同的偏好與世界觀。

　　《機器磚塊》正是說明這種現象的完美個案研究。這個平台於 2006 年上市，大概花了十年，才累積到相當的使用人數。再過了三年，才又讓非玩家也真正注意到原來有這款遊戲的存在，而且即使他們注意到，多半也還是在嘲笑遊戲圖像的擬真度太低。但是再過兩年，《機器磚塊》就成為史上規模數一數二的媒體體驗。這十五年的漫漫長路，一方面是科技技術進步帶來的結果，但另一方面，《機器磚塊》的核心使用族群就是「iPad 原生世代」，這點也絕非巧合。換句話說，《機器磚塊》之所以能夠成功，一方面是有科技作為基礎，另一方面也是因為其他科技影響消費者的思維。

戰鬥即將到來：搶攻元宇宙（和你）的控制權

　　過去七十年間，各種「元宇宙原型」原本還只是文字聊天與多人地下城遊戲，現在則發展成鮮活生動的虛擬世界網路，使用人數與經濟規模都堪比小型國家。這種方向還會在未來幾十年間持續演進，讓虛擬世界更寫實、讓使用者有更多元的體驗、吸引更多參與者、產生更大的文化影響力，以及帶來更高的價值。到最後，史蒂文森、吉布森、布希亞等人所設想的那種元宇宙也終有實現的一天。

　　照目前局勢看來，無論是在元宇宙內外，都會出現許多爭奪霸權的戰爭。科技龍頭將與顛覆局勢的新創企業開戰，在硬體、技術標準與工具方面一較高下，同時也在內容、電子錢包與虛擬身分方面一決勝負。而且，這可不只是為了收入，也不只是想在轉向元宇宙的競爭中求得生存。

　　2016 年，Epic Games 還要再一年才會發行《要塞英雄》，絕大多數民眾也還沒聽過「元宇宙」這個詞，但是這間公司的創辦人提姆・斯維尼就已經告訴記者：「元宇宙將變得比其他任何事物都更普遍、也更強大。要是某間核心企業掌握元宇宙，就會變得比任何政府都更強大，根本就是地球上的神。」[*][11]

---

* 作者注：在〈Epic Games 公司訴蘋果公司〉一案的裁決中，地方法院寫道：「咸認，斯維尼先生對元宇宙未來之個人信念均出於至誠。」（摘自 *Epic Games, Inc. v. Apple Inc.*, U.S. District Court, Northern District of California, Case 4:20-cv-05640-YGR, Document 812, filed September 10, 2021。）

我們很容易覺得這種話就是在吹牛，但如果看看網際網路的起源，又會覺得有可能此言不假。

幾十年來，政府研究實驗室、大學、獨立科技專家與機構組成各種正式聯盟與非正式工作團體，才共同為今日的網際網路打下基礎。這些組織多半是非營利性質，重點大多也放在建立開放標準（open standard），希望協助大眾在各個伺服器之間分享資訊，也就更方便未來進行技術、專案與概念上的合作。

這種做法的好處非常廣泛。比方說，任何人只要能連上網際網路，單純使用 HTML 語法就能在幾分鐘內架起網站，完全無須成本，如果使用像是 GeoCities 這樣的平台，完成的速度就更快了。而對其他使用者來說，只要能連上網際網路，理論上也就能透過各種設備與瀏覽器，連結到網站首頁。此外，使用者或開發人員並不需要特別進行去中介化（disintermed-iated）的動作，就能夠直接和任何人溝通、為任何人製作內容。而且，如果各方使用通用的標準，就能輕鬆用低廉的價格聘雇外部供應商、和外部供應商合作、整合第三方軟體與應用程式，又或是改變程式碼的用途。這些標準多半屬於免費、開源（open-source）的性質，個別的創新通常就能促進整個生態體系跟著提升，同時也會對那些需要付費的專屬標準（proprietary standard）造成競爭壓力；而且，有些平台像是設備製造商、作業系統、瀏覽器、網際網路服務供應商（Internet

Service Provider，簡稱 ISP），會壟斷網路與使用者之間的連繫，形成尋租（rent-seeking）*的趨勢，而免費的開放標準就能形成制衡。

　　重要的是，開放標準並不代表企業從此不能在網際網路上獲利、架設付費牆（paywall）、打造專屬技術，他們反而會因為這份網際網路的「開放性」，得以成立更多公司、進軍更多領域、接觸更多用戶、取得更多利潤，並且能夠避免那些網際網路時代前就存在的龍頭企業（特別是電信公司）隻手把持。也是因為這份開放性，讓眾人多半認為網際網路推動資訊的民主化，而且，如今最有價值的上市公司大多是在網際網路時代成立或是重生。

　　不難想像，如果網際網路的創造者是那些跨國媒體集團，一心想銷售各種小工具（widget）、投放廣告、蒐集用戶資料來盈利，或是掌控端對端的使用者體驗（這些事 AT&T 與美國線上都試過、也都失敗了），現在的情況就可能大不相同：光是下載 JPG 檔就可能得要付費，想下載 PNG 檔可能還要加價 50％。想要視訊通話嗎？有可能唯一的選擇就是透過寬頻業者的應用程式或入口網站，而且還只能打給使用同一間寬頻業者的對象。想像一下，情況可能會是：「您好，歡迎使用

---

* 編注：又稱為「競租」，指的是在沒有從事生產的狀況下，透過壟斷資源或社會地位的方式獲利。

Xfinity Browser™ 瀏 覽 器， 請 點 選 使 用 Zoom™ 技 術 的 Xfinitybook™ 通訊錄或 XfinityCalls™ 通話服務；很抱歉，『祖母』並未使用我們的網路，如果仍需通話，將收取 2 美元的費用……。」或者，當你想要有個個人網站，不是得花上一年的時間，就是得支付 1,000 美元。又或者，網站必須使用 IE （Internet Explorer）或 Chrome 瀏覽器才能運作，而你還得繳交年費，才能取得使用授權。再或者，你可能得向寬頻業者支付另一筆費用，才能閱讀某一種程式語言，或是使用某一種網路科技；舉例來說，你可能會在網頁上讀到：「本網站須使用 3D Xfinity 付費版方可瀏覽。」美國在 1998 年控告微軟違反反壟斷法的時候，主訴就在於微軟決定將公司專屬的 IE 瀏覽器與 Windows 作業系統綑綁銷售。然而，要是網際網路根本就是由某間公司獨立研發出的產物，不就可以想見這間公司根本不會允許出現任何瀏覽器競爭對手？這樣一來，難道使用者還能自由使用瀏覽器，或是依自己的意願造訪（與修改）任何網站嗎？

　　目前看來，元宇宙就是會出現這樣的「企業網際網路」 （corporate internet）。目前的網際網路之所以屬於非營利性質、過去又有這樣的早期歷史，是因為當初只有政府研究實驗室與各個大學才有足夠的運算人才、資源與雄心壯志，想打造出「眾多網路的網路」（network of networks）；至於當時的營利組織，則很少人看到網際網路的商業潛力。但講到元宇宙，

一切則正好相反，這次是民營企業衝在最前面開疆拓土，目的也很明顯就是為了商業、資料蒐集、廣告，以及銷售虛擬產品。

更重要的是，在元宇宙興起的這個時間點，已經有各種最大型的單一產業或跨產業科技平台做好垂直與水平整合，深深影響我們的生活，也掌控現代經濟的科技與商業模式。這股力量部分也反映出回饋循環（feedback loop）在數位時代的威力。舉例來說，梅特卡夫定律（Metcalfe's Law）認為通訊網路的價值等於使用者人數的平方，因此社群網路與服務大者恆大、不斷成長，新創企業對手難以挑戰。而且只要是以人工智慧或機器學習為基礎的企業，隨著資料集成長，都會享有類似的優勢。至於網際網路的主要商業模式，也就是廣告與軟體銷售，同樣是以規模為後盾；達到一定規模之後，再多賣一個廣告版位或一套應用程式，並不會增加多少成本，於是廣告商與開發商通常想的也是找出現在消費者在哪裡，而不管未來消費者還可以有哪些改變。

但是，這些科技龍頭在過去十年把他們的生態系統愈做愈封閉，一方面是為了鞏固現有客群與開發者社群，另一方面也是希望在擴展到新領域的時候能夠阻絕潛在的競爭對手。這些公司的做法，就是強制將自家公司的許多服務捆綁在一起，不讓使用者或開發者輕易匯出自己的資料，並且關閉各種合作夥伴程式，以及阻撓（或是直接封鎖）各種營利可能性、甚至阻

撓開放標準的應用，以免霸權受到威脅。由於這些策略，加上這些公司擁有相對較多的使用者、資料、營收與設備等優勢的回饋循環，也就讓一大部分的網際網路空間因此封閉。時至今日，要成為網際網路開發人員，基本上都必須取得某些許可、付出一些費用。至於網際網路的使用者，則是對於線上的身分、資料或權利幾乎沒有太多所有權。

　　就這種情況而言，對於元宇宙反烏托邦的恐懼似乎言之成理，而不只是危言聳聽。根據元宇宙的根本理念，未來人類的生活、勞動、休閒、時間、財富、幸福與人際關係等層面，不會只是延伸到數位裝置與軟體上，或是受到這些裝置與軟體的輔助，而是會直接搬到虛擬世界裡，而且比例將逐漸提升。元宇宙將會成為幾百萬人、甚至幾十億人的平行存在平面（plane of existence），盤踞於數位與實體經濟之上，將兩者結合起來。因此，企業一旦掌控這些虛擬世界、掌控這些世界上的一切，未來就可能握有比現今數位經濟霸主更大的權力。

　　元宇宙也會讓現在已經存在的數位難題更為加劇，像是資料權、資料安全、錯誤資訊（misinformation）與極端化、平台權力與平台監管、濫用，以及用戶幸福感等。因此，想判斷未來會比現在更好或是更糟，而不只是關心未來會更虛擬或更賺錢，就得看看是哪些企業將在元宇宙時代引領風潮，了解這些企業的理念、文化與優先事項。

　　看著全球最具規模的大型企業與最具雄心的新創企業都積

極向元宇宙前進，我們這些使用者、開發者、消費者與選民必須明白，我們仍然能夠控制自己的未來，也有能力改變現狀。確實，元宇宙或許令人望而生畏、感到恐懼，但同時也可能是個契機，能讓人與人的關係更緊密，共同改變長期以來抗拒被顛覆、也早就該繼續發展的產業，並且打造出更平等的全球經濟。這就讓我們談到元宇宙最令人興奮的一個面向：目前大家對它的理解究竟有多貧乏。

第 2 章

疑惑與未知

　　雖然元宇宙一詞炒得火熱，但各方並沒有一個達成共識的明確定義或說法。各企業領袖對元宇宙的定義，其實多半反映出企業的世界觀，以及／或是企業本身的能力。

　　例如微軟執行長薩蒂亞・納德拉就說元宇宙是個平台，能夠將「整個世界變成一張應用程式畫布」[1]，並且透過雲端軟體與機器學習來輔助。而當然不意外的是，微軟早就準備好這樣的「技術堆疊」（technology stack）[2]，號稱和目前其實尚未完全成形的元宇宙是「天作之合」；微軟的技術堆疊內容包括作業系統 Windows、雲端運算產品 Azure、通訊平台 Microsoft Teams、擴增實境頭戴設備 HoloLens、遊戲平台 Xbox、專業人際網路平台 LinkedIn，以及微軟自家旗下的各個「元宇宙」，包括《當個創世神》、《微軟模擬飛行》（*Microsoft Flight Simulator*），甚至包括以太空為場景的第一人稱射擊遊戲《最後一戰》（*Halo*）。[3]

　　至於馬克・祖克柏的說法，則是著重於沉浸式虛擬實

境，*以及要透過元宇宙提供社群體驗，讓人就算遠在天涯、也能彷彿近在身旁。值得一提的是，臉書的 Oculus 部門無論在單位銷量或是投資金額方面都是虛擬實境市場的龍頭，而臉書也是全球規模最大、使用量最高的社群網路。與此同時，《華盛頓郵報》則指出，Epic Games 對元宇宙的願景就是：「一個廣袤的數位化公共空間，使用者悠遊其間，能夠和其他使用者或是各個品牌自由交流，充分表達自我、激發歡樂……就像是一座線上遊樂園，使用者可以先和朋友玩 Epic Games 的多人遊戲《要塞英雄》，隨後去 Netflix 看場電影，再一起去試開某款新車；而且，這款虛擬世界的新車會打造得和現實中的車款一模一樣。而不會像是（斯維尼所認為）如同臉書那樣的平台，都是制式、塞滿廣告的動態新聞。」[4]

　　很多時候，從這些企業高層提出的元宇宙論述中，我們可以清楚看出，他們雖然感受到有必要提一提這個熱門流行詞，但實際上卻對元宇宙仍然缺乏整體認識，更別提了解元宇宙對自家公司的業務有什麼意義。2021 年 8 月，擁有 Tinder、

---

* 作者注：在技術上，「虛擬實境應用」（virtual reality application）指的是由電腦生成的模擬3D物件或環境，而能夠產生看似真實、直接或實際的使用者互動。（摘自 J. D. N. Dionisio, W. G. Burns III, and R. Gilbert, "3D Virtual Worlds and the Metaverse: Current Status and Future Possibilities," *ACM Computing Surveys* 45, issue 3 [June 2013], http://dx.doi.org/10.1145/2480741.2480751。）在現代的使用上，最常指的就是沉浸式虛擬實境，也就是使用者的視覺與聽覺彷彿完全身處於虛擬環境之中；相對的，像是在看電視的時候，使用者的視覺與聽覺只有一部分會處在虛擬環境當中。

Hinge、OKCupid 等交友網站的配對約會公司（Match Group）表示，旗下各項產品服務很快就會取得「擴增功能、表達自我的工具、對話式人工智慧，以及許多我們認為的元宇宙元素，能夠改變使用者線上交友與互相認識的過程」。這間公司並沒有提供進一步的細節，但照這樣看來，他們所謂的元宇宙計畫大概就是提供一些虛擬商品、貨幣、化身，以及擺設讓人覺得浪漫的環境。

　　至於在中國，元宇宙也是個定義模糊、但又好像已經近在眼前的概念；一方面，騰訊、阿里巴巴、字節跳動等大型企業，開始把自己定位成元宇宙的領導者，而另一方面，其他中國國內的競爭對手也得硬是說上幾句，表明自己在這個未來市值達到數兆美元的產業裡也將成為先驅。舉例來說，中國遊戲龍頭網易的投資人關係負責人就在 2021 年第三季的法說會上表示：「元宇宙確實是如今無所不在的新熱門流行語。但另一方面，我也認為還沒有人有過真正的第一手體驗。而在網易，我們已經做好技術上的準備，知道如何累積相關專業知識與相關技能，等待那天的來臨。所以我認為，在那天終於來臨的時候，網易應該會是在元宇宙空間裡面跑得最快的企業之一。」[5]

　　祖克柏第一次詳細說明對元宇宙的策略一週後，CNBC 的吉姆・克瑞莫（Jim Cramer）因為說了半天都沒能向華爾街投資人把元宇宙解釋清楚，成為被網友嘲笑的對象。[6]

吉姆‧克瑞莫：你不能錯過 Unity 第一季的法說會，會上把元宇宙解釋得清清楚楚，就是、就是、就是你基本上在 Oculus 裡看到的，就那些東西。你會說，我喜歡那個人穿那件襯衫的樣子。我想買那件襯衫，那個，反正是個輝達，呃，用輝達作為基礎。我去輝達找黃仁勳，當時的情況是，呃，你可以想像。好，大衛，你聽我說，這很重要。

大衛‧法柏（David Faber）：我現在讀的是祖克柏對元宇宙的說法……。

克瑞莫：他什麼都沒說啊……他就是沒說！

法柏：「一個不斷延續而多方同步的環境，讓所有人都能夠在一起；我認為這會像是今日所見各種社群平台的某種混合體，但會是一個你能夠具體出現在其中的環境。」這把元宇宙說得很清楚啦，就是個全像甲板（The Holodeck）。

克瑞莫：這確實就是全像投影。就像是那個概念。

法柏：就像《星際爭霸》（Star Trek）。

克瑞莫：到頭來，就是你可以走進一個房間，假設當時你是一個人獨處，所以有點寂寞，可以吧？你喜歡古典樂，但你走進房間，對看到的第一個人說：「你覺得你喜歡，就是，你喜歡莫札特嗎？《哈弗納》（Haffner）那首？」然後第二個人說：「在你聽《哈弗

納》之前，你聽過貝多芬的第九號交響曲嗎？」但我
告訴你，這些人根本不存在唷。你懂嗎？

法柏：了解。

克瑞莫：這就是元宇宙。

　　克瑞莫顯然根本沒有搞懂，而且當時整個技術社群有一大
半的人也還在爭執，想要釐清元宇宙的關鍵元素究竟有哪些。
有些人吵的是，擴增實境到底算是元宇宙的一部分，還是獨立
於元宇宙之外，也有人吵的是，元宇宙究竟是一定要透過沉浸
式虛擬實境頭戴設備才能體驗，又或者這些設備只是能讓使用
者得到最佳的效果。而對於許多在加密與區塊鏈社群的人而
言，元宇宙就是如今網際網路的「去中心化版本」，會由使用
者，而不是平台，來控制底層系統（underlying system）、自己
的資料與虛擬商品。包括 Oculus VR 的前科技長約翰・卡馬克
（John Carmack）在內，有些權威人士認為，要是元宇宙主要
只由某間單一企業經營，就不可能成為真正的元宇宙。Unity
的執行長約翰・里奇泰羅（John Riccitiello）並不認同這種想
法，但是他也指出，如果想避免元宇宙遭到中央掌控的危險，
就得用科技來解決，例如採用 Unity 所提供的跨平台引擎與套
裝服務等技術，能夠「把高牆花園（walled garden，指各個封
閉平台）的圍牆降低一點」。臉書並沒有提到元宇宙能不能只
由私人經營，但他們確實說過，只會有一個元宇宙，就像「網

際網路」就只會有這一個，而不會有很多個。但是，微軟與 Roblox 的意見完全相反，他們談的就是複數的元宇宙。

　　如果要說各方人馬對於元宇宙有共識的部分，或許可以這麼說：一個永無止盡的虛擬世界，人人都可以裝扮成可愛的化身，也可以在沉浸式的虛擬實境遊戲裡互相競爭以贏得積分，或是跳進最愛的遊戲系列，讓最天馬行空的幻想成真。恩斯特・克萊恩（Ernest Cline）2011 年的小說《一級玩家》（*Ready Player One*）就把這些景象描寫得栩栩如生；一般認為這部小說承繼史蒂文森《潰雪》的精神，但卻更靠近主流。而且，在 2018 年，這部小說已經由史蒂芬・史匹柏（Steven Spielberg）改編為同名電影。克萊恩也像史蒂文森一樣，並未對元宇宙〔或者根據他的用詞稱為「綠洲」（The Oasis）〕提出明確的定義，而只是描述在這裡可以做的事，以及可能擁有的身分。對元宇宙的這種願景，就像一般人在 1990 年代對網際網路的理解；當時大家覺得網際網路就是個「資訊的高速公路」、「全球資訊網」，可以用鍵盤與滑鼠來「衝浪」，只不過現在的元宇宙會把一切變成 3D。時間過了四分之一世紀之後，顯然當時對於網際網路的概念並無法充分說明未來的發展，甚至還會造成誤解與誤導。

　　眾人對元宇宙意見分歧、充滿疑惑，也就招來各種批評，更別說是元宇宙與科幻小說間的聯想，而且有些帶著反烏托邦色彩的科幻小說，號稱未來會由科技資本家控制人類生存的兩

個平面。一些人認為,「元宇宙」不過就是行銷炒作,實在沒
什麼意義。也有人認為,元宇宙能帶來的體驗應該和《第二人
生》大同小異;而《第二人生》推出這幾十年來,雖然一度萬
眾矚目,受到期待將會改變世界,但到頭來還是逐漸遭到遺
忘,被使用者從個人電腦裡移除。

　　有些記者認為,大型科技公司突然對元宇宙這個還模模糊
糊的想法產生興趣,其實只是想躲避政府的監管。[7] 當全球各
地的政府認為,很快就會出現破壞性的平台轉移(platform
shift),屆時不管企業規模再大、地位再穩固,也不必特地去
拆分這些企業,只要靠著自由市場與新興的競爭對手,就會自
然形成抑制的力量。但是,也有人的看法正好相反,認為是想
要奪權的競爭對手刻意利用元宇宙作為藉口,希望讓政府針對
大型科技龍頭展開反壟斷調查。在 Epic Games 向蘋果提出反
壟斷訴訟的一週前,斯維尼就曾經發推文寫道:「蘋果禁了元
宇宙。」而且,Epic Games 的訴狀中也詳細指出,蘋果的政
策如何使元宇宙難以茁壯。[8] 這場訴訟的主審聯邦法官似乎也
多少覺得這是「以元宇宙作為監管策略」,於是在法庭上表示:
「我們把話說白了,Epic Games 之所以會在這裡,是因為一旦
得到司法救濟,就可能讓這間公司的市值從數十億美元變成高
達數兆美元。他們做這些事,並不是出於良心。」[9] 法官也提
到,關於 Epic Games 控告蘋果與 Google:「從紀錄上可以看
出這起行動背後的兩個主要因素。首先,最重要的是,Epic

Games 希望能推動系統性的改變，帶來巨大的金錢收益與財富。其次，（這次訴訟）是要挑戰蘋果與 Google 的政策與做法；斯維尼對於即將到來的元宇宙有他的願景，而這些企業會形成阻礙。」[10] 也有人認為，這些執行長憑藉大家對「元宇宙」的理解還不清楚，於是利用它來護航一些自己私心喜愛的研發專案。因為這些專案可能上市遙遙無期、進度遠遠落後，而且股東根本沒有興趣。

破壞必然會引起「疑惑」

只要是新的科技、特別又是破壞性的科技，就值得我們仔細加以檢視，並且抱著合理的懷疑。而目前關於元宇宙的爭辯仍是一團混亂，因為（至少到目前為止）元宇宙還停留在理論的層次，只是個無形的概念，不是碰得見、摸得著的實體產品，很難說究竟哪些主張才正確。任何人對元宇宙的理解，也必然受到特定企業的能力與偏好所限制。

然而，光是看到這麼多公司認為元宇宙有潛力，就能了解背後商機的規模與多元的可能性。更重要的是，隨著各方爭論元宇宙的本質、可能變得多重要、實現的時機、運作的方式，以及所需的科技進展，正是在為元宇宙提供必要的契機，能夠掀起大規模的破壞。各種的不確定性與疑惑，絕不是要否定破壞，反而正是因為出現破壞，才會引起不確定性與疑惑。

　　以網際網路為例。從 2000 年代中期以來，英文維基百科對於網際網路的描述基本上沒什麼改變，大致說法如下：「由許多電腦網路彼此相連而成的全球網路系統，運用網際網路協定套組在各個網路與設備之間溝通。這是一個『網路的網路』，涵蓋地方到全球的範圍，由各種民營、公共、學術、企業與政府的網站所構成，並且以各種電子、無線與光纖網路技術互相連結。網際網路承載各式各樣的資訊資源與服務，例如互相連結的超文件檔案、全球資訊網的各種應用、電子郵件、通話，以及檔案共享服務。」[11]

　　維基百科的摘要描述點出網際網路的一些底層（underlying）技術標準，也說明網際網路的範疇與一些使用案例。今天讀到維基百科的人，應該都能輕易的把這項描述對應自己的經驗，大概也能了解為什麼這是個有效的定義。但是，如果是在 1990 年代，甚至是 2000 年以後看到這個定義，其實並無法從中清楚得知未來的樣貌。在當時，就連專家也還不知道，能夠用網際網路作為基礎來發展什麼功能或服務，更不用提如何判斷時機，或是應該使用哪些技術。透過後見之明，我們可以很清楚看到網際網路的潛力與需求；但在當時，幾乎沒有人對未來描繪出完整、容易傳達而且又正確的願景。

　　像這樣的疑惑不明，就會造成常見的幾類錯誤。有時候，人們會覺得新科技不過就是新玩具；也有時候，人們雖然了解新科技的潛力，卻還不了解它的特性。而最常見的狀況，就是

人們根本就猜不到哪些科技會大紅大紫，也摸不著原因。偶爾還有一種現象則是，雖然一切都對了，但就是差了點機運。

　　1998 年，將在十年後得到諾貝爾經濟學獎的保羅・克魯曼（Paul Krugman）寫了一篇標題（在無意間變得）頗為諷刺的文章〈為什麼經濟學家的預測多半都不正確〉（Why Most Economists' Predictions Are Wrong），文中提到：「網際網路的發展將大幅減緩，原因就在於『梅特卡夫定律』（網路中可能形成的連結數量會和使用者人數的平方成正比）的缺陷會愈來愈明顯，畢竟大多數人對彼此根本沒什麼話想講！等到 2005 年左右，情況就會變得十分明顯，屆時網際網路對經濟的影響，並不會比傳真機對經濟的影響還要大。」[12]

　　克魯曼提出這項預測的時候，網際網路泡沫尚未破滅，而且臉書、騰訊與 PayPal 等公司也尚未成立。於是，大家很快就發現這項預測不對。但是，在這項預測提出之後，整整有超過十年的時間，大家仍然對網際網路的重要性爭論不休。舉例來說，好萊塢一直到 2010 年代中期，才決定要讓業務核心轉移到網際網路上，而不只是製造如同 YouTube 影片或 Snapchat 短片那樣低成本、使用者自行產生的內容。

　　就算充分理解下一代平台的重要性，也還是需要進一步了解各種技術上的前置需求、相關設備代表的角色，以及必要的商業模式。1995 年，微軟創辦人暨執行長比爾・蓋茲（Bill Gates）寫下著名的〈網際網路浪潮〉（The Internet Tidal Wave）

備忘錄，提到網際網路「對我們業務的任何部分都至關重要」，是「自從 IBM 於 1981 年推出個人電腦以來最重要的一項發展」。[13] 一般認為，微軟就是從此開始採行「擁抱、擴展、消滅」（Embrace, Extend, Extinguish）的策略。在美國司法部看來，微軟有一部分就是運用這種策略，希望憑藉自己的市場力量，追上並且淘汰那些在網際網路軟體與服務市場的領導者。

　　蓋茲發表那份備忘錄五年後，微軟推出自家公司第一款手機作業系統。然而，微軟在手機的設計上一錯再錯，他們搞錯主流的外形需求（觸控螢幕）、平台商業模式（重點在於應用程式商店與服務，而不是銷售作業系統）、手機的角色（手機已經成為大多數買家主要的運算裝置，而非次要的設備）、吸引力的程度（人人都想要手機）、最佳價格點（落在 500 ～ 1,000 美元），以及手機的功能（不只是用來工作、通話，而是幾乎什麼事都做得到）。時至今日，大家已經都很清楚，微軟的錯誤在 2007 年讓公司瀕臨險境，就在那一年，第一代 iPhone 上市了。當時，微軟第二位執行長史蒂夫・鮑爾默（Steve Ballmer）被問到對 iPhone 前景的看法，他的回應後來可是讓他丟臉到出名，那時他大笑回答：「要賣 500 美元？全額補貼再綁手機方案？我會說那是全世界最貴的手機……而且不會吸引商務型消費者，因為它連鍵盤都沒有，要寄電子郵件多不方便。」[14] 微軟的行動作業系統因此大受打擊，至今未有真正起色。不只是蘋果的 iPhone 與 iOS 帶來強大的破壞力量，

Google 的安卓（Android）作業系統也來勢洶洶，鎖定許多過去和微軟合作的製造商，例如索尼、三星（Samsung）與戴爾（Dell）。Google 不但免費提供安卓系統的使用授權，甚至還願意把應用程式商店的部分收入和這些設備廠商共享。時間來到 2016 年，全球的使用者已經多半是透過行動裝置連上網際網路。而在隔年，也就是第一代 iPhone 上市十年後，微軟宣布不再研發 Windows Phone。

　　臉書是消費性網際網路興起的一大贏家，但是就連臉書，一開始也誤判了行動時代，幸好他們在被淘汰之前就知錯能改。臉書誤判了什麼？他們誤以為使用者主要是透過瀏覽器、而非應用程式來存取網路。

　　蘋果推出 iPhone 的 App Store 過後四年，蘋果著名的「肯定有個應用程式能搞定」（There's an app for that）廣告活動也過了三年，就連《芝麻街》（Sesame Street）跌破眾人眼鏡搞笑模仿這則廣告活動也過了兩年，臉書這個社群網路龍頭卻還是把重心放在以瀏覽器為基礎的體驗。雖然在蘋果推出 App Store 的同一天，臉書確實也推出一款行動應用程式，並且迅速成為用戶在行動裝置上登入臉書的主流管道，但是這款應用程式一開始只是個「精簡型用戶端」（thin client），也就是說儘管用的不是瀏覽器介面，但讀取的還是 HTML 資料。

　　2012 年年中，臉書才終於重新推出 iOS 應用程式，從零開始寫出一套專門給行動裝置使用的程式碼。祖克柏表示，短

短一個月之內，使用者看的「動態消息數量就來到兩倍」，他也說：「我們這間企業犯下的最大錯誤，就是在 HTML5 下注太重……導致必須完全重來、重寫所有程式，讓一切都是行動原生的內容。我們當初就這樣耗費掉兩年。」[15] 諷刺的是，臉書晚了一步才朝向原生應用程式移動，反而被人們認為是這間公司能夠成功轉移到行動業務的其中一項原因。臉書轉型後，在 2012 全年，行動裝置占臉書總廣告收益的比例從不到 5％飆升至 23％，這還只反映出臉書過去幾年重押 HTML5 而在行動裝置上所損失的收益。臉書轉移到行動裝置的動作緩慢，損失的還有其他各種發展機會，以及得付出數十億美元的代價。像是在臉書做出轉變的十年後，目前每日使用人數最多的公司產品，卻是臉書在 2014 年才以將近 200 億美元買下的WhatsApp。WhatsApp 成立於 2009 年，一開始就是專門針對智慧型手機所設計，透過應用程式來傳送訊息；在它成立的時候，臉書已經是每月使用人數將近三億五千萬人的大公司。而在華爾街，很多人會說臉書旗下最有價值的資產是Instagram；臉書也是在重新推出 iOS 應用程式的幾個月前，才砸下 10 億美元收購這個行動原生社群網路。

　　雖然微軟與臉書完全看錯未來科技的發展，但是，許多看對趨勢的公司反而失敗收場，原因就在於他們儘管押對技術，市場發展卻還沒跟上腳步。在網際網路泡沫破滅之前的幾年，全美國投下數百億美元鋪設光纖網路。由於提供額外傳輸量的

邊際成本並不高，許多廠商索性打造出遠高於當時需求的光纖傳輸量，希望這樣就能應付當時與未來的流量需求，進而壟斷當地區域市場。但這些投資都是源於錯誤的預期，誤以為網際網路流量會在未來幾年出現指數成長。到頭來，真正「點亮」的光纖還不到 5%，其他傳輸線就這樣擺著、無人使用。

　　如今，那些長達幾千公里、沒有被點亮的光纖，正是推動美國數位經濟的無名功臣，默默協助內容擁有者與消費者，讓大家只要付出便宜的價格，就能得到高頻寬、低延遲的網路設備。但是，自從這些電纜鋪設完成到現在，許多負責廠商破產收場，包括大都會媒體光纖網路（Metromedia Fibre Network）、KPN 奎斯特（KPNQwest）、360 網路（360networks），以及美國破產史上規模數一數二的環球電訊（Global Crossing）。也有其他幾間公司命懸一線，勉強躲過破產，例如奎斯特通訊（Qwest）與威廉斯通訊（Williams Communications）。至於惡名昭彰的世界通訊（WorldCom）與安隆（Enron），雖然倒閉的最大原因在於做假帳，但另一個重要因素也是誤以為人們對高速寬頻網路的需求量將迅速超過供給量，於是下重本投入數十億美元。安隆當時一心以為人們對高速資料傳輸的需求迫在眉睫、必定供不應求，才會在 1999 年打算比照石油與金屬矽的期貨交易，推出寬頻傳輸的期貨方案。他們認為企業也會希望能提前幾年預留資料傳輸量，以免每個位元的傳輸成本出現巨大的波動。

　　然而，科技轉型之所以難以預測，就是因為這並不是憑藉單一發明、創新或個人所推動，而是源於各式各樣的變化匯流而成。一項新科技創造出來後，社會與發明家會有所回應，於是催生新的行為、新的產品，為原本的這項底層技術找出新的使用方法，進而激發更多的行為與創意發明，就此發展下去。

　　這種現象稱為遞迴創新（recursive innovation），它讓二十年前最深信網際網路會有大好前途的人，也難以預料這項新科技如今能有如此的發展。說得最準的預測，常常就是那些陳腔濫調老生常談，像是「會有更多人上網，使用得更頻繁，相關設備裝置更多，用途也更多」；當初如果有人想要愈明確的描述人們在網路上的行為、使用時機、地點、方式與目的，現在看來多半也就錯得愈嚴重。可以肯定當初沒人預料到的是，現在會有一整個世代的人主要用表情符號、推文或短片「限時動態」來溝通。也沒有人想到，靠著 Reddit 上的股票投資板，搭配「羅賓漢」（Robinhood）等免費又好用的投資平台，就能推動像是「人生只有一次」（You Only Live Once）的投資交易策略，進而拯救遊戲驛站（GameStop）與 AMC 連鎖電影院（AMC Entertainment）等企業不被新冠疫情擊倒。再者，也沒人想到時長六十秒的 TikTok 混音將會在美國告示牌排行榜上大放異彩，甚至成為人們日常通勤時常聽的音樂。據稱在 1950 年，IBM 的產品規劃部門曾經有一整年的時間都「堅信全美國的電腦市場規模，最大絕對不會超過十八台電腦設

備」。[16] 為什麼會這樣？因為這個部門當時想都想不到，除了拿來跑連 IBM 自己都還沒開發出來的軟體與應用程式之外，怎麼會有人需要用電腦？

　　無論你是元宇宙的信徒、懷疑論者，或者採取中立態度，都應該接受一項事實：要預測元宇宙來臨時的「日常生活」會是什麼樣子、給人什麼感覺，現在實在還為時過早。然而，雖然我們無法準確預測未來人們會如何使用元宇宙，也不知道元宇宙會怎樣改變我們的日常生活，但這並不是壞處，反而是讓元宇宙發揮破壞力量的先決條件。如果真心想為將來的事做好準備，辦法只有一個，就是要把重點放在即將構成未來的那些技術與功能。換句話說，我們必須主動為元宇宙下定義。

第 3 章

元宇宙的定義（終於來了！）

　　有了前幾章重要的先備知識，現在可以開始具體討論到底元宇宙是什麼了。儘管元宇宙的定義仍然百家爭鳴，也還有許多疑點尚待釐清，但我相信，即使在元宇宙歷史早期階段的現在，也可以為這個詞提出一個清晰、全面且實用的定義。

　　所以，在我寫到或談到元宇宙的時候，我指的是：「由許多即時算繪（real-time render）*的 3D 虛擬世界形成一個大規模、可互通的網路，能為實際人數無限的使用者提供同步且不斷延續的體驗；其間，每位使用者具有個人的存在感，而且各種資料如身分、歷史、權利、物件、通訊與支付等，也同樣具備連續性。」

　　本章會一一解讀這項定義中的各種元素，過程中不但會解釋元宇宙的面貌，還會釐清元宇宙和現今網際網路的差異，並且指出實現元宇宙所需要的條件與可能實現的時機。

---

* 編注：「即時算繪」一般又稱「即時演算」或「即時算繪」，由於本書中多次出現的「算繪」（render）一詞有時是名詞、有時則是動詞，為求一字多義以便理解，故譯為「算繪（演算繪圖）」。

虛擬世界

　　不論你相信或懷疑元宇宙，或者根本不太熟悉這個詞，如果要說元宇宙有什麼人人都同意的特點，大概就是「以虛擬世界為基礎」。有幾十年的時間，虛擬世界主要是為了電玩而打造，像是《薩爾達傳說》(*The Legend of Zelda*) 或《決勝時刻》(*Call of Duty*)；又或者是讓虛擬世界作為劇情長片 (feature film) 中的一部分，像是迪士尼皮克斯 (Pixar) 的電影，或是華納兄弟的電影《駭客任務》。因此，常有人誤以為元宇宙就是一種電玩或娛樂上的體驗。

　　「虛擬世界」指的是任何一個用電腦生成的模擬環境。這些環境可以是 3D、沉浸式 3D、2.5D（又稱為等距視角 3D）、2D，或者是用擴增實境疊加在「現實世界」上，又或者也可以純粹以文本為基礎，像是 1970 年代遊戲競賽式的多人地下城遊戲，以及非遊戲競賽式的多人共享空間遊戲。這些世界有可能完全沒有個人使用者的參與，例如皮克斯的電影，或是在生物課上模擬的生態圈。也有些時候，虛擬世界可能只有單一使用者參與，例如自己玩《薩爾達傳說》；或是也可以由多人共同參與，例如結伴玩《決勝時刻》。透過各式各樣數量不一的設備，像是鍵盤、動態感測器，甚至是能夠追蹤動態的攝影鏡頭，使用者就能夠和這個虛擬世界互相影響。

　　虛擬世界呈現的樣貌也各有不同，第一種是準確重現「現

實世界」，通常稱為「數位孿生」（digital twin）*；第二種呈現的是部分虛構的現實世界，例如《超級瑪利歐奧德賽》（*Super Mario Odyssey*）中的紐頓市（New Donk City），或是 2018 年 PlayStation 遊戲《漫威蜘蛛人》（*Marvel's Spider-Man*）中出現規模縮小為四分之一的曼哈頓市；第三種則是呈現完全虛構的現實，讓人看到各種不可能出現的景象。而就目的而言，虛擬世界則可以分為「遊戲競賽式」與「非遊戲競賽式」。遊戲競賽式的虛擬世界中，會訂定獲勝、殺戮、得分、擊敗或解謎等目標；非遊戲競賽式的虛擬世界中，目的則在於教育、職業培訓、商業、社交、冥想或健身等。

　　或許讓人意外的是，過去十年間在虛擬世界受到歡迎、大幅成長的作品，多半是那些完全非遊戲競賽式、或者淡化游戲競賽色彩目標的形式。讓我們以一款專為任天堂 Switch（Nintendo Switch）平台製作、暢銷程度第一名的遊戲為例。你可能以為我要說的是 2017 年的《薩爾達傳說：曠野之息》（*The Legend of Zelda: Breath of the Wild*），或是《超級瑪利歐奧德賽》；常有人認為這是史上最偉大的兩款遊戲，同時也屬於史上最受歡迎的電玩系列。然而，這兩款遊戲都輸給《集合啦！動物森友會》（*Animal Crossing: New Horizons*）。這款遊戲屬於知名的熱門《動物森友會》系列作品，銷售時間還不到另外兩

---

* 譯注：又譯「數位雙生」、「數位對映」等。

款任天堂遊戲的三分之一，但銷量卻高出將近 40％。《集合啦！動物森友會》雖然表面上看起來是一款遊戲，但實際的玩法卻比較像是一款虛擬的園藝程式，沒有明確的目標，特別是沒有要玩家去「贏得」什麼。玩家要做的事，就是在一座熱帶島嶼上蒐集並製作各種物品，打造出一個擬人化動物形成的社群，並且和其他玩家交易各種裝飾品與創作。

近年來，在虛擬世界最突飛猛進的成長，就出現在一些完全不具「遊戲競賽性」的領域。舉例來說，有人就用熱門的遊戲引擎 Unity 打造出香港國際機場的數位孿生，希望用來模擬乘客流量、設備維護或跑道整修，以及各種可能影響機場設計與營運決策的選擇。也有一些其他案例，則是模擬整座城市，再連結車輛交通流量、天氣、各種市民服務（警察、消防、救護車）等即時資料來源，就能在城市規劃的時候更了解這座城市，以便在分區、建設核准等策略做出更明智的決定。舉例來說，如果新蓋一間商場，會如何影響緊急救護或警察出動所需的時間？某種建築的設計，又會如何影響風力、都市溫度或市中心的燈光照明？虛擬世界在這種時候就很能派上用場。

虛擬世界可以由單人創作或多人合作打造，這些創作者可能是專業人士或業餘者，創作目的可能出於營利或是非營利用途。而隨著創造虛擬世界的成本、難度與時間大幅下降，受歡迎的程度向上竄升，也就讓虛擬世界的數量不斷增加，虛擬世界內、以及各個虛擬世界之間的差異愈來愈多元。2017 年夏

天在《機器磚塊》上推出的遊戲《收養我！》，背後只有兩位獨立開發者，而且他們過去並沒有遊戲研發的經驗。但在四年後，這款遊戲的同時在線玩家已經達到將近兩百萬人，而且截至 2021 年底，遊玩人次已經超過 300 億次；然而，《薩爾達傳說：曠野之息》的總銷量也只有大約兩千五百萬套。

　　有些虛擬世界具備完整的延續性，也就是說，裡面發生的一切都會永遠延續下去。也有些虛擬世界，會在每個玩家進入的時候重置，讓玩家重新體驗。但更常見的狀況，則是位於這兩種極端之間。讓我們以 1985 年上市的知名 2D 橫向捲軸遊戲《超級瑪利歐兄弟》為例。這是一款任天堂灰機（Nintendo Entertainment System，直譯為「任天堂娛樂系統」，又稱美版紅白機）遊戲，第一關有四百秒的時間限制，要是玩家沒有過關，還會有幾條「命」的嘗試機會，只是這個虛擬世界會完全重置，彷彿玩家從來沒有造訪過：殺過的敵人再次出現、所有道具物品也一如往常。然而，《超級瑪利歐兄弟》也會允許玩家保留某些道具物品。舉例來說，要是玩家在 3-4 關死了，也仍然能夠保留先前關卡蒐集來的金幣與進度，直到用光所有的「命」；在這之後，所有資料就會重置了。

　　有些虛擬世界必須使用特定的設備或平台，像是《薩爾達傳說：曠野之息》、《超級瑪利歐奧德賽》與《集合啦！動物森友會》，都只能在任天堂 Switch 上使用。也有些虛擬世界，能夠在多個平台上運行，像是任天堂推出的各款手機遊戲，適用

於大多數的安卓與 iOS 設備，但無法在任天堂 Switch 或其他
遊戲主機上遊玩。還有一些遊戲，則是完全跨平台的設計。像
是在 2019 年與 2020 年，《要塞英雄》就支援所有主要遊戲主
機（像是任天堂 Switch、微軟 Xbox One、索尼 PlayStation 4）、
個人電腦（也就是 Windows 或 Mac OS 電腦），以及最常見的
行動平台（iOS 與安卓）。*這代表玩家可以在幾乎任何裝置設
備上來玩這款遊戲，使用同樣的帳號、擁有同樣的物品像是虛
擬背包或裝備。但也有些時候，雖然理論上遊戲可以跨平台，
但玩家的體驗並不連續。舉例來說，手機版的《決勝時刻：
Mobile》（*Call of Duty Mobile*）和單機版或主機版的《決勝時
刻：現代戰域》（*Call of Duty Warzone*）雖然可以選擇同樣的帳
號資訊，而且地圖與遊戲機制類似、也同樣是大逃殺（battle
royale）遊戲的形式，但仍然屬於不同的遊戲。在 A 虛擬世界
裡的玩家，並無法和 B 虛擬世界的玩家對戰。

　　一如現實世界，不同的虛擬世界，就會有非常不一樣的治
理模式。大多數的虛擬世界是由開發與營運者或是團隊集中控
制，也就是說，這些人單方面掌控整個虛擬世界的經濟、政策
與使用者。但也有時候，使用者群體會發展出各種民主形式，
形成自治。像是某些以區塊鏈為基礎的遊戲，就會希望在推出

---

* 作者注：Epic Games 在 2020 年 8 月向蘋果提起訴訟之後，蘋果就從 App Store
　裡刪除了《要塞英雄》，於是蘋果用戶無法再在 iOS 設備上玩這款遊戲。

之後盡可能以自主的形式來運作。

3D

　　雖然虛擬世界有諸多維度，但「3D」可以說是元宇宙的必備規格。要是沒有 3D 特性，就和目前的網際網路大同小異了。畢竟像是留言板、聊天服務、網站架設、影像平台，以及互相連結的內容網路，都早已經存在並流行幾十年。

　　元宇宙之所以需要 3D，不只是因為它是個「新」的事物；元宇宙理論家認為，必須要有 3D 環境，才有可能讓人類的文化與勞動從實體世界轉換到數位世界。例如祖克柏就認為，對人類來說，3D 互動從本質上就比 2D 的網站、應用程式與視訊通話更直觀，特別是在各種社群用途上。可以肯定的是，人類過去並沒有花上幾千年的演化時間來學習如何使用平面觸控螢幕。

　　另一個必須考慮的因素，則是過去數十年間發展出的線上社群與經驗。在 1980 年代與 1990 年代早期，網際網路主要是以文字為基礎。線上使用者靠著使用者名稱、電子郵件地址、書面個人簡介塑造身分，並且透過聊天室與留言板表達自己的意見。到了 1990 年代晚期、2000 年代早期，個人電腦已經能夠儲存更大的檔案，網路速度也終於趕上，檔案的上傳與下載不再慢吞吞。於是，多數網際網路用戶要形塑身分的時候，會

開始使用圖片或個人照片，再加上個人網站，並放上幾張低解析度圖片，有時候甚至還會有幾個短短的音檔。而這也就催生第一批主流的社群網路，例如 MySpace 與臉書。等到 2000 年代晚期、2010 年代早期，開始又出現全新的線上社群形式。大家不再使用更新頻率低落的個人部落格，也捨棄只有一張封面照片與一連串老掉牙文字近況更新的臉書頁面。為了表達自我，人們反而開始不斷更新上傳高畫質照片、甚至是影片，許多就是隨意拍攝，沒有特定的目的，只是要分享自己做了什麼、吃了什麼，或者當下在想什麼。而引領這些潮流的管道，自然也是全新的社群媒體網路，像是 YouTube、Instagram、Snapchat 與 TikTok。

　　我們可以從這段歷史學到一些教訓。第一，人類想要的數位模式，必須能夠最貼近自己所體驗到的世界，像是充滿豐富的細節、混合影像與聲音，而且要有「實況」而非靜態或過時的感覺。第二，隨著線上體驗變得更加「真實」，我們會把更多的真實生活放上網路，也會將生活重心移向網路，而且整體的人類文化也會更加受到網路世界的影響。第三，這種變化的領先指標通常就是新興的社群應用程式，而這類程式又多半是先得到年輕世代的喜愛。整體而言，從這些教訓應該可以肯定，網際網路重要的下一步就是走向 3D。

　　如此一來，可以想像「3D 網際網路」最後會如何顛覆那些至今抗拒數位風潮的產業。未來學家已經談了幾十年，認為

會有部分教育教學被遠距線上教學取代，特別是大專教育與職業培訓。然而，實際情況是傳統的實體教育費用繼續上升，增加的速度遠高於平均通膨率，而且雖然就讀大專院校的體驗並沒有什麼改變，但申請人數還是持續走高。在全球最負盛名的幾所學校，沒有任何一所學校試著要以遠距方式提供同等於實體課程品質與認可的學位，部分原因也是因為各個企業雇主似乎也還有所疑慮。而對於全球幾百萬名父母而言，新冠肺炎全球大流行也為他們好好上了一課：兒童不能單靠 2D 觸控螢幕來學習。在許多人的想像當中，隨著 3D 虛擬世界與模擬技術不斷進步，虛擬實境與擴增實境的頭戴設備也會有所改善，進而讓教學方法徹底不同。未來可能是世界各地的學生一起進入某間虛擬教室，彼此比鄰而坐，和教師眼神交流；接著，還能夠縮小身形，隨著紅血球細胞在人體循環系統中悠遊，再從只有15微米的大小恢復原本的身形，學習如何解剖一隻虛擬的貓。

　　需要強調的是，雖然元宇宙應該會是一種 3D 體驗，但並不代表元宇宙非 3D 不可。很多人會在元宇宙裡玩著 2D 遊戲，或是透過元宇宙開啟軟體或應用程式，但使用的還是行動時代的設備與介面。此外，3D 元宇宙的出現並不代表整個網際網路與運算都會過渡到 3D 環境；就像是雖然行動網路時代已經開始超過十五年，但目前還是有許多人並未使用行動裝置，也沒有透過行動裝置上網。此外，就算是兩個行動裝置之間要傳輸資料，主要仍然會透過有線（地下）的網路基礎設施。而且，

雖然網際網路在過去四十年間發展蓬勃，目前世界上還是有許多離線網路（offline network），以及使用專屬通訊協定（proprietary protocol）的網路。不過，正是靠著 3D 科技，才能讓我們在網際網路上打造諸多全新的體驗；但是，這也會帶來許多極高的技術挑戰，以下將一一道來。

　　我也應該強調，元宇宙並不一定需要沉浸式虛擬實境，或是虛擬實境頭戴設備。雖然到頭來這些可能會是體驗元宇宙最常見的方式，但沉浸式虛擬實境只是進入元宇宙的方法之一。如果要說必須透過沉浸式虛擬實境才能進入元宇宙，就像是說只能透過應用程式使用行動網際網路，而不能用行動瀏覽器。但事實上，很多時候我們連螢幕都不需要，就能使用行動資料網路、存取行動內容；舉例來說，像是車輛追蹤裝置、高級耳機，以及各種機器對機器（Machine-to-Machine，簡稱 M2M）與物聯網（Internet of Things，簡稱 IoT）設備與感測器，都能存取行動網路與內容。（順帶一提，元宇宙也不見得需要螢幕！進一步的討論請見第 9 章。）

即時算繪

　　「算繪」指的是用電腦程式生成 2D 或 3D 的物件或環境。過程中，程式必須「解開」一道由各種輸入的指令、資料與規則所組成的方程式；這道方程式會決定算繪（也就是視覺成像）

的內容與時機。過程中需要運用各種運算資源，例如圖像處理器（Graphics Processing Unit，簡稱 GPU）與中央處理器（Central Processing Unit，簡稱 CPU）。而所有數學問題都一樣，如果可用的資源愈多，就能解開愈複雜的方程式，解開後也能得到更多細節；在這裡，所謂的資源也就是時間、中央處理器與圖像處理器的數量與運算能力等。

以 2013 年的電影《怪獸大學》（*Monsters University*）為例，全片畫面超過 12 萬個影格，就算用上工業級的運算處理器，每一個影格平均還是需要二十九個小時才能算繪完成。總計來說，就算後續不改變任何一次算繪、不替換任何一個場景，光是完成全片的算繪，總時數就超過兩年！於是，為了克服這項挑戰，皮克斯將兩千台工業級電腦連結在一起，組成一個總計有兩萬四千個核心的資料中心，只要平均分配下去，大約七秒就能完成一個影格的算繪。[1] 當然，大多數企業可負擔不起如此強大的超級電腦，所以得花上更多時間等待。像是許多建築與設計公司，可能就得等上一整晚，才能完成充滿細節的模型算繪。

如果要製作一部將在 IMAX 銀幕上播放的好萊塢大片，又或者是進行某件價值數百萬美元的建築翻修，視覺擬真度（visual fidelity）當然應該是重中之重。然而，如果是虛擬世界中的體驗，能否即時算繪就會成為一大重點。做不到即時算繪，虛擬世界中呈現的大小與視覺效果就會嚴重受限，而且參

與的人數、每位使用者可以使用的功能選項也會大大縮水。為什麼？因為如果想用預先算繪的影像來提供沉浸式的環境，就必須規定好所有的場景順序。這就像以前市面上曾經出版過一套多重結局的冒險小說，雖然讀者可以自由選擇結局，但選項也就只有那幾種，無法真正隨心所欲。換句話說，為了達到更好的視覺效果，就只能犧牲部分功能與行動選擇。

舉例來說，我們可以比較一下在電玩遊戲或是在 Google 街景上遊覽羅馬競技場的情形，雖然兩者都有 360 度的視角、多維度的移動選項，可以向上下看，可以前後左右移動，但是電玩遊戲裡的選項會大大受限。而且，如果你在遊戲中想好好觀察某塊石頭，就算能夠拉近視角，畫面呈現的圖像也不是為了讓玩家近距離觀看而設計，於是圖像十分模糊，也只有固定的視角。

雖然即時算繪能讓虛擬世界「活」起來、回應單一或群體使用者輸入的資訊，但是最低標準是每秒算繪 30 個影格，理想情況則是每秒算繪 120 個影格。這必然對硬體條件與數量有所要求、對速度週期有所要求，也會影響算繪畫面的複雜程度。你大概可以想見，沉浸式 3D 需要的運算能力會遠高於 2D 畫面。同樣的，就像是一般建築公司無法負擔迪士尼用的超級電腦，一般使用者也無法負擔企業用的圖像處理器或中央處理器。

可互通的網路

　　大多數元宇宙都有一項核心願景：用戶能將自己的虛擬「內容」，例如化身或是裝備，從 A 虛擬世界帶到 B 虛擬世界交換、出售或是和其他商品混合搭配。舉例來說，我可能在《當個創世神》買下一套衣服，但拿到《機器磚塊》去穿；或是在《當個創世神》買到一項帽子，但同時又在《機器磚塊》參加一場由國際足球總會（FIFA）開發、主辦的虛擬球賽，並贏得一件毛衣，就能把帽子和毛衣配在一起穿搭。又或者，假設虛擬球賽的參賽者都會得到某項限定版道具，也能把道具帶到其他環境使用，甚至透過第三方平台出售，就像是出售 1969 年胡士托音樂節（Woodstock）的 T 恤一樣。

　　此外，元宇宙也應該能夠讓使用者無論想去哪、做什麼，過去的成就、歷史甚至財務資料，都可以在各個虛擬世界得到認證，就像是在現實世界一樣。目前最類似的機制，就是我們的國際護照系統、各地市場的信用分數（credit score），以及各國的身分辨識系統，例如美國的社會安全號碼。

　　為了達成這種願景，虛擬世界必須能夠「互通」（interoperable），也就是說，電腦系統或軟體要能夠互相交換，並且運用彼此的資訊。

　　互通性最重要的例子就是網際網路；網際網路讓全球無數個獨立、異質、各自為政的網路得以安全、可靠、全面的交換

資訊。而這一切靠的就是採用網際網路協定套組，由此告訴不同的網路如何將資料封包、定位、傳輸、選擇路經並且接收。這套協定是由網際網路工程任務小組（Internet Engineering Task Force，簡稱 IETF）管理，小組成立於 1986 年，當時是隸屬於美國聯邦政府的非營利性開放標準組織，而如今已經是完全獨立的全球機構。

單單靠著網際網路協定套組，就打造出我們今日所知、全球互通的網際網路。而我們講到「網際網路」，都知道指的就是那別無分號、幾乎無可取代的「網際網路」；不論是中小企業或寬頻業者、設備廠商或軟體公司，幾乎全球所有電腦網路都心甘情願採用共同的網際網路協定套組。

此外，新的負責機構也成立了，希望確保無論網際網路與全球資訊網變得多麼龐大、去中心化，都能維持互通性。這些機構除了管理頂級網域（.com、.org、.edu）的分配與擴充，同時也負責管理 IP 位址、URL（Uniform Resource Locator，意思是：統一資源定位符）與 HTML；IP 位址代表每個設備在網際網路上的位置，而 URL 則提供特定資源在電腦網路上的定位。

同樣重要的是，要為網際網路上的檔案建立通用的標準，像是數位影像檔用 JPEG、數位音檔用 MP3；各種網站、網頁與網路內容互相連結的時候，也要有通用的呈現方式，像是使用 HTML 語法；此外，還要有瀏覽器引擎能夠解讀這些資訊，

像是蘋果的 WebKit。一般來說，雖然會出現幾種標準互相競爭寶座，但總會再出現一些技術上的解決方案，讓人能夠在各種標準間轉換，像是把 JPEG 檔轉成 PNG 檔。由於早期網路具備開放性，這些替代方案多半都是開源方案，也希望盡可能拓展相容性。因此，如今用 iPhone 拍的照片就能輕鬆放上臉書，再從臉書下載到 Google 雲端硬碟，最後再貼到亞馬遜網站的評論上。

　　網際網路讓我們看到，需要怎樣的系統、技術標準與約定，才能跨越各種異質的應用程式、網路、設備、作業系統、語言、領域與國家等，建立、維持並擴大彼此的互通性。然而，如果希望未來的各種虛擬世界也能形成互通的網路，眼前尚有諸多問題需要克服。

　　當今幾乎所有最流行的虛擬世界，都各有自己的算繪引擎，許多發行商甚至還會在不同的產品使用不同的引擎。至於這些世界裡的物件、材質與玩家資料，也會儲存成完全不同的檔案格式，並且只保存發行商認定重要的資訊；如果要在不同的虛擬世界之間分享資料，更是完全沒有相關系統可以支援。因此，在目前的各個虛擬世界之間，使用者並沒有明確的管道能夠尋找或辨識彼此的身分，也沒有可以溝通交流的共同語言，更別說是要達到同調、保障安全或是擴大規模了。

　　會出現這樣各自孤立而分裂的狀況，是因為在當今的各個虛擬世界背後，開發者在設計這些系統與體驗的時候並未考量

互通性，而是本來就將虛擬世界設定成封閉、自成一格的體驗，好掌握經濟運作，就連後續系統更新、改善時，也是以此為標準。

　　想要建立標準與解決方案，並沒有輕鬆或是一步登天的辦法。以下讓我們以「可互通的虛擬化身」為例。如果只是平面圖像或許相對簡單，開發人員應該不難就圖像的定義與呈現方式達到共識；而且由於圖像只是靜態 2D 內容、由許多彩色像素組合而成，所以要將某種影像檔案格式轉換成另一種格式，例如把 PNG 檔轉成 JPEG 檔，執行起來並不困難。但是，如果是 3D 化身，問題就複雜得多。這個化身究竟是要有一個完整、穿著衣服的 3D 人物，或者就只要做一個人像化身再加上衣服？如果是用人像化身，那該讓人像穿多少衣服？襯衫該怎麼做？想在襯衫外面加一件外套，又該怎麼做？化身上哪些部分可以重新上色？哪些部分必須連動，讓使用者一起重新上色？舉例來說，袖子和襯衫必須分開嗎？化身的頭部是要當做單一物件，還是可以結合幾十個子元件，像是眼睛也分成左右眼，還有不同的視網膜，再搭配上睫毛、鼻子或雀斑等？此外，在使用者看來，如果化身是個擬人化的水母造型，或是長得像盒子般的機器人，都應該設計成一樣的移動方式。同樣的問題也會出現在各種物品物件上。舉例來說，要是化身的脖子上有個刺青，不論化身做出什麼動作，刺青都應該位在皮膚上的固定位置；然而，如果是化身的脖子上有一條領帶，化身動

作的時候，領帶就應該跟著動起來，甚至是和化身互動，而且還不能動得像是一條貝殼項鍊；如果化身戴的是貝殼項鍊，項鍊動的方式也會和羽毛項鍊不一樣。這時候，各個虛擬宇宙之間光是訂出共同的化身尺寸與視覺細節還不夠，各方開發人員都需要了解這些物件與標準的運作方式，並且達成共識才行。

　　就算新標準達到共識、也已經有所改善，開發人員還需要一套共同的程式碼，能夠正確直譯、修改與接受第三方的虛擬商品。例如，假設《決勝時刻》想要從《要塞英雄》匯入化身，可能會想修改化身的風格，讓它更接近《決勝時刻》那種寫實硬漢的樣子。因此，《決勝時刻》或許無法接受某些在這個世界太沒道理的風格，像是《要塞英雄》中有個著名的「香蕉人」（Peely）造型，外觀就是一個巨大的擬人香蕉，如果放到《決勝時刻》裡，可能會在要坐車或進門的時候卡住。

　　除此之外，還有其他問題需要解決。要是使用者在 A 虛擬世界購買某項虛擬商品，接著拿到 B、C、D 虛擬世界裡使用，這時候應該由哪個世界來管理所有權，又該把紀錄放在哪個世界？在不同的虛擬世界中，假設某位使用者聲稱擁有某項商品，應該如何驗證？要把商品換成現金的時候，又該如何管理？相較之下，如果是具備不可變特性的圖檔或音檔，一來比 3D 商品單純得多，二來是檔案的副本傳送到不同的電腦或網路上後，無須在意之後是誰擁有使用權、又要如何使用。

　　而且，以上談到的還只有虛擬物品而已。如果講到身分、

數位通訊，以及特別是款項支付的互通性，自然還會出現其他更獨特的挑戰。

　　此外，選定標準的時候，應該要特別注重效率問題。以 GIF 檔為例，這種格式雖然很受歡迎，但在技術上卻糟透了。一般來說，就算已經努力壓縮原始影片檔，因而得放棄許多個影格，也讓剩下的畫面嚴重失真，GIF 影像檔仍然相對肥大，也就是說檔案會占據更多空間。相較之下，MP4 檔通常比 GIF 檔「輕盈」五到十倍，又能保留更高的影片清晰度與細節。但是，因為 GIF 檔相對常見，等於是占用額外的網路頻寬，還要花更多時間等待檔案載入，整體體驗也比較糟。儘管這講起來似乎沒什麼大不了，但是正如我們後文會討論到，在運算、網路與硬體方面，元宇宙的需求之高，將會是前所未見。而且比起現在常見的圖檔，3D 虛擬物件檔又會大得多，也很有可能更重要。所以，我們現在選定哪些檔案格式，就可能大大影響未來發展的可能性、使用的設備，以及使用的時機。

　　追求標準化的過程十分複雜、混亂，也很漫長。雖然表面看來是技術問題，但其實骨子裡是商業的問題，也是人的問題。這些技術標準不像物理定律是透過「發現」來建立，而是營造共識來打造。但是，這常常需要各方有所妥協，因此沒有人真的滿意，又隨著某些派系分裂而岔出一些分支。儘管如此，這樣的過程永遠不會結束。總是會有新標準不斷浮現，舊標準不斷更新，又或是遭到遺棄，就像是 GIF 檔正在慢慢被淘

汰。然而，虛擬世界已經起步數十年，背後又牽扯到數兆美元的商機，現在才要開始談 3D 的標準化，也就讓一切難上加難。

　　正因為這些挑戰，有些人認為實在不容易出現「統一的元宇宙」，而是會有許多虛擬世界網路各自為政、互相競爭。但這樣的說法也不是第一次出現。從 1970 年代到 1990 年代早期，我們也曾經長期爭論到底能不能建立起一個通用的網際網路標準，一般稱這段時期為「協定戰爭」（Protocol Wars）。當時大多數人預測，全球網路會走向分裂，各個網路將根據不同的專屬網路協定堆疊（networking stacks）分成幾大陣營，只有在為了達成特定目的時，才會連結特定的某些網路。

　　從後見之明來看，將一切整合成單一的網際網路，價值再明顯不過。否則，今天的世界經濟不可能有高達兩成是「數位」經濟，而剩下的八成當中，大部分也很難獲得數位技術的推動。而且，雖然不能說是人人得利，但是開放與互通的網路，其實有利於大多數的企業與使用者。由此可見，要推動網路互通性，不太可能只是某個有遠見的人提倡，也不可能只因為某項新的技術出現，而是源於整體的經濟因素。至於想讓經濟發揮最大的潛力，就得建立各種通用的標準，吸引更多使用者與開發人員，共同推動元宇宙的經濟發展；如此一來，元宇宙的使用體驗會有所提升，技術成本跟著降低、營運獲利也能增加，並且帶來更多投資。我們並不需要真的說服所有人都接受共同的標準，只要足以讓經濟的吸引力發揮作用，就能讓接受

的人得到成長、不接受的人感受到壓力。

正因如此，我們必須了解元宇宙的互通性標準到底將如何建立起來。在元宇宙這個「下一代的網際網路」出現之後，它的領導者將會擁有無比的軟實力，簡直就像是操控其中的物理定律，也能決定更新這些定律的時機、方式與原因。

浩瀚的規模

要打造別無分號、無可取代的「網際網路」，公認的條件在於容納看似數量無限的網站與頁面。如果網際網路只有少數幾個門戶網站，還被幾個開發者把持，絕不可能有今日的地位。元宇宙的情況也很類似。想要形成一個獨一無二、別無分號的「元宇宙」，就必須讓這個宇宙中容納大量、規模浩瀚的虛擬世界。否則，元宇宙看起來只會像是一座數位遊樂園，儘管園區裡有幾個精心策劃的景點與體驗設施，但永遠無法像外部（真實）世界一樣多元，也不足以和真實世界抗衡。

在此，很值得對「Metaverse」（元宇宙）這個詞來場說文解字。史蒂文森創造這個詞的時候，採用希臘文的詞首「meta」，加上取自「universe」（宇宙）的詞幹「verse」。「meta」在英文中的意思是「超越」或「超脫」，像是「metadata」（元資料），指的就是描述資料（data）的資料；「metaphysics」（形上學）這個哲學分支研究的是「存在、身分與改變、空間與時

間、因果關係、必然性與可能性」，而不是研究「physics」（物理學）談的「物質、物質的基本成分、物質在空間與時間中的運動與行為，以及相關能量與力的實體」。[2] 於是，結合「meta」與「verse」，代表的就是在由電腦生成的個別「宇宙」之上，以及在據稱約有七千京（7×10^{19}）個行星的真實宇宙之上，所存在的一個統合一切的「元宇宙」層級。

此外，元宇宙也可能有許多「元星系」（metagalaxy），也就是隸屬於某個管理單位之下的眾多虛擬世界集合體，而且各個虛擬世界之間可以看到清楚的連結。根據這樣的定義，可以說《機器磚塊》就是一個元星系，而《收養我！》則是個虛擬世界，因為《機器磚塊》這個網路結合數百萬個不同的虛擬世界，而《收養我！》只是其中一個虛擬世界。但是，並不是所有虛擬世界都座落在《機器磚塊》之中，否則《機器磚塊》就會成為元宇宙。值得一提的是，每個虛擬世界還可能再分成不同的子區域，就像是網際網路也會分成不同的網路，網路也會再分出一些子網路；或者就像地球分成幾個大陸，大陸通常又再分成許多國家，每個國家又分成各州各省，州與省之下又可以再分成縣、市等。

想要了解元星系概念的其中一種方式，就是參考目前臉書在網際網路中的角色。很顯然，臉書並不等於網際網路，但臉書的確集合許多高度整合的臉書頁面與個人資料。簡單來說，可以把臉書視為現階段 2D 版本的元星系。透過這樣的類比，

也能讓我們思考元宇宙互通性的潛力與極限。舉例來說，在目前的真實宇宙裡，也不是所有貨品都能暢行各地毫無阻礙。就算我們可以拿一把吉他帶到金星，吉他也會被大氣壓力立刻粉碎；就算我們有辦法利用科技把俄亥俄州的一座農場帶上月球，這樣做也沒有任何實際意義。儘管在地球上，確實大多數人造物品都能帶到大多數的人造場域，但是運送的過程中還是會受到各種社會、經濟、文化與安全的限制。

隨著虛擬世界的數量不斷增加，使用的次數應該也會日益頻繁。在這個虛擬世界的宇宙中，有些領導者（例如提姆・斯維尼）相信，到頭來每間企業都需要開始經營自己的虛擬世界；這些虛擬世界可以像是個獨立的行星，也可以是《要塞英雄》或《當個創世神》等虛擬世界平台領導者的一部分。斯維尼的說法是：「這就像在幾十年前，先是每間企業都會建立自己的網頁，接著到某個時間點，卻變成每間企業都會在臉書上建立粉絲專頁。」

延續性

我在前面談過虛擬世界的「延續性」。目前，幾乎還沒有任何一款遊戲能夠展現出完整的延續性，反而多半都只能運作一段時間，接著就得讓虛擬世界的部分或全部重置。讓我們以熱門電玩遊戲《要塞英雄》與《我要活下去》（*Free Fire*）為

例，在這些遊戲中的每一場賽局，玩家會建造或摧毀各種建築物、放火燒毀森林，或是殺死野生動物，但是只要經過大約二十至二十五分鐘，基本上這塊地圖就會「終結」，被 Epic Games 和 Garena（《我要活下去》遊戲開發商）丟棄；就算玩家能夠保留賽局中贏得或解鎖的物品，也無法再次回到當時體驗的地圖裡。而且，事實上，就算是在同一場賽局中，這個虛擬世界也會丟掉某些資料，以降低算繪的複雜程度，像是在無法摧毀的石頭上所留下的彈痕，可能三十秒後就會「卸載」。

　　不是所有虛擬世界都像《要塞英雄》，結束一場賽局後就重置資料，像是在《魔獸世界》（*World of Warcraft*），虛擬世界就會持續下去。不過，這也並不足以聲稱這個虛擬世界具備完整的延續性。舉例來說，要是玩家進入《魔獸世界》地圖中的某些區域打倒敵人後離開，再返回的時候通常會發現敵人又重生了。在遊戲裡，曾經把某個稀有道具賣給玩家的非玩家角色（NPC）商人，隔天可能會再賣一次同一種道具，好像前天沒發生過這件事一樣。只有開發商做了大更新，以《魔獸世界》而言也就是動視暴雪更新遊戲，才會讓虛擬世界出現真正的變化。玩家無法決定要不要讓特定選項或事件的效果永遠持續下去。到頭來，唯一能夠永遠延續的東西，只有玩家腦中的記憶，以及他們擊敗敵人或購買物品的紀錄。

　　我們之所以不太容易感受到虛擬世界中「延續性」的問題，是因為現實世界沒有這個問題。如果你在現實世界砍倒一棵

樹，不管自己記不記得，也不管地球同時還追蹤多少棵樹或大自然活動，這棵樹就是沒了。但如果是在虛擬世界砍倒一棵樹，則必須由你的設備與掌管虛擬世界的伺服器主動判斷，是否要保留「樹被砍了」這項資訊、是否要進行算繪，以及是否要和別人分享這項資訊。如果電腦決定保留資訊，後續還會有進一步的細節問題，像是要讓這棵樹直接消失？還是要讓樹倒在地上？應該讓玩家看得出來樹是從哪面倒的嗎？還是只要呈現出被砍倒的樹就好？這棵樹會被「生物分解」嗎？如果會，是要表現出樹被分解的樣貌，還是呈現出樹會受當地環境的影響？當需要延續存在的資訊愈多，對運算的需求就愈高，留給其他活動運用的記憶體與效能也就愈少。

想要清楚說明「運算效能」與「延續性」之間的妥協，最好的例子應該是《星戰前夜》（*EVE Online*）這款電玩遊戲。雖然這款遊戲的知名度較低，遠遠不及 2000 年代早期其他「元宇宙原型」，像是《第二人生》，也比不上《機器磚塊》等後起之秀，但是《星戰前夜》堪稱奇蹟。自 2003 年上市以來，除了偶爾因為更新或排除故障而停機，《星戰前夜》一直都在運行、也不斷延續。在《要塞英雄》等遊戲中，是將幾千萬名玩家分組，每組有十二至一百五十人不等，進行每場二十至三十分鐘的競賽；但是《星戰前夜》則有所不同，是把幾十萬名每月玩家放在同一個由眾人共有的虛擬世界，橫跨將近八千個恆星系統、近七萬顆行星。

在《星戰前夜》這個與眾不同的虛擬世界背後，有一套創新的系統架構，同時或許也可說是主要源於出色的創意設計。

《星戰前夜》的虛擬世界本質上只是一個空的 3D 空間，加上一些看起來像是星系的背景圖片。玩家無法真正造訪特定的行星，至於像是採礦等活動，也不是要玩家真正去建造虛擬的鑽井，反而比較像是在設定無線路由器。所以說，這款遊戲的延續性主要在於管理一些相對不太複雜的資產（像是玩家的太空船與資源），以及相關的位置資料。這樣一來，對於這款遊戲的開發商 CCP Games 來說，伺服器的運算需求比較沒那麼高，而對於玩家來說，遊戲設備也不需要算繪出改變後的整個世界，只要能呈現出裡面的幾項小物件即可。別忘了，複雜程度愈高，想要即時算繪也就愈難。

此外，在《星戰前夜》上，可以說每一天、每一季、甚至是每一年，都不會出現太大的改變。原因就在於，《星戰前夜》這款遊戲給玩家的目標，是讓不同派系的玩家征服行星、恆星系統與星系，而遊玩方法主要是靠著建立公司、組成聯盟，再把船隊放在最適當的位置上。因此，《星戰前夜》的活動其實有一大部分是在「現實世界」中進行，因為玩家會透過第三方通訊程式與電子郵件互相聯絡，甚至不會占用 CCP 的伺服器。玩家會花上好幾年時間策劃攻擊，到敵方公會臥底、等著某天窩裡反，也會打造巨大的個人人際網路，以便交易資源、建造新船。雖然偶爾確實會有大規模戰鬥，但這種情況非常罕

見，而且只有這個虛擬世界中的太空船等資產會遭到破壞，並不會損及虛擬世界本身。這對於電腦來說比較容易處理，因為這就像是處理掉花園裡的一株植物，而不用去計較這株植物會如何影響整個花園的生態系統。

《星戰前夜》之所以是個如此特殊的例子，原因在於這款遊戲無論在技術上或社會學上來說都非常複雜，但另一方面，相較於大多數人對元宇宙的宏大願景，這款遊戲顯得十分簡單，功能也很有限。像是史蒂文森《潰雪》所提出的元宇宙，是一個巨大到容納整個行星規模的虛擬世界，其中充滿各種細節，有各式各樣的獨特企業、場所、活動、商品，還可以認識形形色色的人。幾乎任何一名使用者在任何時間做的任何事，都會永遠延續存在。而且不只是虛擬世界本身，就連其中的各種物件道具也會永遠延續存在，像是虛擬化身與虛擬運動鞋都會隨著時間流逝而蒼老或磨損，形成的痕跡與傷害同樣會永遠存在。再者，根據互通性原則，無論到哪裡，這些改變也會延續下去。

想要打造並維持這樣的體驗，需要讀取、寫入、同步（後面會詳細介紹）與算繪的資料量不但前所未見，而且遠遠凌駕於現有的科技與技術。然而，我們有可能根本不會想打造出史蒂文森筆下的那種元宇宙。在《潰雪》當中，人們會在魅他域裡虛擬的家中醒來，再步行或搭火車前往虛擬酒吧。雖然擬真

設計（skeuomorphism）*通常具有實用價值，但是以「大街」作為統合虛擬世界一切事物的方式，可能並不實用。對於魅他域裡的參與者來說，或許會覺得何不直接從 A 地傳送到 B 地就好？

　　幸好，在管理個人資料延續性的時候，只需要從個別使用者角度出發，針對個人擁有的東西、做過的事情，設法在不同的虛擬世界與時間維護延續性；而不需要從地球般規模的巨大虛擬世界出發，運算處理每個使用者對這個世界做的最小改變與影響。這種模式比較類似於今日的網際網路，而且或許這也正是我們所偏好的互動模式。在網路上，我們常常會直接前往某個網頁，像是直接連結到 Google 文件的某個檔案，或是 YouTube 上的某支影片，而不是先從某個稱為「網際網路首頁」的地方，再點擊連結到 Google.com，最後前往相應的產品頁面。

　　此外，網際網路的延續存在並不是依靠著某個網站、某個平台，甚至也不是依靠「.com」之類的頂級網域。就算某個網站、甚至是許多網站突然消失，儘管這些網站的內容可能不復存在，但整個網際網路依然能夠不斷延續。而且，就單一使用者而言，就算現在沒有某個網站、瀏覽器、裝置設備、平台或服務，還是可以保留住當初的 cookie、IP 地址等資訊，至於

---

* 作者注：「擬真」是圖像設計的一種技術，目的是將介面設計得像是現實世界中的對應物品。舉例來說，iPhone 的第一個「備忘錄」應用程式，設計上就是模仿實際常見的便條本，讓人把文字打在黃底紅線的頁面上。

自己所創造的內容就更不用提了。但是，如果是某個虛擬世界離線、重置或關閉，對玩家來說就會像是這一切從未存在。即使虛擬世界還在運作，只要玩家不再進入那個世界，他們擁有的虛擬商品、歷史紀錄、成就，甚至是部分的社會關係都很有可能就此消失。要是所謂的虛擬世界只是遊戲中的虛擬世界，或許延續性的問題還不大；但是，如果真的要把人類社會搬進虛擬空間，像是為了教育、工作、醫療照護等目的，我們在虛擬世界裡的所作所為就必須要有延續性，就像是我們會留下小學的成績單，或是打棒球贏得的獎盃一樣。對於約翰‧洛克（John Locke）等哲學家來說，身分就代表記憶的連續，所以如果我們在虛擬世界會「忘記」自己所做的一切，也忘記過去的經歷，就永遠不可能擁有虛擬的身分。

　　想讓元宇宙有所成長，就必須提升每個虛擬世界裡的延續性。我在本書將會不斷提到，許多設計概念在過去五年間開始風行，但這些概念並不是最近才出現，只不過是最近才終於能夠做得到。所以，或許我們現在還想不出個理由，說明為什麼《魔獸世界》應該讓玩家記得自己踏過一片新雪之後留下什麼樣的足跡，不過很有可能遲早會有設計師想出合理的原因，並且讓這件事在不久之後成為許多遊戲共同的核心功能。在那之前，最需要延續性的虛擬世界，或許就是和虛擬房地產相關，或是和現實世界有實際連結的虛擬世界。舉例來說，如果是「數位孿生」的虛擬世界，我們會希望它能夠經常更新，並且

反映出現實世界的變化，也會希望負責管理虛擬房地產的平台可不能「忘記」我們幫某個房間加了什麼新的藝術設計或裝飾。

同步

　　我們對於元宇宙虛擬世界的期許，除了希望它能夠不斷延續存在、即時回應我們，也希望它能夠提供多方共享的體驗。

　　想做到這點，第一個條件是「高頻寬」，虛擬世界所有參與者的網路速度都必須夠快，能夠在特定時間內傳輸大量資料；第二個條件是「快速」，不能出現網路延遲；第三則是「永續不中斷」，資料必須能夠連續不斷＊連結到虛擬世界的伺服器，不論是傳送或接收資料。

　　這幾項條件或許聽起來不算太苛求。畢竟，現在可能已經有幾千萬個家庭正在享受高畫質的串流影音，而且在新冠肺炎全球大流行期間，全世界的經濟有一大部分都是靠著即時、多方同步的視訊會議軟體才能運作。而且，寬頻業者不斷誇下海口，要持續致力於提升頻寬、降低延遲，並且讓網路斷線的情況逐日遞減，同時也確實辦到了。

　　然而，現今元宇宙面臨的最大限制、也是最大難題，大概

＊ 作者注：在英文裡，這裡談的「網路持久連線」和前面談過的虛擬世界「延續性」都是使用同樣的詞「persistent」。但是，為了將兩者做出區隔，我在這裡改以「continuous」（連續不斷）來形容這種持久連線的網路。

就在於如何提供多方同步的線上體驗。簡單來說，網際網路本來的設計就不是為了提供同步共享的體驗，而是要把靜態的訊息副本或檔案從一方傳送給另一方；這裡提到的傳送與接收方就是指各個研究實驗室或大學，而且也不需要同時存取同一個檔案。雖然這聽起來實在太不方便，卻已經足以處理當今幾乎所有的線上體驗；原因在於，其實使用者並不需要真正絕對連續的連線，也能感覺彷彿一切是即時的現場動態，就是那麼連續不斷的體驗！

像是有些時候，使用者以為眼前的頁面呈現的是即時實況，像是臉書的動態消息彷彿會不斷更新，或是《紐約時報》提供的總統大選「即時開票結果」，但其實這些頁面只是頻繁更新，而非即時實況。實際的情況如下：首先，使用者端的設備透過瀏覽器或應用程式，向臉書或《紐約時報》的伺服器發出請求。接著，伺服器處理請求，傳回適當的內容，並且夾帶著一組編碼（code），會依一定時間間隔，例如每五秒或每六十秒，再向伺服器請求更新。而且，每次傳輸無論是來自使用者的設備或來自伺服器，都有可能是透過另一組不同的網路傳給接收端。所以，雖然使用者感覺上像是即時實況、連續、雙向的連線，但其實只是一批又一批單向、透過不同路徑、非即時的資料封包。同樣的運作模式，也出現在我們所謂的「即時通訊」應用程式上。使用者與中介的伺服器之間，其實只是互相推送固定的資料，並且頻繁的為了傳送訊息或是送出已讀回

條等資訊請求，而發出 ping 指令。

　　就算是 Netflix，號稱經營「串流」業務，能為使用者帶來「播放不間斷」的體驗，但仍然不是真正連續不斷的傳送資料。事實上，Netflix 的伺服器是將資料分批傳送給用戶，而且大部分資料是經由不同的網路路徑傳送。此外，Netflix 經常會把當下還用不到的資料先送給用戶，例如事先額外傳送三十秒的內容，這樣就算臨時出現傳送問題，像是某條路徑塞車、用戶的 Wi-Fi 忽然斷線等，影片還是能繼續播放。正是因為 Netflix 採用這種非連續的做法，才能為用戶提供「讓人覺得」連續的體驗。

　　Netflix 的妙招還不只這一項。舉例來說，在 Netflix 實際將影片上架之前，可能早已經提前幾小時、或是幾個月就拿到影片檔。於是，他們可以利用這段時間針對每一個影格進行廣泛的機器學習分析，判斷哪些資訊可以捨棄不用，以達成縮小（又稱「壓縮」）檔案的目的。比方說，Netflix 的演算法會「觀察」某個晴空萬里的畫面，判斷一旦用戶的網路頻寬突然下降，就可以把原本畫面上五百種不同的藍色簡化，降到只剩兩百種、五十種，或是二十五種藍色。而且，Netflix 的分析工具甚至還懂得考量情境脈絡，可以辨識出節奏明快的動作場景，也知道比起這些場景，對話場景畫面可以壓縮更多。Netflix 也會事先將內容放到用戶當地的幾個節點，所以當你想看最新一集《怪奇物語》（Stranger Things）的時候，可能節

點位置離你只有幾個紅綠燈的距離，傳送速度當然夠快。

以上這些方法之所以有效，正是因為 Netflix 提供的是「非同步」的體驗；如果傳輸內容是現場實況產生，自然沒有預做準備的餘地。因此，CNN 或 Twitch（遊戲影片串流媒體平台）的直播影片串流，通常遠比 Netflix 或 HBO Max 的影音串流更容易出問題。不過，即使是實況直播串流，還是能玩些小技巧，像是抓個二至三十秒的延遲傳送時間，留下預先傳送部分內容的空間，以應對臨時網路塞車的情況。此外，不管是對用戶、或是對內容供應商的伺服器來說，都可以安插廣告時間，以便在內容供應商的網路連線出問題時，善用廣告時間來重置連線。大多數直播影片其實只需要維持單向連續的連線，像是讓資料從 CNN 的伺服器傳向用戶，雖然偶爾也有需要雙向連線的情形，像是 Twitch 直播時的聊天視窗，但這種時候需要同時共享的資料量並不大，可能只有聊天視窗裡的資訊，而且重要性也沒那麼高，並不會直接影響當下的視訊內容。別忘了，視訊上看到的影像可能是二至三十秒前發生的事。

整體而言，除非是需要即時算繪的多使用者虛擬世界，否則一般的線上體驗很少需要真正高頻寬、低延遲的連續連線；大多數體驗只需要這三項元素裡的一到兩項就已經十分足夠。高頻股票交易，特別是高頻交易演算法，需要最高的傳輸速度，因為這可能影響賺與賠的區別。但是這些交易資料並不複雜、檔案也不大，所以不需要多大的頻寬，也不要求連續的伺

服器連線。

　　最主要的例外狀況是視訊會議軟體，像是 Zoom、Google Meet 或 Microsoft Teams，都需要可以讓許多人同時接收、傳送高解析度視訊檔案，並且共同參與的體驗。然而，想要讓這樣的體驗成真，軟體解決方案反而不應該追求在虛擬世界當中為多方參與者即時算繪。

　　各位請回想一下最近參與過的 Zoom 視訊會議。你可能碰到的情況是，時不時就有幾個封包檔案來得太晚，甚至根本沒送到，於是讓你漏聽一、兩個字，或是讓其他與會者漏聽你說的幾個字。雖然如此，很有可能你或其他人還是能聽懂句子，會議仍然得以繼續進行。另一種情況是，你可能一時網路斷線，但很快就重新連上線。這時候，Zoom 就會把你錯過的封包檔案傳給你，加速影音播放速度，並且刪掉一些對話的空檔，好讓你「追上」這場「實況直播」。還有一種情況是，你的本地網路出了問題，或是本地網路與遠端 Zoom 伺服器之間的連結出了問題，導致你完全斷線。儘管如此，有可能根本沒有人發現你曾經斷線，而你就默默重新加入會議；而且就算大家發現你的網路斷線，大概也不會造成太大的困擾。因為在視訊會議上，主要的體驗是以某個人為中心，再集合眾人的參與，而不是由所有人共同打造一項體驗。不過，如果你就是會議的講者呢？好消息是，就算沒有你，會議也還是能夠繼續，因為有人可以代為發言，或是其他人一起等你重新上線。就算

是網路嚴重塞車，與會者無法順利聽到或看到當下的情況，Zoom 也懂得暫時停止上傳或下載多數與會者的視訊畫面，把資源集中在當下最重要的地方，也就是音訊。此外還有另一種問題是，各個與會者的網路延遲狀況不同，使得會議無法順利進行；換句話說，每位與會者接收到「即時實況」的音訊與視訊時間不一，有的人可能快了半秒、有的人則是慢了一秒，於是與會者難以接話，不斷互相干擾。但是到頭來，大家總能想出辦法來解決，只是需要所有人多點耐心等待。

然而，比起以上這些活動，虛擬世界需要更好的效能，因為就算是最小的問題，也會造成相當大的影響。畢竟，虛擬世界中傳輸的資料集遠遠更為複雜，而且不只需要所有使用者共同提供，還得傳輸得更快。

如果做個比較，視訊會議通常就是以一位講者為主，加上幾位觀眾旁觀，但是虛擬世界則多半需要許多使用者共同參與。這樣一來，一旦有人斷線，不論斷線的時間多短，都會對整體體驗造成影響。而且就算某位參與者沒有斷線，只是和其他人稍微不同步，使用者也會完全失去影響這個虛擬世界的能力。

讓我們想像一下遊玩第一人稱射擊遊戲的情形。要是 A 玩家比 B 玩家慢個七十五毫秒，可能自以為正對著 B 玩家射擊，但是 B 玩家與遊戲伺服器都知道 B 玩家早就離開那個位置了。一旦出現這種差異，遊戲伺服器就得決定哪一位玩家的體驗才是「真的」，而誰的體驗又是「假的」、必須被排除；也

就是說，伺服器應該以「真的」體驗來算繪，讓其他玩家以此延續虛擬世界。大多時候，進度落後的玩家體驗就會被排除，好讓其他玩家得以繼續。然而，要是許多玩家都遇上這種體驗互相衝突的問題，然後被排除，元宇宙就無法真正成為人類生存的平行平面。

由於每次模擬時，運算技術不得已必須限制參與人數（將在下一節討論），這也代表每當玩家中途斷線，就再也無法重新加入。如此一來，不但影響斷線玩家的體驗，也會影響其他組隊玩家的體驗，他們不是得下線再一起重開，就是得放棄那位斷線的玩家。

換句話說，一旦發生延遲或卡頓的現象，對 Netflix 或 Zoom 的使用者來說，就已經夠讓人不滿，但如果是發生在虛擬世界，更有可能直接導致虛擬化身死亡，並且讓所有玩家都一直覺得不開心。在本書的寫作過程中，全美國只有四分之三的家庭有能力參與大多數即時算繪的虛擬世界；至於在中東，只有不到四分之一的家庭有能力參與這樣的體驗。

進一步討論「同步」帶來的挑戰，有助於理解元宇宙在未來幾十年將如何演化與發展。雖然很多人認為元宇宙的發展必須仰賴設備上的創新，像是虛擬實境頭戴設備、虛幻引擎（Unreal Engine）等遊戲引擎，或是《機器磚塊》等平台；但事實上，網路連線的效能才會控制（或是說約束）元宇宙的潛力、發展的時機，以及主要服務的對象。

　　後面的章節會談到，這件事並沒有簡單、便宜或快速的解決方案。我們需要新的光纖電纜基礎設施、無線標準、硬體設備，甚至可能需要徹底改變網際網路協定套組的組成元素，例如邊界閘道協定（Border Gateway Protocol，簡稱 BGP）。

　　大多數人可能從來沒聽說過邊界閘道協定，但這項協定無所不在，就像是數位時代的交通警察，負責管理每一筆資料在各個網路之間流通的方式與去向。邊界閘道協定目前面臨的挑戰在於，它當初是針對網際網路最初的功能所設計，例如分享靜態、非同步的檔案。因此它不知道、更難以理解這些傳輸資料到底是什麼，不管是電子郵件、簡報實況，或是在即時算繪的虛擬模擬環境中代表要「躲避虛擬子彈」的一連串指令。此外，它無法判斷資料的流向是輸入或輸出，也難以判斷網路塞車的影響等。邊界閘道協定在安排資料傳輸路徑的時候，用的是一套非常標準化、一體適用的方式，基本上就是要找出最短、最快、最便宜的路徑，而且多半是以「最便宜」作為最重要的考量。於是，就算網路連線能夠持續，也有可能白白花費更長的時間、造成更多延遲；又或者，網路連線可能偶爾被切斷，只為了優先處理一些其實並不需要即時傳送的流量。

　　邊界閘道協定屬於網際網路工程任務小組管轄，內容可以修改。但是能否成功修改，還得看看幾千間不同的網際網路服務業者、專用網路（private network）、路由器製造商、內容傳遞網路（Content Delivery Network，簡稱 CDN）是否買帳。而

且，如果要將元宇宙規模擴大到全球等級，就算能夠把邊界閘道協定大幅更新，也不見得足夠。

人數無限的使用者與個人存在感

　　雖然史蒂文森並沒有提出明確的日期，但《潰雪》當中的種種跡象暗示，小說設定的時間應該是在 2010 年代中後期，書中的「魅他域」規模大約是地球的兩倍半大小，不論何時都有「紐約市兩倍的人口」[3] 待在魅他域當中。至於史蒂文森筆下的「現實世界」約有八十億人口，其中只有一億兩千萬人擁有效能夠強的電腦，足以處理魅他域的連線協定，讓使用者可以隨時加入。至於在我們這個現實世界中，要實現那樣的目標，距離還很遙遠。

　　不過，到底距離有多遠？就算這些尚未真正具備延續性的虛擬世界遊戲中的地圖面積不到 10 平方公里、功能有限，遊戲又是由史上最成功的幾間電玩遊戲公司營運，而且玩家的運算設備也愈來愈強大，但是要支援五十到一百五十位玩家參與遊戲，已經顯得極為勉強。更重要的是，正是因為這些遊戲採用某些創新設計，才好不容易有可能同時容納一百五十位同時上線的使用者，而這已經是一項重大成就。像是《要塞英雄：大逃殺》（*Fortnite: Battle Royale*）提供栩栩如生的虛擬世界，每場遊戲可以容許最多一百名玩家參與，玩家各自操作一個具

備豐富細節的化身，能使用十幾種以上不同的道具，做出幾十種動作或操作策略，建立數十層樓高的複雜結構。然而，《要塞英雄》的地圖足足有 5 平方公里大小，也就代表玩家一次最多只會看見大約一、二十位其他玩家；等到地圖不斷縮小、把玩家都逼到一小塊地方時，大多數玩家早就已經被淘汰，只留下計分板上的一筆資料。

　　同樣的技術限制，也塑造出《要塞英雄》能提供的社群體驗，像是 2020 年和崔維斯・史考特合作的那場演唱會。當時，「玩家」都群聚在地圖上更小的一塊地方，這也就代表，每一部設備需要運算與算繪的平均資訊量，會遠遠高於平常的遊玩狀況。於是，原本每場遊戲的人數上限是一百人，但當時遊戲開發商就只能把人數限制砍半，並且暫時停用許多道具與建築功能等操作，好把工作量再降低一些。雖然 Epic Games 確實可以說有超過一千兩百五十萬人參加這場直播演唱會，但其實他們是把這些人分成二十五萬場副本，換句話說，其實有二十五萬個版本的史考特，而且，這二十五萬場副本甚至還不是真的在同一時間開始。

　　此外，《魔獸世界》這款「大規模多人線上遊戲」（massively multiplayer online game）也很能說明「同時上線使用者」機制造成的挑戰。要玩這款遊戲的時候，玩家得先挑選一個「領域」（realm），也就是遊戲伺服器，每個伺服器獨立管理一個完整的虛擬世界，面積大約有 1,500 平方公里；而且虛擬世界之間

的玩家無法看到彼此或是有所互動。就這點來說，這款遊戲中不只一個「魔獸世界」。不過，玩家可以自由來去不同的伺服器，真要說的話，這就是把許許多多世界整合成單一的「大規模多人」線上遊戲。然而，每個伺服器裡頂多同時只有幾百人上線，而且要是有某個特定區域的玩家過多，遊戲還會將這個區域生成幾個臨時副本，並且把這個區域裡的玩家再分成幾群。

　　《星戰前夜》之所以不同於《魔獸世界》與《要塞英雄》，是因為所有玩家都是同時存在於一個單一、有延續性的領域當中。不過，也是因為這款遊戲的設計特殊，才能做到這一點。舉例來說，既然是太空戰鬥，也就代表動作操作的種類比較有限、相對簡單，只要發出雷射光就行，不需要讓虛擬化身跑跑跳跳，而且戰鬥場景也沒那麼常見。下令讓一艘船去某個星球採礦，或是轟炸某個固定的地點，都比起讓兩個虛擬化身跑跳、互相射擊來得簡單多了。《星戰前夜》的遊戲重點不在遊戲過程的畫面處理與算繪，而是在遊戲之外的玩家執行的計畫與決定。而且由於遊戲場景座落在遼闊的太空，大多數玩家相隔遙遠，所以除非真的有必要，否則 CCP Games 的伺服器可以直接把這些玩家視為處在不同的虛擬世界裡。另外，CCP Games 也在設計上發揮巧思，提出「旅行時間」的概念，讓玩家無法突然全部群聚到同一個地點，另一方面，他們也讓想要「離開特定地點」的玩家背負策略上的成本與風險。

　　雖然如此，《星戰前夜》還是難免遇上許多玩家共聚一堂

會出現的同時上線問題。2000 年代就發生過一次，一群玩家發現 Yulai 恆星系統的地點特別優良，不僅位於主要星團，又臨近許多交通繁忙的行星，實在很適合作為新的貿易樞紐。[4]他們想得沒錯，當這裡出現商店之後，開始湧入許多買家，於是吸引更多賣家，又帶來更多買家，就這樣不斷循環。最後，這個貿易樞紐的交易量過大，癱瘓了伺服器，最後 CCP Games不得不修改世界地圖，讓這個地點變得沒那麼容易抵達。

CCP Games 在接下來幾年間設計、擴充、翻新宇宙地圖的時候，肯定已經從「Yulai 問題」學到慘痛的教訓，卻還是出現其他問題：玩家間突然爆發一系列戰鬥，而且戰略意義太重大，於是動員成千上萬名玩家立刻聚集起來，保衛自己的聯盟，或是擊倒另一個聯盟。

在 2021 年 1 月，《星戰前夜》史上爆發最大規模的戰爭，足足達到先前紀錄的兩倍人數之多。帝國聯盟（Imperium Faction）和敵對的 PAPI 聯盟發生衝突，經過將近七個月的醞釀，終於一觸即發。或者至少說，本來終於要一觸即發。到最後，唯一真正的輸家是 CCP Games 的伺服器。因為在單一恆星系統裡，有一萬兩千名玩家蜂湧而至，希望奪下決定性的勝利，但伺服器卻被塞爆，大約有一半的玩家完全無法進入恆星系統。就算成功登入遊戲，也彷彿進入某種煉獄，還來不及輸入指令就已經被摧毀；但是如果離開遊戲，又代表伺服器的位置可能被敵人占據，用來摧毀自己的盟友。這場戰役最後是由

帝國聯盟勝出，但只是受惠於遊戲規則的保祐：當一場戰鬥根本沒有真正發生，最後自然是由守方獲勝。

　　讓使用者同時上線會是元宇宙的基本問題，而且背後也有根本的原因：在特定單位時間內，使用者同時上線會讓需要處理、算繪、同步的資料量呈指數成長。如果只是要算繪生成一個令人目眩神迷、不會受到使用者影響的虛擬世界，其實難度並不高；因為這就像是在看一部關於魯布戈德堡機器（Rube Goldberg machine）運作的電影，機關設計精巧，一切都在掌握之中。*如果玩家只是等同於「觀眾」，並無法影響模擬環境，其實也就不需要連續的連線或是即時同步。

　　想要讓元宇宙真正符合我們對統一的「元宇宙」的定義，就必須能夠讓大量使用者在同一時間、同一地點、體驗同一事件，而且在功能上、在各個世界的互動、延續性、算繪的品質等不能有太多妥協。想像一下，如果運動賽事、演唱會、政治集會、博物館、學校或商場都有人數限制，同時只能容納五十至一百五十位參與者，現今的社會將有多麼不同、又受到多少局限？

---

* 作者注：魯布戈德堡機器指的是一種設計精妙、能引發連鎖反應的機器，會透過一連串複雜的動作，完成一些相對簡單的任務。舉例來說，如果要把球丟到一個杯子裡，這部機器可能會先推倒一塊骨牌，讓骨牌推倒其他許多骨牌，由倒下的骨牌打開風扇，把球吹到一個軌道上，再讓球飛到空中，從一層又一層的平台落下，最後才終於掉到杯子裡。

　　然而，要能夠複製「現實世界」的人數密度與彈性，我們現在還差得太遠，而且很有可能在一段時間內都無法辦到。在臉書 2021 年的元宇宙主題演講中，Oculus VR（臉書為了啟動元宇宙轉型，在 2014 年收購的公司）的前任科技長暨現任顧問科技長約翰・卡馬克就曾沉思說到：「要是有人在 2000 年問我『如果你的電腦系統擁有比現在高上一百倍的處理能力，有辦法打造出元宇宙嗎？』我應該會認為我做得到。」當時全球只有幾億台電腦，而過了二十一年後，全球有幾十億台電腦，電腦的效能提升高達百倍有餘，[5] 而且目前卡馬克背後的支持者是全球市值數一數二、以元宇宙為發展重點的公司。然而在目前的卡馬克看來，要打造出元宇宙，至少還得花上五到十年，也需要各方互相妥協、找出最佳的權衡措施。

目前的定義還少了什麼？

　　我對元宇宙的定義是：「由許多即時算繪的 3D 虛擬世界形成一個大規模、可互通的網路，能為實際人數無限的使用者提供同步且不斷延續的體驗；其間，每位使用者具有個人的存在感，而且各種資料如身分、歷史、權利、物件、通訊與支付等，也同樣具備連續性。」許多讀者或許會很意外，無論是這項定義，或是其他的附帶描述，都沒提到「去中心化」、「Web3」或是「區塊鏈」。我完全能理解為什麼有人會覺得意

外，畢竟在近年來，這三個詞已經變得無所不在、互相糾纏，彷彿與「元宇宙」密不可分。

　　Web3 指的是一種未來版本的網際網路，目前的定義還有些模糊，但主要重心會放在獨立開發人員與使用者，而不是像現在的網際網路著重在 Google、蘋果、微軟、亞馬遜與臉書等笨重的整合平台上。我們可以說，Web3 會是目前網際網路走向「去中心化」所形成的版本，而很多人相信最好、或至少最可能是透過區塊鏈來實現這個願景。正是從這裡開始，各種概念有了交集。

　　無論元宇宙或 Web3，都是我們所知的網際網路的「繼承國」（successor state）*，但是元宇宙和 Web3 的定義其實大不相同。Web3 並不需要 3D、即時算繪或同步體驗；而元宇宙則不需要去中心化、分散式資料庫、區塊鏈，也不需要把線上的權力與價值從平台轉向使用者。把兩者混為一談，就像是把民主共和政體的興起和工業化或電氣化混為一談；但明明前者談的是社會形成與治理，後者談的則是科技與技術普及。

　　元宇宙與 Web3 確實有可能同時興起。大規模的科技轉型常常會引發社會改革，因為轉型多半能讓個人消費者掌握更多話語權、激發新企業的崛起，也就會出現更多個人領導者；許

---

* 編注：依照科技領域慣例，「successor state」應該譯為「繼承狀態」、「繼承態」或「繼承樣態」，但考量本書上下文脈絡與語境，直譯為「繼承國」。

多新企業正是抓住人們對當下普遍的不滿，以此開創不同的未來。確實，目前許多放眼元宇宙商機的企業，特別是破壞性的科技／媒體新創企業，都是以區塊鏈科技為核心，所以如果這些企業取得成功，就很有可能帶動區塊鏈科技的發展。

無論如何，元宇宙想要蓬勃發展，Web3 的原則有可能十分關鍵。在大多數經濟體看來，都會覺得競爭是好事。許多觀察家也認為，目前這個行動世代的網際網路與運算，已經過度集中在少數企業手中。此外，雖然元宇宙有底層平台，但並不會是由這些底層平台直接打造出元宇宙；就像美國並不是由美國聯邦政府所打造，而歐盟也不是由歐洲議會所打造。元宇宙的組成重點，仍然在於各個獨立的使用者、開發人員與中小企業，這一點和現實世界並無不同。想要元宇宙存在的人，甚至就連不想要元宇宙存在的人，應該都希望元宇宙主要是由這些獨立個人、開發者與中小企業推動，而且主要也是為這些人帶來利益，而不是掌握在超大型企業手中。

Web3 還有其他的考量因素，像是「信任」，也同樣和元宇宙的運作狀態與前景息息相關。Web3 的支持者認為，如果繼續使用集中式的資料庫與伺服器架構，所謂的虛擬或數位權利也只是流於表面形式而已。就算使用者買下某個虛擬帽子、土地或電影，這些物件仍然存在於「出售」物件的公司伺服器裡，使用者無法真正「擁有」這些物件，或是將它從伺服器中刪除；而且，我們也無法保證這些公司不會忽然決定將物件刪除、收

回或改變。這些虛擬物件在 2021 年的交易額已經來到大約 1,000 億美元，而且經營集中式伺服器的各個企業，顯然不會反對使用者繼續這樣大把大把的投入金錢。不過，目前限制這類業務成長的因素在於，販售者必須依賴那些市值上兆美元的平台，但這些平台最重視的永遠是自己，而不是個人使用者的利益。舉例來說，如果代理商隨時可以收回車輛、政府隨時可以無故無償徵收房屋、畫家也可以在畫作升值之後就說要收回作品，你還會去買車、買房、買畫嗎？或許你仍然願意，但意願絕對會受到影響。這種考量對於虛擬世界的開發人員影響特別大，因為他們想著要在虛擬世界裡開立虛擬商店、企業與品牌，卻又無法保證未來能一直獲准營運；搞不好，他們哪天忽然就得向虛擬房東付出兩倍租金才能繼續營運。有可能總有一天，司法系統也能跟上時代，讓使用者與開發人員得到更大的權力，控制自己在虛擬世界中的物品、資料與投資。不過，也有些人認為，在去中心化的情況下，實在不用再依賴各種法院命令，他們也認為這種做法的效率太低。

　　不過，還有另一個問題是，集中式的伺服器架構究竟能不能支持一個使用人數近乎無限、有延續性、規模與世界同等的元宇宙？有些人相信，想要提供元宇宙需要的運算資源，只有一種辦法：透過去中心化的網路，讓所有個人擁有、有償使用的伺服器與裝置設備都派上用場。只是，目前談這個還早了點。

第 4 章

下一代的網際網路

　　根據我對元宇宙的定義，應該能讓人了解為什麼大家常常合理覺得元宇宙會是行動網際網路的繼承者。要實現元宇宙，需要開發出新的標準、新的基礎設施；已經年代久遠的網際網路協定套組有可能需要大幅修改，納入新的設備與硬體；最終甚至可能改變科技龍頭、獨立開發者與使用者三方之間的權力平衡。

　　轉變如此劇烈，也就難怪雖然元宇宙還遠在天邊，就連會帶來多大影響也在未定之天，但各個企業已經迫不及待做出轉型因應。精明的業界領袖都知道，每次出現新的運算與網路平台，世界就為之改觀，領導企業也跟著換人。

　　像是在 1950 ～ 1970 年代的大型主機時代，主流的運算作業系統掌握在「IBM 與七個小矮人」手上；這七個小矮人也就是 Burroughs、Univac、NCR、RCA、Control Data、漢威聯合（Honeywell），以及奇異公司（General Electric）。1980 年代進入個人電腦的時代，也曾由 IBM 與旗下的作業系統短暫稱王，但最後被新人後來居上，其中最著名的公司就是微軟，Windows 作業系統與 Office 套裝軟體幾乎搶進入駐全球所有的個人電腦。同時，戴爾、康柏（Compaq）與宏碁（Acer）

等電腦製造商也各有一片天。2004 年，IBM 完全退出個人電腦業務，並且把 ThinkPad 產品線賣給聯想（Lenovo）。行動時代也有類似的故事。當蘋果的 iOS 與 Google 的安卓這兩個新平台興起，Windows 在相關領域被掃地出門，而且過去個人電腦時代的製造商地位也被小米與華為等新人取代。*

事實上，隨著運算與網路平台出現世代轉變，就算是最停滯不前、受到最嚴密保護的產業類別，也不免遭到顛覆。像是在 1990 年代，AIM（AOL Instant Messenger）與 ICQ 等通訊服務很快就建立起文字通訊平台，搶下的客群與使用量迅速威脅到許多電話公司，甚至影響到郵政服務。不過，到了 2000年代，文字通訊服務又被強調即時音訊、可以連結傳統市話的服務如 Skype 所超越。而後來到行動時代，又出現新一批的領導者，例如 WhatsApp、Snapchat、Slack，不但擁有 Skype 的功能，更是專門為行動裝置而設計，把各種不同的使用行為、需求甚至溝通方式，都納入服務的設計考量。

舉例來說，WhatsApp 的設計就是希望使用者幾乎能夠永遠持續使用，而不是像 Skype 那樣，需要特別安排時間通話，或者只是偶爾打打電話；而且在 WhatsApp 上，表情符號能傳達的訊號可能比文字更多。Skype 最初的設計，是希望以低成

---

* 作者注：行動裝置市場的另一個重要領導者是三星，已有八十年的歷史，不像其他製造商都是新成立的企業。然而，三星過去從未在大型主機或個人電腦的市場擁有相對高的市占率。

本、甚至零成本的形式，撥打傳統的「公共交換電話網路」
（Public Switched Telephone Network，也就是市話），但
WhatsApp 則直接跳過這項功能。Snapchat 對於行動通訊的想
法則是以影像為優先，並且認為智慧型手機的後置鏡頭儘管更
常用、解析度也更高，但是前置鏡頭還是比後置鏡頭更重要，
所以他們特別推出許多擴增實境的鏡頭來提升對前置鏡頭的體
驗。至於 Slack，則是著眼於生產力，可以整合各種生產力工
具、線上服務等。

　　另一個例子則是關於款項支付，這是一個法規更嚴格、發
展也更停滯的領域。在 1990 年代晚期，點對點的數位支付網
路迅速成為消費者轉帳匯款的首選；當時業界的佼佼者是
Confinity 與伊隆・馬斯克的 X.com，而這兩間公司後來合併為
PayPal。時至 2010 年，PayPal 每年經手的金額已經將近 1,000
億美元。再過十年後的現在，數字更是超過 1 兆美元（部分原
因在於 Paypal 在 2012 年收購 Venmo）。

　　我們現在已經可以看到元宇宙的先頭部隊。在平台與作業
系統方面，最受關注的候選人是《機器磚塊》與《當個創世神》
等虛擬世界平台，以及各種即時算繪引擎，例如 Epic Games
的虛幻引擎，以及 Unity Technologies 的 Unity 引擎等。雖然
這些平台與引擎還是在底層作業系統上運作，例如 iOS 或
Windows，但通常是這些平台與引擎擔任開發人員與終端使用
者的中介。與此同時，Discord 擁有全球最大的通訊平台與社

群網路，也正是以電玩遊戲與虛擬世界為業務重心。單單在
2021 年，透過區塊鏈與加密貨幣網路結算的金額就超過 16 兆
美元；在許多專家看來，這已經足以作為元宇宙的發展基礎
（第 11 章會進一步介紹）。相較之下，Visa 經手的金額大約只
有 10 兆 5,000 億美元。[1]

　　把元宇宙視為「下一代的網際網路」，除了能夠了解它具
備的破壞潛力，也有助於理解其他概念。先讓我們再提一次，
「網際網路」是個獨一無二、別無分號的概念，並沒有什麼「臉
書網際網路」或「Google 網際網路」，臉書與 Google 旗下的
各種平台、服務與硬體仍然是在網際網路上運行；也就是說，
這些公司各自形成一個「網路的網路」*，各自獨立運作、有不
同的技術庫，但又共用一些標準與協定。過去並沒有嚴格的技
術阻礙，規定企業不能開發、擁有、控制自己的網際網路協定
套組；像是 IBM 等企業，就曾經試著推動自己的專屬套組，
這也形成所謂「協定戰爭」的一部分。不過，大多數人普遍認
為，這樣一來會讓網際網路變得規模比較小、利潤比較低、創
新性也受到影響。† 理論上，元宇宙的誕生大概會和網際網路

---

* 作者注：「網際網路」（internet）一詞，本來就是結合了「在……之間」
　（inter）與「網路連結」（networking）這兩個意思。

† 作者注：有人認為網際網路正在被區域化；特別明顯的是中國的網際網路，
　比較沒那麼明顯的則是歐盟的網際網路。要說這種說法為真，是因為這些地
　方的法規要求不同，而使得網際網路在標準、服務與內容上出現一些關鍵且
　必然的差異。

的建立過程相去不遠。當然會有許多人試著打造元宇宙，或是將元宇宙納入自己的框架。而且就像斯維尼所擔心的狀況，甚至還可能真的有哪個集團能夠成功。然而更有可能的情況則是，先出現許多虛擬世界平台與科技，互相競爭後，再經過部分的整合而誕生出元宇宙。這個過程需要時間，不可能完美、不可能多元無窮，因此未來在技術上也會面臨一些重大限制，但這也正是我們應該期待、應該努力的未來。

　　此外，元宇宙並不會取代、或是從根本上改變網際網路的底層架構或協定套組，而是會繼續在這個基礎上發展，只不過是使用的方式讓人覺得不一樣了。讓我們想想網際網路的「現存國」（current state），雖然我們把這個時代稱為行動網際網路時代，但是大多數的網路流量、就連行動裝置收發的資訊，仍然是透過固網纜線來傳輸，而且多半也還是使用幾十年前設計的標準、協定與格式，只是細節不斷有所修改演化。到現在，我們還是在用一些當初為了早期網際網路所設計的軟體與硬體，像是 Windows 或 Microsoft Office。儘管這些軟體與硬體有些修改演化，大致上卻與幾十年前並沒有根本上的不同。雖然如此，「行動網際網路時代」顯然不同於 1990 ～ 2000 年代早期那種以固網為主的網際網路時代，我們現在使用的是不同的設備，設備製造公司也不同；我們的使用目的不同；也使用不同的軟體，通用的軟體與網頁瀏覽器不再是主流，而是由各種應用程式取而代之。

我們也了解到，網際網路的概念其實集合許多不同的事物。要和網際網路互動，通常就得用到網頁瀏覽器或應用程式（軟體），也得依賴能夠透過各種晶片組連接網際網路的各種設備；至於這些晶片組的通訊，則是靠著各種標準與通用協定，並透過實體網路來傳輸。必須結合上述所有領域，才能讓我們得到網際網路的體驗。就算今天有哪間企業掌握整個網際網路協定套組，也無力讓網際網路直接出現端到端（end-to-end）的整體改進。

為什麼是電玩業推動下一代的網際網路

如果要說元宇宙是網際網路的繼承國，由電玩遊戲產業來帶頭似乎就很奇怪。畢竟，網際網路過去可不是這樣發展出來的。

網際網路起源於政府的研究實驗室與大學，接著擴展到大型企業，再到中小型企業，最後才到消費者。娛樂業可以說是全球經濟中最後一個接受網際網路的領域，「串流大戰」（Streaming Wars）一直到 2019 年才真正開始，但是距離串流影片首次公開亮相已經過了將近二十五年。在所有能夠透過網際網路協定服務進行傳輸的媒體類型當中，音檔應該已經是最簡單的一種，但是如今人們使用的多半還是非數位媒介，像是全美唱片音樂收入在 2021 年依然有將近三分之二還是來自於

地面廣播、衛星廣播與實體唱片。

行動網際網路的發展雖然並非政府主導，但發展曲線仍然大致相同。在 1990 年代早期推出的時候，主要還是由政府與大型企業來使用與開發軟體，到了 1990 年代晚期、2000 年代早期，才傳到中小企業。直到 2008 年，隨著 iPhone 3G 推出，大眾市場終於開始採用行動網路，以消費者為中心的應用程式多半也是出現在接下來十年間。

不過，只要更仔細觀看這段歷史，就能了解為什麼雖然電玩遊戲現在只是個價值 1,800 億美元的休閒產業，卻似乎將會改變價值 95 兆美元的全球經濟。這裡的關鍵，就是要考慮在開發各種科技時出現的「限制」。

網際網路剛問世的時候，頻寬有限、延遲嚴重、電腦記憶體小且處理能力也很差。於是，當時能夠透過網際網路寄送的資料只是些小檔案，而且還得花上很長的時間。幾乎所有的消費性用途，像是共享照片、影片串流與富通訊（rich commun-ication）都還只是夢想。在當時，設計網際網路的目的，其實也就只是在於支援各種生意上的業務需求，像是傳送訊息或是基本的檔案，例如沒有特殊格式的 Excel 表，或是股票下單作業。由於服務業經濟規模夠大，加上商品經濟亟需各種管理功能，所以只要網際網路稍微提升一點生產力，就已經能帶來莫大的價值。行動網路的情況也很類似。雖然早期的手機設備無法玩手遊或寄送照片，串流影片或視訊通話更是想都別想，但

是相較於呼叫器通知或是只有打電話功能，光是能夠推送電子郵件訊息，就已經是重大的改進。

比起幾乎所有的軟體與程式，即時算繪的 3D 虛擬世界與模擬在執行上實在複雜得多，不難想見在個人電腦與網際網路發展的前幾十年，受到的限制也就更多。因此，無論是政府、大型企業或中小企業，幾乎都不會使用到任何圖像模擬。就算建造出一個虛擬世界，如果無法真實模擬火災，對消防員並沒有助益；如果子彈無法隨重力彎曲，對狙擊手就沒有助益；對於「來自太陽的熱能」也得模擬得更為精確，才能讓建築公司用來設計建築。但是，電玩遊戲就只是遊戲，可不需要講究真實的火、重力或熱力學，只要好玩就行了。就算只是 8 位元的單色灰階遊戲，也能做得很好玩。這項事實造成的影響，就這樣持續發酵、擴大長達將近 70 年。

有幾十年的時間，家庭或小型企業裡多半只有一種設備會用到強大的中央處理器與圖像處理器，那就是電玩主機，或是電競電腦。沒有其他的運算軟體需要處理電玩遊戲那樣強大的功能。在 2000 年，日本甚至對引以自豪的龍頭企業索尼公司設下出口限制，就是因為擔心他們新上市的 PlayStation 2 主機可能被全球恐怖主義利用，像是作為飛彈導引系統。[2] 隔年，美國商務部長唐・埃文斯（Don Evans）吹捧消費性電子產業的重要性時，也說過：「昨日的超級電腦，就是今日的 PlayStation。」[3] 2010 年，美國空軍研究實驗室（US Air Force

Research Laboratory）就用了一千七百六十台索尼 PlayStation 3，打造出全球第三十三大的超級電腦。專案負責人估計，這台「兀鷲群」（Condor Cluster）超級電腦的成本只需要同等級系統的 5 ～ 10％，耗電量也只有 10％，[4] 而當時就被用來提升雷達性能、辨識圖形、處理衛星影像，以及研究人工智慧。[5]

　　那些專注於電玩主機與電競電腦的公司，現在就成為人類史上最強大的一批科技公司。最好的例子就是運算與系統單晶片（system-on-a-chip）的龍頭企業輝達；這間企業不太為人所知，卻和消費者導向的科技平台 Google、蘋果、臉書、亞馬遜與微軟等企業齊名，同樣登上全球前十大市值排行榜。

　　輝達執行長黃仁勳創立公司的初衷，可不是打算成為電玩遊戲產業龍頭，而是相信總有一天，人們會需要用圖像運算來解決一些通用運算無法解決的問題。不過，對黃仁勳來說，為了研發各種必要的能力與技術，最好的辦法就是先以電玩遊戲為發展重心。他在 2021 年告訴《時代》雜誌（Times）：「有一個市場的規模又大、同時對科技的要求又很高，這種狀況十分罕見。一般來說，需要強大運算能力的市場規模都很小，像是氣候模擬、藥物分子動力學研究都是如此。市場太小，就無法承擔大筆投資，所以你看不到有人成立公司專門從事氣候研究。投入電玩遊戲產業，是我們其中一項最優秀的策略決定。」[6]

　　輝達在《潰雪》出版短短一年後便成立了；而電玩界也很

快將《潰雪》視為開創性的重要文本。雖然如此，史蒂文森曾經說過，關於透過電玩來催生元宇宙的想法，是他在小說裡「完全錯過的東西」。他表示：「我當初在思考魅他域的時候，是希望想出一種市場機制，能夠讓一切有經濟上的可行性。在寫《潰雪》的時候，3D 影像的圖像硬體貴得太誇張，只有少數研究實驗室負擔得起。我那時候覺得，如果要讓這種硬體像電視一樣便宜，肯定就需要讓 3D 圖像的市場和電視的市場一樣大才有可能。所以《潰雪》裡的魅他域有點像電視……我沒想到，真正讓 3D 圖像硬體成本降低的會是電玩遊戲。所以，我們在二十年前談論和想像的虛擬實境，並沒有以當時預測的方式產生，而是以電玩遊戲的形式出現。」[7]

出於類似的原因，目前即時 3D 算繪效能最強的軟體解決方案，也是出自於電玩領域。最有名的就是 Epic Games 的虛幻引擎（Unreal Engine），以及 Unity Technologies 的 Unity 引擎（Unity Engine）兩大龍頭，但是另外也還有幾十間電玩遊戲開發商與發行商，同樣擁有強大且具備專利的即時算繪解決方案。

雖然目前也有一些選項不是來自電玩領域，但至少就目前而言，一般認為它們在即時性的表現比較差，特別是因為這些方案本來就沒有考量到對於即時性的需求。像是為了製造業或電影所設計的算繪解決方案，並不需要在 1/30 或 1/120 秒內完成圖像的處理，而是把重點放在其他目標上，像是讓視覺感

受最豐富，或是希望不論是物品的設計或製造，都能使用同樣
的檔案格式。然而，像這樣的解決方案，通常也需要使用最高
端的機器，這不是幾乎全球各地都有的消費性設備。

　　電玩產業還有一個經常被忽略的優勢是，這幾十年來，遊
戲開發商、發行商與平台一直在和網際網路的網路架構搏鬥，
試圖找出各種可行的辦法，所以在轉向元宇宙的時候就具備一
些獨特的專業知識。從 1990 年代晚期以來，線上遊戲已經開
始要求同步、連續不斷的網路連線；從 2000 年代中期以來，
Xbox、PlayStation 與 Steam 也都能夠在大部分遊戲當中支援
即時語音聊天。要做到這種要求，就需要有預測性的人工智慧
（predictive AI），能在網路中斷的時候暫時接手，等到連線恢
復後再交回控制權；也需要有量身訂做的軟體，當遊戲玩家收
到的資訊不同步時，能將某些進度不知不覺的稍微「回溯」一
點，設法處理而非忽略這些可能影響大部分玩家的技術問題。

　　這樣的設計導向，讓電玩遊戲公司最終掌握到一項優勢，
也就是能夠創造出人們真正想花時間待著的地方。Spotify 的
共同創辦人暨執行長丹尼爾・艾克（Daniel Ek）認為，網際網
路時代主流的商業模式就是把各種由原子組成的實體化為數位
位元，像是原本床頭上的鬧鐘變成手邊智慧型手機裡的應用程
式，或是身邊智慧喇叭裡的資料。[8] 簡單來說，到了元宇宙時
代，就是要用數位的虛擬原子，做出 3D 的鬧鐘。至於目前對
虛擬原子相關經驗最豐富、甚至長達幾十年的人，正是遊戲開

發商。他們不只知道怎麼做出數位鬧鐘，還知道怎麼做出整個房間、整棟建築，甚至是一整座村莊，可以讓一群快樂的玩家在那裡當村民！如果總有一天，出現「由許多即時算繪的 3D 虛擬世界，形成一個大規模、可互通的網路」，而人類會移居到這樣的網路世界裡，那我們需要的正是電玩業者所擁有的相關技術。史蒂文森接受《富比士》訪談時，說到《潰雪》預測正確與錯誤之處，他表示：「現在的狀況是，人們並不會像《潰雪》的描述那樣去拜訪『大街』上的酒吧，而是會像《魔獸世界》的公會那樣」，到遊戲裡發動攻擊。⁹

　　在本書第一部中，我詳細介紹「元宇宙」這個詞和相關概念的起源，談到過去幾十年來建構這些概念的努力，也談到這個詞對我們未來的重要性。對於這個行動網際網路的繼承國，我也討論到業界的熱衷，並且談到各方的疑惑，以及這些疑惑的重要性。另外，我也提出元宇宙目前的可行定義，並解釋為什麼電玩業者似乎成為這個領域的先驅。而在接下來，我會帶著大家了解，如何讓元宇宙成為現實。

第二部

打造元宇宙

第 5 章

網路連線

有一個可以追溯到數百年前的思想實驗（thought experiment）如下：「要是一棵樹在森林裡倒下了，但附近沒人聽到，那我們能說它有發出聲音嗎？」這個問題的版本眾多，之所以歷久不衰，是因為問題本身很有趣，也因為它會再延伸出許多重要的技術與哲學思想。

常有人認為，最早提出這個問題的人是主觀唯心主義者喬治・柏克萊（George Berkeley）。他認為「存在就是被感知」，不論這棵樹是矗立著、正在倒下、或是已經倒在地上，唯有在某人或某物感知到它的情況下，這棵樹才存在。但是也有人說，所謂的「聲音」只是透過物質傳播的振動，無論是否有人觀察或接受到這些振動，振動都會存在。此外也有人說，聲音指的是這些振動與末梢神經互動之後，在大腦裡形成的感受，所以如果振動的粒子並沒有和任何神經互動，就算不上有聲音。話又說回來，人類在幾十年前就發明出一些設備，可以把振動轉化為聲音，讓人的耳朵「聽見」。但是，那真的算是聲音嗎？時至今日，如果從量子力學的觀點來看，多半應該會認為只要沒有觀察者，「存在」就是個無法證明或反駁的臆測

（conjecture），我們頂多只能說這棵樹「可能」存在。不過，
愛因斯坦雖然是量子力學理論重要的奠基者，卻對這種觀點有
所質疑。

在本書第二部，我會解釋推動建構元宇宙所需要的各種條
件；首先是網路連線與運算的能力，接著是在許多虛擬世界當
中推動元宇宙的遊戲引擎與平台，再談到統合各個虛擬世界所
需的各種標準，最後則是支撐元宇宙經濟的支付管道（payment
rail）。而在解釋這些條件的過程中，希望各位都別忘了柏克萊
提的那棵樹。

為什麼？因為就算能讓元宇宙「徹底實現」，那棵樹也不
會真正存在。不管是那棵樹、其他哪棵樹、枝頭上的葉片，或
是所在的森林，都只是數位資料，儲存在看似無窮盡的伺服器
網路之中。雖然可以說只要資料存在，元宇宙與元宇宙的內容
就會存在，但是想讓人真正感受到這份存在，而不只是一個看
不見的資料庫，還需要經過許多不同的步驟，運用許多不同的
科技。在這樣的「元宇宙技術庫」中，可以說處處都是商機，
也能讓人了解到目前哪些科技可行、哪些科技又不可行。例如
你可能發現，在一棵高擬真的樹木倒下時，如今的技術頂多能
讓幾十位使用者同時看到。想讓更多人看到嗎？就得複製出更
多個虛擬世界；換句話說，想讓很多人聽到一棵樹倒下的聲
音，就得讓很多棵樹倒下才行。（這下柏克萊要頭大了吧！）
還有另一種可能的問題，就是觀察樹倒下的人碰到時間上的延

誤，他們一方面難以插手干預，另一方面也難以證明各種事件之間的相關性。另一種技術則是乾脆簡化樹皮的材質，用一致的棕色簡單解決，同時也只用「砰」的一聲來代表樹倒下的聲音。

為了一一討論這些限制以及限制帶來的影響，我想先談一個真實的案例。在我看來，這是目前在技術上最令人驚豔的虛擬世界。我要講的既不是《機器磚塊》，也不是《要塞英雄》。事實上，從以前到現在接觸過這個虛擬世界的玩家人數，可能還比不上那些熱門遊戲一天的玩家人數。而且，雖然前面提過的虛擬世界多半可以稱為遊戲，但是接下來要談的這個虛擬世界如果稱為遊戲，卻可能不太公允。因為這個虛擬世界是要精確再現一種會讓許多人感覺不舒服、壓抑，或是驚悚的體驗，那就是開飛機。

頻寬

第一代的《模擬飛行》(*Flight Simulator*)是在 1979 年上市，很快就收服一小群愛好者。時隔三年後（但距離第一代 Xbox 上市還有二十年），微軟取得這款遊戲的授權，截至 2006 年已經陸續推出到第十一代作品。2012 年，《模擬飛行》得到金氏世界紀錄認證，成為史上存續時間最久的電玩系列作品；但是直到此時，大多數電玩遊戲玩家對這款遊戲仍然不熟悉。一直

到 2020 年，微軟推出第十二代的《微軟模擬飛行》（*Microsoft Flight Simulator*，簡稱 MSFS），這款遊戲才一炮而紅，登上《時代》雜誌年度最佳遊戲榜。而《紐約時報》也說這款遊戲讓人「對數位世界有新的理解」，提供的景象「比我們在遊戲外所見更加真實」，並且「照亮我們對現實的理解」。[1]

理論上，正如許多人所認為，《微軟模擬飛行》就是一款遊戲。打開程式才幾秒鐘，畫面就會告訴你這款程式是由微軟的 Xbox 遊戲工作室（Xbox Game Studios）開發與發行。但是，《微軟模擬飛行》不會要求玩家擊敗、殺死、擊落、打倒另一個玩家或 AI 對手，也沒有什麼獲勝或得分要求。這款遊戲的目標就是要駕駛一架虛擬飛機，而且整個過程並沒有比實際開飛機來得輕鬆。玩家需要和飛航管制員與副機師溝通，等待起飛許可，設定高度計與襟翼的位置，檢查燃料量和混合比例，鬆開剎車，最後慢慢推油門，諸如此類。接著玩家才能依據自行選定或是被指定的航線來飛行，同時注意是否出現航線衝突，小心其他虛擬飛機的航線。

《微軟模擬飛行》系列每一代的功能都很類似，但 2020 年這一版更是極致，可以說是史上最真實、也最昂貴的消費級模擬體驗。遊戲中的地圖面積超過 5 億平方公里，已經和「真的」地球不相上下，而且還有兩兆棵個別算繪的樹木（不是兩兆棵複製貼上的樹，也不是光用幾種版本做出兩兆棵樹），十五億棟建築物，以及幾乎全球各地所有的道路、山脈、城市與機

場。[2] 畫面之所以能看起來都像「真的」，是因為這款遊戲製作的依據，正是對「真的」世界進行高解析度的掃描，取得高畫質的影像。

雖然《微軟模擬飛行》的複製與算繪效果並非完美無瑕，但已經令人十分激賞。「玩家」可以讓飛機飛過自家頭頂，看到門前的郵箱、前院的輪胎鞦韆。有時候，這款「遊戲」重現的效果是日落照在海灣上、反射到機翼再折射到玩家眼中，而遊戲中的螢幕截圖已經顯得真假難辨，簡直就是一張真實世界的照片。

為了做到這樣的效果，《微軟模擬飛行》這個「虛擬世界」的資料量達到將近 2.5 PB（petabyte），也就是 250 萬 GB（gigabyte），比《要塞英雄》大了一千倍。任何消費級設備或大多數企業級設備，都無法儲存這麼多資料。多數遊戲主機與個人電腦的容量最高只有 1,000 GB，而最大的消費級網路儲存伺服器（Network Attached Storage，簡稱 NAS）硬碟也只有 2 萬 GB，而且零售價就要將近 750 美元。如果真的要儲存 2.5 PB 的資料，就連擺放硬碟需要的實體空間也會大到不切實際。

就算消費者真的買得起這樣的硬碟、也有足夠的存放空間，更麻煩的一點在於，《微軟模擬飛行》還是一項持續更新型的服務，會更新反映真實世界的天氣（包括準確的風速、風向、溫度、濕度、雨量、光線）、飛航現況，以及其他地理變化。所以玩家可以飛進一個目前正在肆虐地球的颶風，或是跟

隨現實世界中正在空中飛行的某架商業客機，依循一模一樣的飛行路線。這也意味著玩家無法「預先購買」或「預先下載」完整的遊戲，因為有一大部分的資料現在根本還不存在。

《微軟模擬飛行》這款「遊戲」運作的方式，是只把相對很小的一部分（大約 150 GB）儲存在玩家的設備上，其中包含遊戲的所有程式碼、多款飛機的視覺資訊，以及一些地圖，這足以讓遊戲運作起來，也讓它仍然是一款可以離線遊玩的遊戲。但是，離線玩家能看到的環境與物件多半只能以程式生成，於是飛機來到曼哈頓等知名地點時，雖然大致有個樣子，但多半就是以通用模型複製出建物，只有偶爾或偶然才會出現類似當地真實的建築。另外，雖然也可以根據一些預先設定好的路線飛行，但是就無法跟著現實世界航班的即時路線飛行，而且玩家之間也無法看到彼此的飛機。

唯有玩家連線上網，《微軟模擬飛行》才會成為一場奇幻的體驗，由微軟的伺服器串流提供新的地圖、地質、天氣資料、飛行路線，以及玩家可能需要的各種資訊。從某種意義上來說，玩家在這個虛擬世界會得到和當時現實世界機師完全相同的體驗。當飛越或繞過一座山的時候，新資訊才會透過光粒子第一次傳進視網膜，讓玩家與機師第一次知道山脈後面究竟有什麼。在那之前，他們只能用邏輯判斷山脈後面的景象。

許多玩家可能覺得，線上多人電玩不都是這樣嗎？但事實上，大多數線上遊戲都希望盡量在事先提供最多的資訊，至於

遊玩當下才提供的資訊則是愈少愈好。所以現在我們玩遊戲的時候，就算只是《超級瑪利歐兄弟》這類比較小型的遊戲，數位光碟內多半會有足足好幾 GB 的遊戲檔案，又或者得先花費好幾個小時下載資料，接著還得再花更多時間安裝遊戲。而且之後，我們還時不時會被要求下載好幾 GB 大小的更新檔，安裝更新完成才能繼續玩下去。這些檔案之所以這麼大，是因為幾乎整個遊戲盡在其中：包括程式碼、遊戲邏輯、遊戲內環境所需的所有素材與材質，例如所有樹木、所有虛擬化身、每一場頭目戰，以及所有武器等。

如果是一般典型的線上遊戲，線上多人伺服器究竟需要在遊戲過程中提供什麼資料？其實並不多。《要塞英雄》的個人電腦與電玩主機檔案大概是 30 GB，但是在連線遊玩的時候，每小時下載的資料大概只有 20 ～ 50 MB，也就是 0.02 ～ 0.05 GB，只是用來指示玩家的設備如何處理手上已有的資料。舉例來說，如果你在玩線上版的《瑪利歐賽車》（*Mario Kart*），任天堂伺服器會通知你手上的任天堂 Switch，讓它知道對手用了哪些化身、應該從手上的資料庫裡讀取哪些資料。而在比賽期間，玩家會和伺服器持續連線，讓伺服器不斷串流傳送各種資訊，像是對手的確切位置（「位置資料」）、對手在做些什麼（像是正在對你發射紅龜殼）、通訊資料（像是隊友的音訊），以及其他各種資訊（像是還有多少人沒有被淘汰）。

電玩遊戲玩得再多，或許也不會想到所謂的「線上」遊戲

其實多半還是離線的狀態。畢竟現在大多數的音樂或影片都是以串流提供，我們已經不再事先下載各種歌曲或電視節目，更別說要買 CD 放在家裡；而說到電玩，我們又會覺得這是一種技術更成熟、觀點更前瞻的媒體。然而，正是因為電玩遊戲太複雜，開發商才會選擇不要太依賴網際網路，因為網際網路就是不可靠。連線不可靠，頻寬不可靠，延遲問題也不可靠。我在第 3 章已經談過，雖然大部分的線上體驗並不會因為這些不可靠的問題受到太大的影響，但是這對電玩遊戲來說就嚴重了。所以，電玩開發商才選擇盡量不要依賴網際網路。

　　線上遊戲主要採取離線的方式來運作，雖然大致上效果不差，但還是會有許多限制。舉例來說，伺服器只能「告訴」個別玩家應該選擇使用哪些素材、材質與模型來算繪，這代表玩家的設備必須提前得知、並且擁有這些素材、材質與模型。相較之下，如果伺服器能夠根據玩家當下的需求，直接算繪、傳送給玩家，遊戲虛擬物件的多元性就能大大增加。《微軟模擬飛行》想要的效果不只是每座城鎮長得不一樣，而是希望城鎮可以和現實世界的城鎮一模一樣。而且，《微軟模擬飛行》也不想先在玩家的設備裡儲存一百種雲，再告訴設備該用哪種雲來算繪、加上什麼顏色；而是希望直接準確指出那一朵雲應該是什麼樣子。

　　如今，玩家如果在《要塞英雄》看到朋友，只能用一些預先載入的動畫動作如揮手或月球漫步打招呼，或是使用表情符

號（emote）來溝通，效果十分有限。許多玩家所期許的未來，是可以把自己當下的臉部表情與身體動作在虛擬世界中重現；如果要和朋友打招呼，不是只能在預先載入的二十種揮手姿勢裡做選擇，而是要能用自己獨一無二的手指動作、表現出自己獨有的特色。玩家也希望，自己在無數虛擬世界蒐集到各種虛擬物品與化身之後，也能帶到元宇宙連結的其他無數虛擬世界當中。從《微軟模擬飛行》的檔案大小就能想見，如果是這麼多的資料，絕不可能事先傳送給玩家，否則所需的硬碟空間將會大到不切實際，而且也得要事先預知會創造出什麼東西，又或者是做出哪些事。

　　想要「預先傳送」一個彷彿有生命、不斷發展的虛擬世界，還必須滿足其他條件。每一次 Epic Games 更動《要塞英雄》的虛擬世界，像是增加新的場地、車輛或是非玩家角色，玩家都得下載安裝更新。添加的內容愈多，花費的時間就愈長，玩家也就得等得愈久。當虛擬世界更新愈頻繁，用戶愈容易感受到延遲。

　　這種分批更新的做法，也意味著這個虛擬世界不可能真正不斷的「持續更新」，而是由中央伺服器將目前某個版本的虛擬世界傳送給所有玩家，直到下次更新，再換成另一個全新的世界。每個版本並不一定都是固定的狀況；而是可以事先就在程式裡準備好，像是在跨年夜推出特別活動，或是讓積雪每天增加。但是，總之這都是事先寫好的劇本。

最後一點，玩家能去的地方也有限制。崔維斯‧史考特在《要塞英雄》那場十分鐘的演唱會上，將近三千萬名玩家先是從遊戲的核心地圖被傳送到前所未見的海洋深處，再傳送到另一個前所未見的行星，接著又來到外太空的深處。很多人可能以為元宇宙的運作大概也是如此，可以無縫接軌、輕輕鬆鬆從 A 虛擬世界跳到 B 虛擬世界，不需要等待漫長的載入時間。但是，當時為了舉辦那場演唱會，Epic Games 提前好幾個小時、甚至提早好幾天，透過《要塞英雄》的官方修正檔（patch），先向使用者發送這些迷你世界的資料，要是使用者沒有在演唱會開始之前完成下載安裝，就無法參與。演唱會中，每進入一個橋段，玩家的設備就會自動先在背景中載入下一個橋段。值得一提的是，在史考特的演唱會上，玩家前往的地點愈來愈小、也愈來愈簡單，最後一個場景則是提供大部分事先安排好的體驗，玩家基本上就只是在空無一物的太空中往前飛行。如果要說其中的區別，可以說一種是讓你自由逛商場，另一種體驗則是有條自動步道，帶著你穿越商場。

雖然史考特那場演唱會肯定是重要的創意成就，但是它和許多線上遊戲一樣，背後用的科技仍然無法達到元宇宙需要的水準。事實上，如今最接近元宇宙的虛擬世界，用的是混合本地與雲端串流資料的模式，會預先載入「遊戲核心」，再依據實際需求取得後續資料，而後續資料的大小可能來到數倍之多。如果是像《瑪利歐賽車》或《決勝時刻》之類的遊戲，道

具數量較少、環境也沒有那麼多元，不見得那麼需要這種混合資料的模式；但如果是《機器磚塊》或《微軟模擬飛行》這樣的遊戲，這種模式就至關重要。

　　有鑑於《機器磚塊》如此風行、《微軟模擬飛行》的規模也已經如此龐大，或許會讓人誤以為現代網際網路的基礎已經足以應付元宇宙形式的即時資料串流。然而，這種資料模式目前的運作其實處處受限。《機器磚塊》之所以不需要雲端串流傳輸大量資料，是因為遊戲中的大部分物品都是「預製的物件」，傳輸資料主要只是告知玩家的設備，如何針對過去早已下載好的物品進行調整、重新上色、重新排列。此外，《機器磚塊》的圖像擬真度相對不高，因此材質與環境的檔案也比較小。整體而言，《機器磚塊》每小時遊戲需要的資料量約為 100 ～ 300 MB，已經遠高於《要塞英雄》所需的 30 ～ 50 MB 資料量，只不過對目前的頻寬來說仍然可行。

　　至於《微軟模擬飛行》，如果依照目標設定，每小時需要的頻寬幾乎是《要塞英雄》的二十五倍、《機器磚塊》的五倍，原因就在於這款遊戲傳送的資料，並不只是關於如何為房子重新配置或上色的「指令」，而是各種明確的資料，像是某一朵長達幾公里的雲，確切是怎樣的尺寸、密度、顏色；又或者是幾乎整個墨西哥灣海岸線的明確描述。然而，即使是這樣的需求，和真正的「元宇宙」相比，仍然是小巫見大巫。

　　雖然《微軟模擬飛行》需要大量的資料，但對於傳輸速度

的要求卻不特別高。這款遊戲裡的機師就和現實世界的機師一樣，不會突然從紐約州跑到紐西蘭，也不可能在曼哈頓上空 3 萬英尺看到紐約州首府奧爾巴尼（Albany）的市中心，或是在短短幾分鐘就從蒼空落到停機坪上。所以玩家的設備有大把時間，可以慢慢下載所需的資料，甚至玩家還沒選擇目的地，設備就已經能夠預測、並且開始下載所需的資訊。而且，即使部分資料無法及時取得，影響也不大。例如來不及呈現曼哈頓的真實建物時，可以先由程式模擬，等到取得資料再加入真實的細節。

最後一點，如果真的要比較，《微軟模擬飛行》的虛擬世界或許還比較像是一個立體透視模型，而不是史蒂文森筆下那條熙熙攘攘、難以預測的「大街」。《微軟模擬飛行》需要的是辦公園區或大地森林等場景的視覺細節，但是「大街」需要的資料相形之下無法預判、五花八門，每小時需要的資料量將遠遠超過 1 GB。這也就把我們帶到關於網際網路連線的下一個元素，或許也是目前最少人理解的元素：延遲。

延遲

常有人把「頻寬」和「延遲」混為一談。這也不意外，因為兩者都會影響每單位時間傳送或接收的資料量。要解釋這兩者有何不同，最經典的例子就是把網路連線比作一條公路，

「頻寬」講的是車道的數量，而「延遲」講的則是速限。車道愈多，就能讓更多車輛上路而不會塞車。但是，如果因為彎道太多，或者路面是碎石而非柏油路等導致速限設得太低，就算車道再多，車流也快不起來。同樣的，如果速限很高、卻只有一條車道，也會造成車流壅塞；這種時候的速限是看得到、吃不著。

　　想要在虛擬世界做到即時算繪，挑戰在於這種情況並不只是要把一輛車從 A 地送到 B 地，而是要發出永無止境的車隊（別忘了，我們需要「連續不斷的連線」），同時既從 A 到 B、也從 B 到 A。而且，我們還不能提前發車，因為應該發出的內容可能在上路前幾毫秒才能確定。更重要的是，我們還需要讓這些車全速前進，不能有部分車輛走其他的替代道路，否則就算車輛能夠維持全速前進，如果有地方接不上，仍然會導致連線中斷、行駛時間拉長。

　　想要打造出能夠做到、並且滿足這些要求的全球公路系統，會是一大挑戰。在本書第一部，我們已經討論過目前的線上服務對於「超低延遲」的要求並不高。像是從發出 WhatsApp 訊息到接到已讀回條之間，就算延遲個 100 毫秒、200 毫秒、甚至是 2 秒，並沒什麼關係。使用者點下 YouTube 影片的暫停鍵，就算等個 20 毫秒、150 毫秒或 300 毫秒才停，影響也不大；大多數使用者也根本不會發現 20 毫秒與 50 毫秒的差異。使用 Netflix 的時候，影片「跑得順」應該會比「按

下按鍵就開始播」來得更重要多了。至於 Zoom 視訊會議，雖然延遲很煩人，但與會者很容易就能適應狀況，也很快就會知道要在前一位發言者講完話之後先停一下，所以就算延遲長達 1 秒鐘（1,000 毫秒），也不會成為太大的問題。

　　但是，在互動體驗的狀況下，人類對延遲的忍受力就非常低，一輸入資訊，就會希望立刻感受到效果。如果回應有延遲，就代表在一場「遊戲」裡，儘管玩家已經做出新的決定，伺服器還在回應某個舊的決定。同理，在兩位玩家對打的時候，如果對方的延遲比較低，就會讓你彷彿在和未來的人競爭，或者說是在和某個動作超快的人對打，當你還沒出拳，對方已經知道如何招架。

　　回想一下你上次碰到的延遲經驗。不論是在飛機上、iPad 上或是電影院裡，不管是看電影或電視節目，可能感覺聲音與影像似乎有一點不同步。一般人如果感覺到影音同步有問題，代表聲音比影像提早 45 毫秒以上出現，或是聲音比影像還要晚 125 毫秒以上才出現，也就是說，在這之間有 170 毫秒的範圍差距。不過，如果要說一般人覺得還能接受的極限，時間範圍還可以拉得更寬，只要音訊提早不超過 90 毫秒，或是延遲不超過 185 毫秒就行，等於有 275 毫秒的範圍差距。至於數位按鍵，像是 YouTube 的暫停鍵，只要按下去的反應時間不超過 200 ～ 250 毫秒，一般人都還能接受。然而，如果是在《要塞英雄》、《機器磚塊》或《俠盜獵車手》（Grand Theft Auto）

等遊戲中，狂熱玩家只要感受到 50 毫秒的延遲就會有所不滿，而大多數遊戲發行商則是希望把延遲時間控制在 20 毫秒以內；就算是休閒玩家，當延遲達到 110 毫秒以上，就會覺得一旦這時候操作出錯，可得算在遊戲的頭上，絕不是自己經驗不足。[3] 此外，只要延遲超過 150 毫秒，就已經無法處理各種需要快速回應的遊戲。

　　如果是在一般生活中，「延遲」代表怎樣的狀況？在美國，資料從 A 城市傳到 B 城市、再傳回 A 城市，平均需要 35 毫秒。而在許多流量密度高的城市之間，資料傳輸耗費的時間會遠超過這個數字，巔峰需求時刻更是如此，像是晚上的舊金山與紐約之間。更關鍵的一點在於，這指的還只是城市到城市、或是資料中心到資料中心的傳輸時間。我們還需要再加上從市中心到使用者家中的傳輸時間，而這一段又特別容易塞車。在人口密集的城市、本地網路、個別公寓大樓裡，都很容易出現網路塞車，而且這些地方常常用的也只是頻寬有限的銅線，而不是容量較大的光纖。至於不住在大城市裡的人，更可能是透過長達幾十公里、甚至幾百公里的銅線來連線，他們就住在這些線路的最尾端。而對於用 4G 無線網路來作為「最後一哩路」的人而言，延遲的時間還得再加上 40 毫秒。

　　儘管面對這種種挑戰，在美國傳輸資料的延遲時間多半還是控制在可接受的範圍內。不過，所有連線還會受到時脈跳動（jitter）的影響，每個封包檔案的傳送時間會和中位數有落差。

雖然大多數跳動都和連線時間的中位數相去不遠，但是只要在某一段網路路線出現預期以外的塞車，包括其他電子設備的干擾，或是家人、鄰居開始看串流影片或下載檔案，就可能讓某個封包檔需要的傳送時間突然飆高好幾倍。雖然這只是暫時的狀況，卻很有可能就這樣毀掉一場快節奏的遊戲，或是造成網路連線中斷。再次強調，網路連線就是這麼不可靠。

　　為了處理延遲問題，線上遊戲產業研發出許多可以暫時頂著用的變通辦法。像是高擬真多人遊戲在「配對」的時候，常常會先以伺服器來分區。把配對名單各自限制在美國東北、西歐或東南亞等，就能盡量縮減每一區內部玩家感受到的延遲。由於電玩遊戲本來就只是一種休閒活動，多半會找一到三個朋友一起連線，所以這樣的分區效果已經夠好了。一般來說，玩家應該不會非得指定要找跨越好幾個時區的人搭檔，也不會太在意那些不認識的對手住在什麼地方；在大多數情境中，雙方甚至無法交談。

　　多人線上遊戲也提出各種「連線同步機制」（net-code），以確保各方保持同步、進度一致，好讓玩家繼續玩下去。例如，有一種延遲式（delay-based）的連線同步機制，在玩家輸入指令的時候，會告訴玩家的設備（例如 PlayStation 5）多等一會，不要急著立刻算繪，而是要等到更多潛在玩家（對手）輸入的指令抵達後再說。對於肌肉已經記憶習慣低延遲的玩家來說，這種連線機制會讓他們覺得很火大，但確實能夠解決連

線延遲的問題。還有另一種則是比較複雜的回溯式（rollback）連線機制，一旦發現對手輸入的指令延遲，玩家的設備就會先預測接下來的情況，而如果後來發現預測錯誤，設備就會把已經處理到一半的動畫「回溯倒帶」，再做出「正確」的重播。

　　雖然這些變通辦法確實有效，卻很難做到廣泛應用。適合用連線同步機制來處理的遊戲不多，其中一種是玩家命令通常都在意料之中的遊戲，像是模擬駕駛遊戲；另一種則是通常需要同步的玩家數量較少的遊戲，像是格鬥遊戲。一旦玩家人數來到幾十人，要再正確預測眾人的行為、讓一切能夠同步，困難度會大大增加；如果是沙盒式的虛擬世界，有雲端串流的環境與素材資料，更是難上加難。正因如此，即時頻寬技術公司Subspace 估計，對於如今的高擬真即時虛擬世界，例如《要塞英雄》與《決勝時刻》，目前全美國只有四分之三的家庭能夠使用寬頻網路持續參與，而且遊戲效果距離完美還差得遠；然而，到了中東，這個數字就掉到不足四分之一。而且，光是讓延遲問題落在玩家可以忍受的範圍裡還不夠。Subspace 發現，只要延遲的時間平均增加或減少 10 毫秒，就會讓每週遊玩的時間減少或增加 6％。更重要的是，就算是連狂熱玩家也察覺不到的差異，例如延遲的時間從 25 毫秒降到 15 毫秒，這樣的相關性仍然存在，玩家的上線遊玩時間就是有可能增加 6％。由於幾乎沒有其他產業對延遲如此敏感，而電玩產業又非常需要顧客投入，這件事就有可能大大影響收益。

　　或許有人會覺得，這種問題似乎只會影響電玩領域，而不會影響整個元宇宙；而且即使是電玩產業，也不是所有遊戲都會受到影響。例如市面上許多熱門遊戲，像是《爐石戰記》（*Hearthstone*）與《和朋友玩填字》（*Words with Friends*，暫譯）屬於回合制、或是非同步的遊戲；也有的像《王者榮耀》和《糖果傳奇》（*Candy Crush*），既不需要高畫質、也不需要毫秒等級的輸入精準度。然而，元宇宙就是需要達到「低延遲」。畢竟，人類對話的時候，再細微的臉部動作都非常重要，我們就是會深刻感受到所有小小的錯誤與同步問題。如果我們面對的是皮克斯動畫角色，並不會太在意他們的嘴巴怎麼動；但是，如果是面對如同相片般真實的電腦合成影像人物，一旦人物對話時嘴型動得不太一樣，就會令人毛骨悚然，動畫界把這個感受稱為「恐怖谷理論」（uncanny valley）。就連和媽媽講話的時候，要是她一直出現 100 毫秒的延遲，你也會感到寒毛直豎。雖然元宇宙中的互動並不需要有像是射擊遊戲躲子彈那樣的時間敏感度，但是需要的資料量卻大得多。而延遲與頻寬這兩項要素，正會影響每單位時間能夠傳送的資訊。

　　此外，使用者能否使用、是否願意使用，也會大大影響社群產品的成敗。雖然多人線上遊戲配對的玩家多半會和同一個時區，或是頂多差一、兩個時區的玩家一起遊玩，但是對於各種網際網路上的通訊服務來說，服務對象通常遍及全球。前面提過，如果從美國東北部將資料傳到東南部，可能需要 35 毫

秒。如果是要跨洲傳送資訊，需要的時間更長。從美國東北部傳至東北亞，平均耗時長達 350 ～ 400 毫秒；如果是要從 A 使用者傳給 B 使用者，甚至還要更久，可能需要 700 毫秒到整整 1 秒。想像一下，這有可能代表臉書或 FaceTime 必須「限制在 800 公里以內」，或是「僅限家用網路」才能正常運作。如果某間企業希望在虛擬世界好好發揮外國或遠距員工的優點，網路連線的延遲時間實在不能長過半秒。而且，虛擬世界每加入一位新成員，又只會讓同步的難度再次上升。

擴增實境的體驗是以頭部與眼睛的動作為基礎，也就特別無法容忍延遲的問題。配戴一般眼鏡時，我們每次環顧四周，眼睛都能在不到 0.00001 毫秒的時間內接受到所有光粒子，立刻感受到周遭環境。你可能早就習慣這種感覺，但是想像一下，如果接收新資訊的時候都會出現 10 ～ 100 毫秒的延遲，會是什麼感受？

「延遲」正是通往元宇宙最大的網路連線障礙。部分問題在於目前少有服務或應用程式真的需要「超低延遲」的技術，也就很少有網路或科技業者大力投入研發。幸好隨著元宇宙的發展，肯定會有愈來愈多針對低延遲網際網路基礎設施的投資。但是，想要克服延遲的問題，除了會受到資金上的考驗，還得對抗物理定律。有一間電玩遊戲大廠曾經試過打造雲端遊戲體驗，他們的執行長表示：「我們得不斷和光速作戰，但是光速從來沒有敗下陣來、未來也不會被打敗。」試想，就算只

是想把一個位元以超低延遲網路從紐約傳送到東京或孟買，難度究竟有多高。在兩地相隔 1 萬 1,000 到 1 萬 2,500 公里的時候，光速傳播就已經需要 40 ～ 45 毫秒。於是，就算是宇宙物理學最快的速度，也只比競技電玩的最低要求高出 10 ～ 20%。這樣聽來，我們好像仍有一線生機可以贏過物理定律，但是實際上，我們現在距離 40 ～ 45 毫秒的參考數字還差得遠了。光是要讓資料封包從亞馬遜位於美國東北的資料中心（紐約市）傳到位於東南亞太平洋地區的資料中心（孟買與東京），平均的延遲時間就高達 230 毫秒。

造成這樣延遲的原因很多。其中一個原因是矽玻璃的問題。雖然很多人覺得光纖電纜能夠用光速來傳送資料，但是這種說法既是對的、也是錯的。光線本身確實是以光速傳播，學過的人都知道，光速是個常數，但是就算光纖電纜已經鋪成直線，也不代表光線就能真正直線前進。這是因為所有的玻璃纖維都還是會造成折射，而不像太空是一片真空。所以，一束光線前進的時候，路徑其實比較像是閃電型，不斷在光纖裡面碰撞反彈前進，結果就是讓路線長度延長將近 45%，因此延遲時間已經來到 58 ～ 65 毫秒。

此外，大多數的電纜無法直線鋪設，而是會受到各種國際權利、地理障礙與成本效益分析的影響，所以許多國家與大城市之間並沒有直接的連線。舉例來說，紐約市有一條海底電纜直通法國，但是就沒有電纜直通葡萄牙；美國的網路連線可以

直達東京，但是如果要連到印度，則得先連到亞洲或大洋洲，
再透過另一條海底電纜才能抵達。如果想要直接從美國拉一條
電纜到印度，就得曲曲折折的穿越泰國，或是繞過泰國順便額
外增加幾百、幾千公里的距離，而且這還只能解決岸到岸
（shore-to-shore）的資料傳輸問題而已。

　　或許很多人想不到的是，改善國內的網路基礎設施，比起
改善國際網路基礎設施更困難。想要鋪設或更換電纜，就要通
過公路、鐵路等各種交通基礎設施，橫跨各有政治考量、選區
與獎勵措施的人口中心，以及在公園保護區或土地保留區上施

圖 1　海底電纜
本圖顯示全球將近五百條海底電纜、一千兩百五十個陸上海纜站；靠著這
些設備，才讓全球網際網路成真。
資料來源：TeleGeography。

工。於是，要在國際的海域鋪設電纜，可比在國有或私有的山區土地上施工更容易。

　　聽到「網際網路骨幹」（internet backbone）這個詞，各位或許會以為這個電纜網路背後一定有一套整體的計畫，再搭配部分以聯盟方式組成。但是事實上，美國的網際網路骨幹只是鬆鬆散散的把許多民間網路結合起來，從未考量「全美國」的整體效率，而只是因應當地的需求。例如，很可能只是為了兩個郊區、甚至是兩個辦公園區，就拉出一條光纖。而且，考量到申請許可的費用，以及運用現有設備的效率優勢，許多電纜也不是以直線連接兩個城市，通常會隨著其他基礎設施設置的時間與位置來鋪設。

　　如果要在 A、B 兩個城市之間傳送資料，像是在紐約與舊金山之間，或是在洛杉磯與舊金山之間傳送資料，會透過串連幾個不同的網路來執行；每個網路區段（segment）則稱為一個「跳站」（hop）。但是，這些網路原本的設計，本來就不是為了找出從 A 城到 B 城之間的最短距離或最短傳輸時間，所以最後資料封包的傳輸距離，很有可能遠遠超過使用者與伺服器之間實際的地理距離。

　　然而，網際網路協定套組的其中一項核心應用層協定「邊界閘道協定」又讓情況更為複雜。第 3 章提過，邊界閘道協定就像是資料在網際網路傳輸時的飛航管制員，協助各個網路判斷該讓資料走哪條路線、交給哪個網路傳下去。然而，邊界閘

道協定做這些判斷的時候，其實完全不知道資料的內容、方向與重要性。於是，所謂的「協助」，也只是以相當標準化的方式、主要以「成本」作為考量。

邊界閘道協定的規則，反映的是網際網路最初採用的「非同步網路設計」，希望確保採用最便宜的方式，成功傳送所有資訊。但是，這樣一來，就會讓許多傳送路線變得比較長，而且麻煩的是標準還不一致。於是，假設有兩位玩家位在曼哈頓同一棟大樓裡，參加同一場《要塞英雄》比賽；而這場比賽是由維吉尼亞州的《要塞英雄》伺服器來處理，但玩家送出的資料封包卻可能會先跑去俄亥俄州的路由器，於是得花上多50％的時間才能送達。而伺服器要回傳資料的時候，又可能會選擇另一條更遠的網路路線，先跑到芝加哥、再回傳到玩家的設備上。而且過程中，連線有可能會被切斷，或是反覆出現150 毫秒的延遲，只為了讓出頻寬優先處理一些其實不需要即時傳送的資訊，像是電子郵件。

以上這些因素讓我們知道，為什麼資料封包從紐約傳到東京的平均時間得花上光速的四倍之多，傳到孟買需要五倍以上，至於傳到舊金山則是二到四倍，依時段而有所不同。

想要改善資料傳輸的速度，過程將會極為昂貴、困難又緩慢。電纜基礎設施的更換或升級不但所費不貲，更需要經過政府批准，經常得從地方到中央層層審核。如果電纜打算走的路線愈筆直，要得到批准通常就愈困難，因為筆直的路線代表更

有可能切過既有的住宅、商業、政府或環境保護用地。

　　直接升級無線基礎設施則容易得多。目前 5G 網路的主要賣點，正是在於能夠為無線用戶提供「超低延遲」；理論上最低可以到 1 毫秒，而實際測定值則是 20 毫秒。這代表相較於現今的 4G 網路，5G 網路能省下 20 ～ 40 毫秒。然而，這也只有助於最後幾百公尺的資料傳輸而已，因為無線網路使用者的資料傳到訊號塔之後，就會回到固網骨幹。

　　SpaceX 的衛星網際網路公司「星鏈」（Starlink），號稱目標是為全美國提供高頻寬、低延遲的網際網路服務，並且在未來推及全球。然而這種「衛星網際網路」並無法達成超低延遲的目標，特別是在遠距離的表現差強人意。以 2021 年的狀況為例，資料在你家與衛星之間往返所需的平均時間只要 18 ～ 55 毫秒，但是如果資料是要在紐約與洛杉磯之間往返，就需要透過多顆衛星或傳統的地面網路轉傳，傳輸時間就會拉長。

　　有些時候，星鏈甚至會讓傳輸距離的問題變得更嚴重。像是從紐約到費城的直線距離約為 160 公里，電纜距離可能是 200 公里，但如果資料是要往返低軌道衛星，距離則超過 1,100 公里。除此之外，相較於透過光纖來傳送資訊，透過大氣傳送的「耗損」會大幅提升，尤其陰天時；而且人口稠密的城市地區，也會因為雜訊太多，干擾到資料的傳送。伊隆・馬斯克在 2020 年強調，星鏈是把重點放在「（電信公司）難以接觸、最難提供服務的顧客上」。[4] 照這樣說來，衛星網路服務的目的是

希望嘉惠更多人，幫助他們達到元宇宙對延遲的最基本要求，而不是為了已經符合要求的人提供改善空間。

　　我們可能會更新邊界閘道協定，或是用其他協定來補充，又或者是引入採用新的專屬標準。不論哪一種，我們都希望新技術能夠讓 Roblox Corporation、Epic Games 或個人創作者充分發揮，完成他們心中的設想或創新。這些人也已經證明，他們懂得如何因應網路連線的種種限制，提出可行的設計。面對未來橫在眼前的各種頻寬與延遲難題，他們也必然會繼續一一加以解決。但是，至少在不遠的將來，這些再實際不過的限制，仍然會繼續對元宇宙與元宇宙的一切形成局限。

第 6 章

運算

　　想讓同步的虛擬世界真正動起來，除了必須能夠及時傳送足夠的資料，還必須能夠理解資料、運作程式、評估指令、執行邏輯、完成虛擬環境的算繪等。而這些就是中央處理器與圖像處理器的工作，一般統稱為「運算」。

　　正是「運算」這種資源，執行所有的數位「工作」。幾十年來，運算資源逐年不斷增加、廣泛運用，我們也見證到運算的威力。但儘管如此，運算資源依然十分匱乏，可能是因為只要我們取得更高的運算能力，就會想挑戰更複雜的運算。且讓我們看看過去三十年間電玩主機的尺寸變化：第一代 PlayStation 在 1994 年上市，重 1.5 公斤，長 275mm、寬 190mm、高 63.5mm；PlayStation 5 在 2020 年上市，重 4.5 公斤，長 390mm、寬 260mm、高 104mm。這些年來，電玩主機之所以變大變重，多半是為了提高運算能力，因此需要放進更大的風扇，冷卻忙著運算的設備。時至今日，第一代 PlayStation 的復刻版（除了沒有光碟機）小到可以放進錢包裡，價格不到 100 美元，但是比起最新機型，實在沒有多少人想要買。

　　前面提過，皮克斯 2013 年製作《怪獸大學》時，曾經打

造過一部超級電腦，連結兩千台工業級電腦，總計兩萬四千個核心。這個資料中心的建造成本高達數千萬美元，當然遠遠超過用 PlayStation 3 打造的「兀鷲群」，但是也能產生更大、更細緻、更美麗的圖像。總之，這部電影共 12 萬個影格畫面，每一個影格都需要將近 30 個核心小時（core hour）才能完成算繪。*在接下來幾年間，皮克斯不斷為這些電腦與核心換上更新、更強大的處理器，能夠更快完成同樣的畫面。然而，皮克斯並沒有選擇更快完成同樣的畫面，而是把這些運算能力拿來創造更複雜的畫面。舉例來說，皮克斯 2017 年的電影《可可夜總會》（Coco）中，有一個分鏡就包含將近八百萬個光源，需要各自單獨算繪。一開始，要完成這個分鏡裡面的每一個影格得花超過 1,000 個小時，後來皮克斯把時數降到 450 個小時。最後，他們在部分畫面上利用「烘焙」（baking）技術†，在光線反射的每 20 個經緯度上就處理一次，以減少它們對鏡頭的反應，終於能將運算時間縮短到 55 個小時。[1]

用這個分鏡當作標準似乎並不公平。畢竟，不是每一個影格的算繪都需要處理八百萬個光源、需要即時完成，或是會在

---

*　作者注：特別提醒一下，這不是說真的得花費 30 個小時，而是「30 個核心小時」。意思是，如果只用單核心來運算，算繪要花 30 個小時，而如果用上 30 個核心，1 小時就能算繪完成，以此類推。

†　編注：烘焙技術指的是預先把特定動畫效果（在這裡指的就是光線效果）儲存在物件上，由於這些效果已經事先經過運算，可以減少整體畫面後續所需的電腦運算時間。

足足有 350 平方公尺的 IMAX 銀幕上被細細查看。然而，這比起元宇宙需要的算繪與運算，仍然是小巫見大巫，因為元宇宙需要在每 0.016 秒以內、或者最好是在 0.0083 秒以內，就完成一次算繪與運算！超級電腦組成的資料中心的成本，實在不是每間企業、更不是每一個人都能負擔。想到目前世界上的運算資源如此有限，但虛擬世界又已經達到如此亮眼的成果，實在令人佩服。

讓我們再回到《要塞英雄》與《機器磚塊》。雖然這些遊戲可以說是極高的創意成就，但根本的概念絕不是什麼新玩意。開發人員幾十年來一直夢想著，希望能讓幾十位真實玩家（甚至是幾百、幾千位）共同加入一場共享的模擬；也希望打造出理想的虛擬世界，能讓個人玩家充分發揮想像、讓想像成真。但過去一直都無法突破技術上的限制。

雖然自 1990 年代晚期以來，虛擬世界已經能夠有幾百、甚至幾千位使用者同時上線，但無論是這樣的虛擬世界或是其中的玩家，都還受到諸多限制。例如《星戰前夜》的玩家沒辦法用虛擬化身共聚一堂，只能指揮著多半是靜態的大型船艦，在太空中布局或交火。至於《魔獸世界》，雖然可以允許幾十個化身在同一個地點現身，但是玩家的視角會相對拉遠、細節有限，對化身的操作也只剩下幾種選擇。要是太多玩家聚集在同一個區域，伺服器還會暫時把這個區域「分割」（shard）成幾個同時操作但獨立的副本。有一些遊戲甚至選擇只對玩家與

遊戲內特定的 AI 角色進行即時算繪，至於整個背景則是先經過算繪處理，玩家無法產生影響或改變。而且，為了感受這樣的體驗，玩家還得購買專門拿來玩遊戲的電競級個人電腦，可能得花上好幾千美元。雖然有些時候，設備等級不夠仍能進入遊戲，但玩家很有可能就必須關閉或降低遊戲的進階算繪功能，或者將影格率（frame rate）減半。

　　一直要到 2010 年代中期，我們才終於生產出幾百萬台的消費級設備，可以跑得動像《要塞英雄》這樣的遊戲：在一場比賽裡容納幾十個細節豐富的動畫化身，每個化身都能做出許多動作，而且是在生動真實的世界場景互動，而不是位於冷冰冰的浩瀚太空。大約也就是在這個時候，我們才終於有夠多成本合理的伺服器，能夠應付來自這麼多玩家設備輸入的資訊，加以管理與同步。

　　這些運算上的進步，讓電玩產業風雲變色。短短幾年，全球最受歡迎、也最賺錢的遊戲，像是《我要活下去》、《絕地求生》、《要塞英雄》、《決勝時刻：現代戰域》、《機器磚塊》、《當個創世神》等，全都具有豐富的使用者生成內容（User Generated Content，簡稱 UGC）、有大量同時上線的使用者。此外，這些遊戲也迅速拓展領域到過去只能在現實舉辦的媒體體驗，像是《要塞英雄》那場崔維斯・史考特的演唱會，或是《機器磚塊》也辦過一場納斯小子（Lil Nas X）的演唱會。這些新的遊戲類型與活動，帶動遊戲產業的巨大成長。在 2021

年，平均每天都有超過三億五千萬人參與各種大逃殺遊戲，這還只是能容納眾多使用者同時上線的其中一種遊戲，而且設備符合最低要求的潛在客群更高達數十億人。在 2016 年，全球還只有三億五千萬人的設備符合要求，能夠完成豐富的 3D 虛擬世界算繪。但是，到了 2021 年的巔峰時期，光是《機器磚塊》每個月的玩家人數就高達兩億兩千五百萬人，比起史上最暢銷的遊戲主機 PlayStation 2 的總銷量還要高出超過三分之一，而且也已經達到 Snapchat 與推特等社群網路規模的三分之二。

各位現在或許已經可以猜到，這些遊戲之所以讓人感覺如此超前時代，部分原因就是靠著設計巧思跳脫目前的運算限制。多數大逃殺遊戲的玩家人數上限約為一百人，但是遊戲公司會刻意安排巨大的地圖，讓眾多「興趣點」（points of interest）散落各地，好讓玩家盡量彼此遠離。這樣一來，雖然伺服器需要追蹤所有玩家的動態，但個別玩家的設備不需要運算顯示其他玩家、也不用追蹤或處理其他玩家的動作。儘管玩家最後總會被迫聚到一個狹小的空間，有時候空間還只有一個宿舍房間大小，但既然是大逃殺遊戲，代表這時候絕大多數玩家早已出局。隨著地圖愈縮愈小，要在遊戲中存活也愈來愈困難。大逃殺玩家可能得擔心如何面對九十九個對手，但是玩家的設備真正需要處理的玩家可沒那麼多。

然而，這招也只能玩到這裡了。舉例來說，《我要活下去》

這款大逃殺手遊，目前在全球受歡迎的程度名列前茅，但玩家多數位於東南亞與南美，多半拿的是中低階的安卓手機，而不是功能比較強大的 iPhone 或高階安卓設備，因此《我要活下去》這款遊戲的玩家每場僅限五十人，而非一百人。同時，像是《要塞英雄》或《機器磚塊》等遊戲在比較狹窄的空間（像是虛擬演唱會）舉辦社群活動的時候，也會把同時上線的人數減少到五十人，或是五十人以下，而且玩家能使用的功能也比標準模式少，像是暫時關閉建造功能，以及把舞蹈動作的選擇從一般的一、二十個減少到只有一個預設選項。

　　要是你的處理器不如人，還會有更多地方需要妥協。例如假設你使用的已經是好幾年前的老設備，或許就不會顯示出其他玩家身上客製化的特別服裝，而會乾脆把其他玩家顯示為一般罐頭角色，畢竟這麼做不會影響遊戲結果。而像是《微軟模擬飛行》這款遊戲，雖然真正完整的效果宛如奇蹟，但即使選用最低擬真度設定，還是只有不到 1% 的蘋果電腦或個人電腦跑得動。而且，就算電腦跑得動，也是因為除了地圖、天氣與飛行路線之外，這個虛擬世界還不夠「真實」。

　　當然，運算能力年年都在提高。如果使用相對較低的擬真度設定，《機器磚塊》現在已經可以允許高達兩百名玩家同時上線參與，而且如果是 beta 測試版，更可以容納高達七百名玩家。但是，我們距離「只有創意是唯一限制」的境界還差得太遠。元宇宙的目標，是讓幾十萬人參與一場共享的模擬；能

夠隨心所欲擁有各種客製化的虛擬物品；達成全動態捕捉（full motion capture）；能夠讓虛擬世界有豐富的調整修改，而不是只能從十幾個選項裡面挑選，並且有完整的延續性；算繪能力不只有一般認為的 1080p「高畫質」，而是能達到 4K、甚至 8K。目前，就算是全球最強大的設備也難以即時做到這一點，因為只要增加任何素材、材質、解析度、畫面或玩家，都代表要對已經十分匱乏的運算資源做出更高的要求。

輝達創辦人暨執行長黃仁勳認為，沉浸式模擬的下一步，絕不只是要讓爆炸更逼真、虛擬化身動作更流暢，而是要好好帶入各種「粒子物理定律、重力定律、電磁定律、電磁波定律，（包括）光線與無線電波……壓力與聲音。」[2]

元宇宙到底需不需要這樣乖乖遵守物理定律，這件事值得討論。原因就在於，每次運算能力有所提升，總會激發一些重要的進步，但是這也永遠讓運算資源顯得不足。黃仁勳想把物理定律帶入虛擬世界，或許多少讓人覺得有些多餘而不切實際，但是一旦決定要或不要，就等於是預測或否定之後可能帶出的創新。誰想得到，只是為了推出一百人的大逃殺遊戲，就會改變世界？但可以保證的是，運算能力的取得與限制，將會形塑未來的元宇宙，影響使用的對象、時機與地點。

一個問題的兩面

　　我們知道元宇宙需要更多運算資源，但究竟需要多少？第3章曾引用 Oculus 前任科技長、現任顧問科技長約翰・卡馬克的話，而在他看來，「打造元宇宙是一種道德責任」。卡馬克曾在 2021 年 10 月表示，要是二十年前有人問他，如果有「一百倍的處理能力」是不是就能打造出元宇宙，他當時應該會認為做得到。然而到了 2021 年，雖然全球已經有幾十億台設備都具備比當時設備高一百倍的處理能力，但這時的卡馬克卻認為，元宇宙的發展至少還得再等上五到十年，而且就算得等十年，仍然需要各方的權衡妥協。兩個月後，英特爾資深副總暨加速運算系統及繪圖事業群（Accelerated Computing Systems and Graphics Group）總經理拉賈・科杜里（Raja Koduri）也在英特爾的投資人關係網站發表類似看法，他說：「確實，元宇宙可能是繼全球資訊網與行動網路之後下一個主要的運算平台……（然而）要做到真正具有延續性的沉浸式運算，大規模、可供數十億人即時使用，還需要更多。相較於如今最先進的科技技術，還需要將運算效率提高一千倍。」[3]

　　對於該怎麼做才最有可能達到這項目標，各方看法不一。

　　有一派認為，應該盡量把運算「工作」給遠端的工業級資料中心完成，而不是由消費性設備來處理。如果把虛擬世界裡發生的事都交給玩家的設備來運算，等於是為了某個相同體驗

而讓許多設備去做同樣的運算工作，這對許多人來說都是浪費。在這樣的狀況下，經營虛擬世界的「擁有者」，只是在用功能強大的伺服器追蹤玩家輸入的資訊、在必要時轉傳資料，或是處理程式衝突。根本不必算繪任何東西！

　　讓我們舉個例子，看看這種概念如何應用到虛擬世界裡。在《要塞英雄》裡，當玩家向某棵樹發射火箭，玩家使用的道具、屬性、發射軌跡等相關資訊，就會從玩家的設備傳到遊戲的多人伺服器上，再轉傳給所有會用到這些資訊的玩家。其他玩家的設備收到資訊後，就會處理資料、根據資料採取行動，像是顯示爆炸畫面、確認玩家是否受到傷害、從地圖上把樹移除，或是允許玩家通過原本有樹的地方等。

　　實際上，就算是「同樣」一枚火箭、在「同一時間」以「同樣角度」擊中「同一棵樹」，不同的玩家仍然可能看到完全不同的視覺效果，伺服器也是用同樣的邏輯來處理遊戲中事件發生的原因與結果。這也顯示出，根據玩家碰上的延遲有長有短，他們的設備判斷火箭發射的時間也就可能有早有晚，相對位置也會稍有不同。這些差異通常無傷大雅，但有時候也會影響生死交關的問題。舉例來說，A 玩家的主機可能判斷 B 玩家應該會在樹木被炸的時候死亡，但 B 玩家的主機卻認為 B 玩家只是受重傷、並不致命。這時候，兩台主機的判斷都不算是「錯誤」，但是對遊戲伺服器來說，顯然又不能允許同時出現兩種「真相」，於是必須由伺服器進行「挑選」。

目前依賴個人設備的做法，就會讓消費者的體驗受限於手上設備的效能。同樣的《要塞英雄》，在 2019 年的 iPad、2013 年的 PlayStation 4，或是 2020 年的 PlayStation 5 上，都會呈現不同樣貌。iPad 只能提供 30 FPS（frames per second，每秒影格數）的畫面，PlayStation 4 能提供 60 FPS，PlayStation 5 則能達到 120 FPS。iPad 很有可能只會載入特定的材質貼圖（map texture），甚至跳過化身的服裝；PlayStation 5 則能夠顯示 PlayStation 4 無法顯示的折射光線與陰影。但反過來說，這也代表著虛擬世界的整體複雜度，有部分受限於玩家設備的最低需求。Epic Games 已經決定，在《要塞英雄》當中，化身與服裝不應該對遊玩產生任何影響，但是如果公司改變心意，就可能讓許多玩家突然被踢出遊戲。

　　盡量把遊戲中的處理與算繪作業轉移到工業級資料中心，似乎對於打造元宇宙是個比較有效率的選擇，而且也十分有必要。目前已經有一些企業與服務正朝這個方向努力，像是 Google Stadia 與 Amazon Luna 這兩個串流遊戲服務，就是在遠端資料中心處理所有遊戲動畫，再以串流影片的方式，將算繪後的成果推送到玩家的設備以供體驗。玩家的設備只需要播放影片、傳送資料（左移、按下 X 等），很像是在看 Netflix。

　　支持這種處理方法的人常常強調，這套邏輯就像是透過工業級的發電廠與電網來為家庭供電，而無須家家戶戶自備發電機。採用這種雲端模式，消費者就不必再購買那些消費級、偶

爾才升級、又會被零售商再賺一手的電腦，而是只要租用企業級的設備，讓每單位的處理能力更具成本效益，而且系統更新、也更方便。這樣一來，不管是價值 1,500 美元的 iPhone，或者是可以連上 Wi-Fi 的老舊冰箱上的螢幕，都能跑得動一些需要密集型（intensive）運算的遊戲，像是《電馭叛客 2077》（*Cyberpunk 2077*），而且還可以完全呈現所有算繪畫面。所以，如果真的要實現虛擬世界，難道我們該指望的是由玩家自行購置使用便宜塑膠外殼的小型消費級硬體，而不是把責任交給經營虛擬世界的企業，運用價值數百萬美元、甚至是幾十億美元的伺服器堆疊？

　　儘管這種說法表面上很有道理，而且 Netflix 與 Spotify 等伺服器端內容服務業者也大獲成功，但是「遠端算繪」（remote rendering）目前尚未在電玩業界達成共識。提姆・斯維尼就認為：「在解決即時處理（real-time processing）的問題上，只要押錯邊、造成延遲，就注定要失敗；因為雖然頻寬與延遲的問題不斷有所改進，但本地運算的效能提升得更快。」[4] 換句話說，儘管遠端的資料中心肯定能提供比消費者自家設備更優良的體驗，但那並不是討論重點，因為真正的問題卡在網路連線，而且這個問題可能未來也無法解決。

　　從這裡開始，問題就不能再用前面提過的發電方式來比喻了。在大多數已開發國家，消費者每天都能不費力的獲得所需電力，也不需要即時取得這些電力。但這是因為傳送的電力

（也就是那些資料）非常少。如果想要傳送在遠端算繪完成的體驗，每小時必須即時傳送高達數 GB 的資料量。但各位都知道，目前就連想要每小時及時傳送幾 MB 的資料也可能出問題。

此外，目前也尚未證明遠端運算的效率確實更高，因為這同時牽涉到好幾項因素。

第一，不管在任何時間，圖像處理器都不需要算繪「整個」虛擬世界，甚至連大半個也談不上，反而只需要在有必要的時候，針對特定玩家的特定需求進行算繪就行了。以《薩爾達傳說：曠野之息》這樣的遊戲為例，當玩家在遊戲裡轉身，任天堂 Switch 的輝達圖像處理器就會立刻卸載之前算繪的所有畫面，讓玩家看見眼前的新視野。這個過程稱為「視錐體剔除」（viewing-frustum culling）。其他的技術還包括「遮蔽」（occlusion），指的是玩家視野中的物件被另一個物件阻擋住，就不會載入資料或算繪；「細節層次」（level of detail，簡稱 LOD），例如樺樹樹皮上的細緻紋理，會等到玩家靠近到應該看得到的時候才進行算繪。

對於即時算繪的體驗來說，剔除、遮蔽與細節層次都是極關鍵的技術，可以讓使用者的設備把處理效能集中在看得到的內容上。但是這樣一來，使用者也就沒辦法「搭便車」、享用其他玩家圖像處理器運算出來的結果。看到這裡，有些讀者可能不以為然，明明以前用任天堂 64（Nintendo 64）玩《瑪利

歐賽車》的時候，電視螢幕不就可以「分割」成四個視窗，看得到每位玩家的畫面視角嗎？如今的《要塞英雄》也能讓PlayStation 或 Xbox 把螢幕分成兩半，讓兩位玩家能夠同時遊玩。但是，在這些遊戲當中，圖像處理器支援的其實是「多位參與者」的同時算繪，而不是真正支援「多位玩家」的算繪，兩者的差異相當關鍵。分割畫面裡的所有玩家只能進入同一場、同等級的比賽，也不能提前離開去玩下一場。因為設備的處理器只能夠載入與管理有限的資訊，隨機存取記憶體也會把樹木或建築等各種算繪結果暫時儲存起來，供這場遊戲裡的玩家不斷重複使用，而不需要每次都從頭進行算繪。此外，一旦玩家人數增加，每位玩家的畫面解析度和／或影格率就會成比例下降。換句話說，就算不是把一台電視的螢幕分成兩半，而是改用兩台電視雙人遊玩《瑪利歐賽車》，每位玩家每秒分配到的算繪像素也只有一半。*

　　技術上，確實能用一顆圖像處理器完成兩款完全不同遊戲的算繪。像是最高規格的輝達圖像處理器，當然能夠同時用兩套模擬器遊玩《超級瑪利歐兄弟》這種 2D 橫向捲軸遊戲；或是也可以一邊跑一套《超級瑪利歐兄弟》，另一邊跑另一套同樣低功耗的遊戲。但是這樣算不上是把運算效率發揮到最高。

---

* 作者注：除非，玩家設備內建的圖像處理器效能遠超過遊戲需要的效能，例如用任天堂Switch來玩任天堂64版本的《瑪利歐賽車》；Switch版足足比64版晚了二十一年上市。

假設有一款高規格要求的 A 遊戲，而且輝達的圖像處理器也能夠跑得動最高規格的設定，但是，這並不代表只要把設定調成一半、甚至是三分之一，就能用同一個圖像處理器同時在兩、三套不同的模擬器上玩這款遊戲。而且，我們也很難像一個人顧兩個小孩那樣依狀況調整心力，不斷依遊戲當下的需求調整效能分配的比例。就算這款遊戲永遠不會需要輝達圖像處理器的完整效能，我們也不能大筆一揮、把剩下的效能撥給其他程式。

圖像處理器的效能不同於發電廠生產的電力，所以沒辦法用同一種方式分配資源，而且圖像處理器也不像中央處理器伺服器那樣，能夠在一場大逃殺遊戲中同時處理一百位玩家的操作、位置與同步資料。圖像處理器的運作通常屬於「鎖定的執行個體」（locked instance），只能支援單一玩家的算繪。許多企業都想解決這個問題，但是在想出解決方法之前，我們無法模仿大型工業發電機、渦輪機或是其他基礎設施，來打造出效率更高的「巨大圖像處理器」。發電機通常是機組愈大、單位功率就更具有成本效益，但圖像處理器卻正好相反。簡單來說，如果想讓一個圖像處理器擁有兩倍功率，必須花費的生產成本絕對不只兩倍。

正因為圖像處理器難以「切分」或「共享」，所以微軟 Xbox 的雲端串流遊戲伺服器農場，事實上就是一排又一排沒有裝機殼的 Xbox，每台機器只為一名玩家服務。換句話說，

微軟的「發電廠」其實是由許多單一發電機組成網路，每台機器發的電只能供一個家庭使用，而不是由一台巨大的發電機、一次提供整個社區需要的電量。微軟確實能夠另外特製圖像處理器與中央處理器硬體來支援雲端個體，而不是使用消費導向的 Xbox 所配備的圖像處理器與中央處理器硬體。但是，這種特製的硬體就會變成新版 Xbox，而每款 Xbox 遊戲也都得另外設計才能適用。

　　雲端算繪伺服器也會有「產能利用」的問題。以美國克里夫蘭地區為例，週日晚間 8 點可能需要七萬五千台專用的伺服器，但在一般時段平均只需要兩萬台，如果是週一凌晨 4 點，更是只需要四千台。如果由消費者的遊戲主機或個人電競電腦來擔任伺服器，就不用擔心利用率或伺服器離線的問題；但是，如果要用資料中心處理資料，就該依照需求找出最具經濟效益的做法。可想而知，租用低利用率的高階圖像處理器時，價錢總是居高不下。

　　因此，如果想要租用亞馬遜雲端服務（Amazon Web Services，簡稱 AWS）伺服器的時候事先預訂〔預留執行個體（reserved instances）〕就能得到優惠價。顧客事先付費，就能確保下一年有伺服器使用；至於亞馬遜則是賺取設備成本與顧客支付金額的價差，其中最便宜的 Linux 圖像處理器預留執行個體，效能等同於 PS4，一年價格就超過 2,000 美元。如果顧客是在需要伺服器的時候才申請〔Spot 執行個體（spot instances）〕，可能完全沒有伺服器可用，又或者只能申請到低階的圖像處理器。這裡提到的最後一點相當關鍵，因為如果為了讓使用遠端伺服器的價格合理一點，我們就不肯淘汰舊型的伺服器，這種做法實在不能說是在解決運算能力匱乏的問題。

要讓價格合理一點，還有另一種方法，那就是整合、減少設置伺服器農場的地點。舉例來說，雲端串流遊戲公司並不需要在俄亥俄州、華盛頓州、伊利諾州與紐約州都設置資料中心，整合成一、兩個即可。只要顧客增加、客源更多元，就能讓需求趨於穩定，並提升平均利用率。不過，當然這也代表遠端圖像處理器與終端使用者之間的距離可能拉長，而導致延遲增加；而且，這種做法仍然無法解決不同使用者之間的距離問題。

要把運算資源移到雲端，也會新增許多成本。像是在資料中心裡，排排站的設備一天二十四小時運作不停，會產生大量的熱量，遠遠高於這些設備放在一般家庭客廳櫃上產生的熱量總和。而且這些設備的維修、安全防護與管理成本也十分高昂。原本只需要串流傳輸幾位元的資料，但現在改成傳輸高畫質、高影格率的內容，頻寬成本也將大幅上升。確實，Netflix等公司在負擔這些成本的狀況下依然能夠獲利，但是他們通常傳送的影片每秒影格數只有不到 30 FPS，而不是 60 ～ 120 FPS；影片畫質較低，大約只有 1K 或 2K，而不是 Google Stadia 原本希望達到的 4K 或 8K。這些影片不是即時傳輸，只

是從地理距離較近的伺服器上存取事先儲存好的檔案，也不必執行密集的運算操作。

我認為，至少在可見的未來，我所謂的「斯維尼定律」（Sweeney's Law）還會繼續下去；也就是說，網路連線頻寬、延遲與可靠性的改進速度，短期內仍然趕不上本地運算效能提升的速度。在 1965 年提出的「摩爾定律」（Moore's Law）指出，積體電路上可容納的電晶體數量大約每兩年會增加一倍；儘管很多人相信摩爾定律已經開始放慢，但是中央處理器與圖像處理器的效能還在繼續快速成長。此外，現代的消費者常常汰舊換新，更換手邊的主要運算設備，因此終端使用者運算（end-user computing）每兩、三年就會大幅改善。

去中心化運算的夢想

我們無止盡的追求更高的處理能力，而且就算相關設備無法直接在使用者附近，也希望這些設備能位於不遠的工業級伺服器農場。於是，出現了第三種選項：去中心化運算（decentralized computing）。既然消費者的家裡和手上，總有許多功能強大卻又閒置的設備，何不研發一些系統來讓那些多半閒置的處理能力派上用場？

至少就文化來說，「集體共享私有的基礎設施」並不是個陌生的想法。像是有些人在家裡安裝太陽能板，把多餘的電力

賣給當地電網，也就等於間接賣電給鄰居。在馬斯克勾勒的未來裡，與其讓自家的特斯拉有99％的時間停在車庫沒事做，只要車主哪天用不到車，就能把它租出去，成為自動駕駛的計程車。

　　早在1990年代，已經有些計畫致力於運用日常消費硬體來參與去中心化運算。最著名的一項例子，就是加州大學柏克萊分校的SETI@home，可以讓民眾自願提供閒置的家用電腦，用來尋找外星生命。斯維尼曾強調，第一人稱射擊遊戲《魔域幻境之武林大會》（*Unreal Tournament 1*）在1998年上市的時候，他心裡有一項「待辦事項」就是：「讓遊戲伺服器能夠對談，好讓一場遊戲裡面能容納無限的玩家人數。」但是過了將近二十年後，斯維尼承認這項目標「似乎仍然只停留在我們的夢想清單上」。[5]

　　目前我們才剛開始發展相關技術，希望未來能夠切分圖像處理器，以及共享非資料中心的中央處理器。不過有些人則相信，靠著區塊鏈，就可以既提供去中心化運算的技術機制，也能提供相關經濟模型。根據這種概念，我們可以將某種加密貨幣作為報酬，「付費」給擁有閒置中央處理器與圖像處理器的人，讓這些閒置的處理能力派上用場。如果成真，甚至有可能發展成競標市場，讓有「運算工作」需要處理的人來競標資源，或者也可以是有資源的人來競標工作。

　　像這樣的市場機制，能否提供元宇宙需要的大量處理能

力？* 想像一下，當你悠遊於沉浸式空間的時候，帳號就會不斷投標，取得附近其他人（或許就是走過你身邊的路人）閒置的行動設備運算資源，用來算繪或是把你在虛擬世界裡的畫面轉成動畫。後來，輪到你的設備閒置時，就換成你來幫別人的忙，並得到代幣作為補償（這一點會在第 11 章詳細介紹）。支持這種加密貨幣交易所（crypto exchange）概念的人認為，未來所有的微晶片都必然會有這項功能。無論再小的電腦，設計上都能夠隨時將閒置的運算循環（compute cycle）競標出售。靠著幾十億個動態陣列的處理器，便足以應付最大規模工業級顧客所需的深度運算循環，也能夠提供終極而無窮的運算網狀網路，讓元宇宙成真。或許，如果想讓每個人都聽到樹倒下的聲音，唯一的辦法就是請每個人都來幫這棵樹澆澆水。

---

* 作者注：尼爾・史蒂文森曾在《編碼寶典》（*Cryptonomicon*）描述這樣的科技與體驗；該書出版於 1999 年，比《潰雪》晚了七年。

第 7 章

虛擬世界引擎

　　一棵虛擬的樹，倒在一座虛擬的森林裡。我在前兩章解釋過需要哪些條件，才能算繪這棵樹、處理「倒下」的資訊，再將這項資訊提供給觀察者。然而，這棵「樹」究竟是什麼？在哪裡？它所在的「森林」又是什麼？答案就是資料與程式碼。

　　「資料」會描述虛擬物件的屬性（attribute），例如尺寸或顏色。如果想用中央處理器來處理這棵樹，並且由圖像處理器進行算繪，就得用程式碼來跑資料。而且，如果我們希望在砍倒這棵樹之後，還能把木頭拿來建造床架或是生火，程式碼背後還必須有更大的虛擬世界程式碼框架＊。

　　現實世界其實也沒有那麼不同。世界上所有交互作用，就是由「物理定律」這套「程式碼」來讀取並運行各種資料，像是樹木為何倒下，倒下時如何造成空氣中的振動、傳到人的耳朵裡，再由神經透過突觸以電流訊號傳遞資訊。同樣的，當人類「看到」一棵樹，也是由樹反射（通常是）太陽產生的光線，

＊ 作者注：這棵樹的程式碼裡，或許還得整合樹葉、樹幹、樹枝、樹皮等許多小型虛擬物件的程式碼。

再由人眼接收、人腦處理。

　　不過，現實世界與虛擬世界的關鍵差異在於，現實世界的一切「程式」早已存在。雖然我們看不到 X 光，也沒辦法用回聲來定位，但這些資訊都已經存在世界上。但是在遊戲裡，X 光與回聲定位都需要資料與大量程式碼才能形成。在現實世界裡，要是你晚上回家後，把番茄醬與石油混在一起吃下肚，或是拿它們來畫畫，物理定律自然會決定你和那幅畫的下場。但如果是在一款遊戲裡做同樣的事，就得預先知道番茄醬與石油混在一起會起什麼作用，還得考慮混合比例，或者至少得對這兩樣東西有足夠的了解，才能讓這款遊戲的邏輯找出可能的結果，而且前提是遊戲還得具備相關功能。

　　這個虛擬世界的邏輯，有可能規定石油無法和任何東西混合，或者只能和油混合，又或者是不管和什麼東西混在一起，只會出現一攤沒有用的爛泥。但是如果想得到更複雜的結果，就需要更多資料，這個虛擬世界的邏輯也必須更加完整且全面。像是番茄醬裡加入多少石油就不能吃？石油裡加進多少番茄醬就不能用？根據兩者混合的比例不同，混出的顏色或黏性又會如何？

　　像這樣的物件排列組合有很多，也沒什麼意義，但對於虛擬世界的製作來說卻是相當有價值。舉例來說，《薩爾達傳說》的角色不用上太空，就不用在意太空物理；《決勝時刻》的玩家不會用到獨木舟、魔法或烘焙用品，遊戲開發商就不會寫這

些程式碼。任天堂與動視公司（Activision）*可以先決定遊戲的虛擬世界究竟需要什麼、角色如何得到好處，就能判斷應該把資料與程式碼的重點擺在哪裡，放棄對遊戲沒有用處的無限排列組合。

　　雖然這種做法的效率很高，但是在打造如同元宇宙的虛擬世界時卻會造成阻礙，特別是會影響不同虛擬世界之間的互通性。比方說，《微軟模擬飛行》的玩家可以把直升機降落在美式足球場旁邊，但沒辦法接著去看球賽，更不用說實際下場踢球。如果微軟想提供這些功能，就得從零開始打造出一套和美式足球相關的系統。但是，明明早就有其他遊戲開發商做過這件事，也擁有多年經驗，而且很有可能比微軟更懂美式足球遊戲的相關知識。雖然《微軟模擬飛行》也可以試著把那些美式足球虛擬世界整合進來，但是各方的資料結構與程式碼很有可能無法相容。在前面討論網路連線與運算的章節，我們曾經談過不同使用者的設備通常做的是重複的事。但相較之下，這個問題在遊戲開發商之間更是嚴重得多，所有東西都是各家不斷重複寫了又寫、寫了再寫，從足球場到足球，甚至是足球在空中該怎麼飛。更重要的是，隨著中央處理器和圖像處理器愈來愈先進，開發商打造虛擬世界的時候想要完整運用這些效能，

---

* 編注：成立於 1979 年，後於 2008 年與威望迪（Vivendi）合併，成立動視暴雪公司。

也讓事情愈來愈複雜。根據全球電玩遊戲發行龍頭 NEXON 的資料顯示，一款開放世界動作電玩遊戲，例如《薩爾達傳說》*或《刺客教條》（*Assassin's Creed*）的平均工作人員人數，已經從 2007 年的大約一千人，成長到 2018 年超過四千人，至於預算則成長約十倍，成長速度則大約是兩倍半。[1]

想要聽到樹倒下的聲音，還是想讓樹倒在美式足球場附近，又或者是想要在美式足球賽達陣贏得比賽、全場歡聲雷動的時候加進樹倒下的聲音，都不外乎需要眾多程式設計師寫出大量程式碼，用來處理大量的資料。

既然我們已經談過元宇宙需要哪些網路連線與運算能力，才能共享資料、跑程式或進行算繪，現在就來看看下列要素。

遊戲引擎

目前我們已經看到，元宇宙的概念、歷史與未來都和電玩遊戲息息相關，特別是從虛擬世界的基本程式碼就能看得最明白。虛擬世界的程式碼通常寫在「遊戲引擎」（game engine）裡；「遊戲引擎」的定義很寬鬆，大致上指的就是結合科技與框架，用來打造遊戲、完成算繪、處理邏輯，以及管理遊戲使用的記

---

* 編注：《薩爾達傳說》系列遊戲只有《薩爾達傳說：曠野之息》屬於開放世界遊戲。

憶體。簡單來說，遊戲引擎決定這個虛擬宇宙的定律，也就是定義一切互動與可能性的規則集（ruleset）。

歷史上，所有電玩開發業者都是各自打造與維護自家公司的遊戲引擎。但近十五年間出現另一種選擇：向製作虛幻引擎的 Epic Games 申請授權，或是向製作 Unity 引擎的 Unity Technologies 申請授權，直接使用它們的引擎。

使用這些引擎需要付費，例如 Unity 引擎是依據遊戲開發商所需的功能與公司規模，收取 400 ～ 4,000 美元不等的年費。至於虛幻引擎則通常是向開發商收取淨收入的 5％。不過，開發商自行打造遊戲引擎並不全然是出於成本考量，有些開發商是為了改善特定的遊戲類型或體驗，例如寫實、節奏明快的第一人稱射擊遊戲，他們相信自家的遊戲引擎能讓玩家「感覺更好」，或是讓遊戲效能更好。也有些開發商則是不希望受限於另一間公司的作業流程與優先考量，又或者擔心自家的遊戲細節與效能在合作業者的眼下完全無所遁形。有鑑於此，大型電玩遊戲發行商的引擎通常由公司內部打造與維護；動視與史克威爾艾尼克斯（SQUARE ENIX）等部分業者，甚至內部會有六、七套以上的引擎。

不過，大多數開發商發現，直接取得 Unity 引擎或虛幻引擎的授權後修改使用，整體而言仍然是利遠大於弊。對於小型或缺乏經驗的開發團隊來說，透過授權取得的引擎不但功能更強大，也經過更全面的測試，比他們有能力開發出來的引擎更

好，失敗的機率比較低，而且永遠不會超出預算。此外，開發團隊也不用費心在基本技術上，想辦法讓遊戲跑得動，而是能夠把重點放在如何打造出與眾不同的虛擬世界，著墨在關卡與角色的設計，或是遊戲玩法等。相較於雇用開發人員、從頭安排培訓使用或打造自家公司專屬的引擎，市場上熟悉 Unity 引擎或虛幻引擎的開發人員足足有幾百萬人，找他們來就能立刻上手工作。因此，同樣的，使用授權引擎會更容易整合其他的第三方工具。假設有一間新創企業正在設計用於電玩虛擬化身的臉部追蹤軟體，他們絕對不會考慮軟體能否搭配某套從沒合作過的引擎使用，而是會考慮如何搭配最多開發人員選用的引擎。

　　這就像是在設計、建造房屋的時候，建築師或室內設計師並不會想要特意設計一套自己專用的木材尺寸、組裝零件、度量衡單位、藍圖結構或工具。這樣才能專心發揮創意，要找合作的木作、水電與泥作師傅也比較容易。而且，即使以後房子需要翻修，換一組師傅來施工，也不必學習適應新的技術、工具或系統，就能輕鬆在現有基礎上施工。

　　不過，我們還有一項關鍵沒提到。房子一次只會蓋在一個地點，蓋完就結束。但是電玩遊戲設計出來之後，卻會希望可以盡量跨設備、跨作業系統運作，甚至也要納入目前尚未開發的設備與作業系統。因此，遊戲必須能夠和許多不同的標準體系相容，像是電壓，例如英國的電壓是 240 伏特，美國則是

120 伏特；或是度量衡系統，分為英制與公制；以及基礎設施
規約，像是電線桿或地下電線等。Unity 引擎與虛幻引擎建置
與維護的方式不但可以相容於各種平台，甚至還會針對不同平
台而有所改良。[*]

　　從某種意義上說，各個獨立的遊戲引擎就像是遊戲產業共
享的研發池，雖然 Epic Games 與 Unity Technologies 確實是營
利組織，但也是因為他們，才讓遊戲開發商無須人人都撥出部
分預算開發專屬系統來管理核心的遊戲邏輯；只要有幾位跨平
台技術供應商，集中投入部分預算，就能開發出一個功能更強
大的引擎，支援開發商並讓整個生態系統受益。

　　市面上不只發展出幾個大型的主要遊戲引擎，另一方面也
針對持續更新型遊戲（live service game）[†]，發展出特有的套裝
解決方案。像是現在屬於微軟 Azure 的 PlayFab，以及亞馬遜
的 GameSparks 等公司，業務內容就是協助虛擬世界提供線上
與多人遊戲的體驗，包括管理使用者帳號系統、玩家資料儲存
保管、遊戲內交易、遊戲版本、玩家間通訊、配對、排行榜、
遊戲統計分析，以及反作弊系統等，而且一切都能夠跨平台運

---

[*] 作者注：前面討論圖像處理器與中央處理器時提過，雖然虛幻引擎或Unity引
　擎的遊戲能相容於各種遊戲平台，卻不代表絕對能提供特定等級的體驗。

[†] 編注：即「遊戲即服務」（Games-as-a-Service，簡稱GaaS），指的是持續向玩
　家收費，並提供遊戲或遊戲內容，可以讓遊戲開發商在遊戲出售後，或是免
　費提供遊戲後，依然繼續從中獲利。

作。針對持續更新型遊戲，Unity Technologies 與 Epic Games
現在也推出相關產品，不只價格低廉，甚至是免費提供，還不
限自家引擎使用。Steam 是目前全球最大的單機遊戲商店，也
會是第 10 章的討論重點，這間公司就針對持續更新型遊戲，
推出相關解決方案產品 Steamworks。

隨著全球經濟不斷移向虛擬世界，這些跨平台、跨開發者
的技術也將成為全球社會核心的一部分。特別重要的一點在
於，下一波要打造虛擬世界的人或許不是遊戲業者，而是零售
商、學校、運動隊伍、建築公司與城市，他們就可能用到這些
技術。Unity 引擎、虛幻引擎、PlayFab 與 GameSparks 等目前
正位於極有利的戰略位置。很顯然，他們將會成為虛擬世界的
標準配備或通用語言；可以把它們想像成元宇宙的「公制單位」
或「英語」。就像現在，我們往來各國多少都會用上英語，也
多少對公制系統有一些認識，很有可能以後當你想在網路上打
造東西，不論你要打造的是什麼，都必須依賴這些公司，並且
乖乖付錢。

但更重要的是，既然這些公司正是虛擬世界邏輯的管理
者，難道他們不是建立虛擬世界通用的資料結構與程式碼慣例
最適合的人選？想要讓虛擬世界之間各種資訊、虛擬商品與貨
幣的交易順暢進行，何不交給在每個虛擬世界內部負責同樣業
務的人？除了他們，還有誰更適合像網路名稱與數位地址分配
機 構（Internet Corporation for Assigned Names and Numbers，

簡稱 ICANN）訂出網域與 IP 位址那樣，在虛擬世界中打造出互相連結的網路？我們後面還會再回到這些問題，討論目前假定「由遊戲業者負責管理」的答案，但首先讓我們來談談另外一種方式。有些人認為，如果要打造元宇宙，這才會是比較簡單、也最好的方式。

整合型虛擬世界平台

　　過去二十年間，遊戲產業既發展出獨立的遊戲引擎，也發展出持續更新型遊戲的套裝解決方案，於是，有公司將他們結合成一種新的方式：整合型虛擬世界平台（Integrated Virtual World Platform，簡稱 IVWP），例如《機器磚塊》、《當個創世神》以及《要塞英雄創意模式》。

　　一方面，整合型虛擬世界平台的基礎仍然是各公司自己的通用與跨平台遊戲引擎，類似 Unity 引擎與虛幻引擎，像是《要塞英雄創意模式》屬於 Epic Games 旗下，就是用他們的虛幻引擎來打造。但另一方面，整合型虛擬世界平台的設計方式又讓使用者無須實際編寫程式碼，只要運用各種圖像介面、符號與物件，就能打造種種遊戲、體驗與虛擬世界。引擎與整合型虛擬世界平台之間的區別在於，前者就像是使用文字指令的 MS-DOS，後者則是視覺化的 iOS；或者說前者像是使用 HTML 來設計網站，而後者則是用簡易網絡架設平台

Squarespace。整合型虛擬世界平台的介面能讓使用者更方便打造遊戲，節省人力與各項投資，對於專業知識與技巧的要求也比較低。例如《機器磚塊》上大多數的創作者其實是小孩，而這個平台上已經有將近一千萬名用戶都自己打造虛擬世界。

此外，只要是在這些平台上打造的虛擬世界，都必須使用這些平台的持續更新型服務套組，像是帳戶與通訊系統、虛擬化身資料庫，以及虛擬貨幣等。這些虛擬世界都必須透過整合型虛擬世界平台才能前往，也就是說，平台成為統一的體驗層（experiential layer）以及單一的安裝檔案。就這種意義而言，如果你在《機器磚塊》上打造虛擬世界，與其說像是用Squarespace架設網站，其實更像是在臉書開粉絲專頁。《機器磚塊》甚至還為開發者設置整合商城，大家可以上傳自己為這個虛擬世界客製的任何物品，像是耶誕樹、被雪覆蓋的樹、光禿禿的樹，或是松樹皮的紋理，還可以授權給其他遊戲開發者使用。這為遊戲開發者提供來自其他開發者而非玩家的第二重收入來源。另一方面，其他開發者也能夠以更簡單、更便宜、更迅速的方式打造自己的虛擬世界。在這個過程中，也會推動虛擬物件與資料進一步的標準化。

雖然比起使用虛幻引擎或Unity引擎等遊戲引擎，開發者使用整合型虛擬世界平台來打造虛擬世界會容易得多，但想要打造整合型虛擬世界平台，一開始會比打造遊戲引擎更困難。為什麼呢？因為對於整合型虛擬世界平台來說，任何條件都一

樣重要，難以分出優先順序。整合型虛擬世界平台除了希望發揮創作者靈活的創意，也要將底層技術標準化，提升打造各式物件的相互連結性，同時盡量隆低門檻，讓創作者不需要接受培訓或了解程式設計知識。這就像是宜家家居（IKEA）想要打造一個像美國一樣充滿活力的國家，卻又強制所有建築只能使用宜家家居的標準規格家具，同時也由他們負責新國家的貨幣、公用事業、警務與關務等政府機能。

　　《第二人生》前執行長伊柏・阿爾特伯格（Ebbe Altberg）就讓我們看到整合型虛擬世界平台的經營有多麼困難。在2010 年代中期，有一位開發者在《第二人生》裡開設馬場，除了銷售虛擬馬匹，也銷售定期幫忙餵馬的服務。後來，《第二人生》升級物理引擎（physics engine），但卻出現程式錯誤，讓馬匹吃飼料的時候只會從嘴邊錯開而吃不到。結果，一堆馬匹就這樣餓死了。《第二人生》很久之後才發現錯誤，又花了更久的時間才把問題修復，並且為受到影響的玩家提供適當補救。即便如此，這樣的事件仍然對《第二人生》的經濟造成打擊，讓玩家不信任市場，同時傷害到買賣雙方。想要不斷提升遊戲的效能，但又得持續支援舊的程式碼而不出錯，絕非易事。雖然遊戲引擎也會遇上這種問題，但 Epic Games 更新虛幻引擎的時候，是由開發商個別決定是否更新，而且可以事先經過大量測試，並選擇方便的時候再更新，也無須擔心這會不會影響自己和其他開發商的互動交流。而《機器磚塊》要推送

更新的時候，更新項目則會直接自動套用到平台上的所有虛擬世界。

話說回來，既然我們的「虛擬宜家家居」製造產品時用的是程式，而不是塑合板，自然不受物理法則約束，而能夠發揮軟體幾乎無窮的潛力。由 Roblox Corporation 或開發人員在《機器磚塊》中製造的任何物品，都能拿來無止盡的複製，或是用在其他用途上，不會產生任何邊際成本，甚至還能拿來進一步的改進與研發。整合型虛擬世界平台上的每一位開發人員都等於在持續合作，讓虛擬世界與虛擬物件構成的網路不斷擴大，能力也不斷提升。這樣一來，就更容易吸引更多使用者、推升每位使用者在平台上的支出；當整個網路的收益增加，又會吸引更多開發人員與投資，再次讓網路擴大與提升，最終形成循環。這些好處來自於集合眾人的力量，不只研發引擎，而是研發一切！

不過，這種做法的實務表現如何？由於《要塞英雄創意模式》的經營者 Epic Games 並不是上市公司，而微軟也沒有揭露《當個創世神》的財務狀況，所以目前我們只有拿 Roblox Corporation 當作例子。

讓我們從玩家的參與度談起。截至 2022 年 1 月，《機器磚塊》的平均每月使用時間超過 40 億個小時，高於 2021 年的 27 億 5,000 萬個小時、2020 年的 15 億個小時，以及 2018 年底的 10 億個小時。而且，這還不包括在 YouTube 上觀看《機

器磚塊》影片的時間；YouTube 是全球使用量最高的影音網站，據稱遊戲內容正是觀看時數最高的類別，其中《機器磚塊》排名第二，排名第一的是另一個整合型虛擬世界平台遊戲《當個創世神》。如果拿 Netflix 來比較，Netflix 的平均每月使用時間估計為 125 億至 150 億個小時。在《機器磚塊》上面排名頂尖的遊戲，例如《收養我！》、《地獄之塔》（Tower of Hell）、《MeepCity》，都是出自幾乎沒有經驗的獨立開發商，全公司大概只有十到三十名員工，而且剛成立時只有一、兩個人。至今，這些遊戲每一款的總遊玩次數，都足足有 150 ～ 300 億次。每一天，這些遊戲的玩家人數都能達到《要塞英雄》或《決勝時刻》等大作的一半，甚至也是《薩爾達傳說：曠野之息》或《最後生還者》（The Last of Us）總遊玩次數的一半！至於平台上滿滿的各種虛擬商品呢？光是 2021 年，平台上就製造出兩千五百萬件商品，獲取或購買次數達到 58 億次。[2]

《機器磚塊》的玩家參與度之所以增加得如此迅速，部分原因是客群不斷成長。從 2018 年第四季到 2022 年 1 月，平均每月玩家人數從估計七千六百萬人增加到超過兩億兩千六百萬人，增加幅度達 200％；平均每日玩家人數也從大約一千三百七十萬人增加到五千四百七十萬人，增加幅度達 300％。你會發現，每日玩家人數的成長幅度超越每月玩家人數的成長幅度，而且參與度的成長幅度還更驚人，增加高達 400％，可見《機器磚塊》不只愈來愈受歡迎，也愈來愈得到現有玩家的喜

愛。從 Roblox 的財務報告裡，也能看到類似的證據，證明《機器磚塊》的網路效應。從 2018 年第四季到 2021 年第四季，Roblox 的營收成長達 469％，付給平台上的世界建設者（world builder，也就是開發者）的款項也成長 660％。換句話說，《機器磚塊》玩家平均每小時的花費高過以往，創造收入的速度也超過以往；這兩項指標的成長都超過本來就已經十分亮眼的玩家人數成長幅度，而公司提供給開發者的報酬也同樣超越玩家人數成長幅度。此外，《機器磚塊》的成長有一大塊集中在年紀較大的客群。截至 2018 年底，每日玩家有 60％年齡不足十三歲；但過了三年，這個年齡層的玩家比例只剩 48％。也就是說，和《機器磚塊》2018 年底不足十三歲的每日玩家人數相比，到了 2021 年底，十三歲以上每日玩家的人數足足超過三倍。

　　Roblox Corporation 的「飛輪」運作得最精彩的表現，應該就在於研發投資。* 在 2020 年第一季，也就是新冠肺炎全球大流行前的最後一季，這間公司的營收大約是 1 億 6,200 萬美元，他們將 4,940 萬美元投入研發，所以玩家在《機器磚塊》平台每花 1 美元，會有 0.3 美元回到平台上。在接下來的七個

---

* 編注：這裡說的「飛輪」指的是飛輪效應（flywheel effect），意思是某件事的發展如同踩飛輪，剛開始要（讓飛輪）動起來需要很大的力氣，但隨著飛輪轉動的圈數增加，速度就會愈來愈快，達到臨界點。最後，施力者不需要花太多力氣，飛輪也會繼續快速轉動。

季度裡，Roblox 的營收飆升超過 250％，在 2021 年第四季來到 5 億 6,800 萬美元。然而，Roblox 並沒有將這些營收轉為獲利，或是投入其他用途，而是以大致相同的比例繼續投入研發。也就是說，Roblox 在 2021 年第四季的研發支出，甚至超越 2020 年第一季的營收總額。到 2022 年底，Roblox 的研發經費可能高達 7 億 5,000 萬美元，年化投資額甚至可能接近 10 億美元。

讓我們以 Rockstar 出品的《俠盜獵車手 5》與《碧血狂殺 2》（*Red Dead Redemption 2*）為例做個比較。《俠盜獵車手 5》是史上第二暢銷的遊戲，銷售超過一億五千萬套；《當個創世神》則是以將近兩億五千萬套的成績排名第一。《碧血狂殺 2》則是第八代遊戲主機（PlayStation 4、Xbox One、任天堂 Switch）最暢銷的遊戲，銷售四千萬套。一般認為，這兩款遊戲是史上製作費用最昂貴的電玩遊戲，最終預算估計分別為 2 億 5,000 萬～ 3 億美元、以及 4 ～ 5 億美元，開發時間都歷時超過五年，並且投入大把行銷與發行成本。或者，我們也可以比較 Roblox 與索尼 PlayStation 集團的研發預算。索尼 PlayStation 集團在 2021 年投入超過 12 億 5,000 萬美元，對象包括大約十幾間遊戲工作室、索尼的雲端遊戲部門、持續更新型服務集團，以及硬體部門。同樣在 2021 年，據稱 Epic Games 虛幻引擎帶來的營收還不到 1 億 5,000 萬美元。至於 Unity 的引擎雖然營收較高，約 3 億 2,500 萬美元，但仍然比

Roblox 的研發費用少了 20%。

　　Roblox 的研發投資十分多元，包括改進開發人員工具與軟體、改善伺服器架構以完成高度並行的模擬工作、加強機器學習以偵測騷擾情事，以及強化人工智慧、虛擬實境算繪、動作捕捉等。Roblox 能在平台投下這麼多資金，令人驚嘆。理論上，每多投入 1 美元，開發人員就能打造出更迷人的虛擬世界，吸引更多玩家，也因此帶來更多收入。這樣一來，不只是Roblox 能投入更多研發資源，也能讓更多獨立開發人員共襄盛舉、打造虛擬世界，於是再次推動更多玩家參與《機器磚塊》，而玩家的消費又會再次推動公司進行更多研發。

虛擬平台與引擎很多，但元宇宙只有一個

　　回顧我在第 3 章對元宇宙的定義：「由許多即時算繪的 3D虛擬世界形成一個大規模、可互通的網路，能為實際人數無限的使用者提供同步且不斷延續的體驗；其間，每位使用者具有個人的存在感，而且各種資料如身分、歷史、權利、物件、通訊與支付等，也同樣具備連續性。」有些人讀到這個定義時，可能會覺得《機器磚塊》已經頗為符合條件，雖然還無法「為實際人數無限的使用者提供同步且不斷延續的體驗」，但目前也沒有任何即時算繪的虛擬世界能做到這一點。等到我們實現這項條件，《機器磚塊》似乎就能符合元宇宙的定義。但就我

的定義來說，《機器磚塊》應該有一項關鍵因素很難滿足。因為大多數虛擬世界還是會存在於這個平台之外，這也就讓《機器磚塊》只能成為元星系，而非元宇宙。

　　《機器磚塊》有可能成為元宇宙嗎？要是能夠結合 Epic Games 的《要塞英雄創意模式》整合型虛擬世界平台、虛幻引擎、持續更新型服務套裝解決方案 Epic Online Services，甚至公司旗下所有其他特殊專案，是不是就能得到元宇宙？發揮一點想像力，或許彷彿就能看到這些公司（或是類似的公司）納入所有虛擬體驗後，成為一個有元宇宙規模的元星系。值得一提的是，《潰雪》與《一級玩家》所描繪的景象，正是類似的過程。

　　但根據目前的科技發展，我們看到的似乎是另一種可能的結果。為什麼？因為雖然這些虛擬龍頭不斷加速成長，但虛擬體驗、創新者、科技、商機與開發者的數量也在成長，而且速度甚至更快。

　　雖然《機器磚塊》與《當個創世神》已經是全球人氣頂尖的遊戲，但如果真的從全人類的角度來看，觸及率仍然差強人意。儘管這兩大電玩已經擁有三千萬至五千五百萬名每日活躍玩家，但是在足足有四十五億到五十億人的全球網際網路人口當中，比例仍然少之又少。實際上，它們就像是還在虛擬通訊的 ICQ 階段，還有幾十億人、幾百萬個開發商連試都沒試過。我們很容易覺得《機器磚塊》或《當個創世神》會是這波成長

最大的受益者，但歷史提醒我們，這種事沒有必然。

微軟在 2014 年收購《當個創世神》的開發商 Mojang，當時這款遊戲的銷量已經榮登史上第一，每月活躍玩家人數來到兩千五百萬人，超越過去所有的 AAA 級遊戲。時間過了七年，《當個創世神》的每月活躍玩家人數成長將近五倍，但遊戲王者的寶座卻已經拱手讓給《機器磚塊》；在這段期間，《機器磚塊》的每月活躍玩家人數從不到五百萬人成長到超過兩億人，而且「每日」使用人數是《當個創世神》「每月」使用人數的將近兩倍。此外，這段時間也有許多整合型虛擬世界平台上市。《要塞英雄》是 2017 年才發售，而《要塞英雄創意模式》還要再等一年；另一款大逃殺遊戲《我要活下去》在全球的每日使用人數也超過一億人，並在 2021 年發布創意模式；至於《俠盜獵車手 5》雖然是在 2013 年上市，但在過去十年間，多數其實已經從單人遊戲轉型成為《俠盜獵車手 Online》(*Grand Theft Auto Online*)，可以說是轉型期的整合型虛擬世界平台。而且這款遊戲的下一部系列作品早已備受期待，預期將在未來幾年內發行，並且肯定會借鏡《機器磚塊》、《當個創世神》與《要塞英雄創意模式》的成功經驗。

只要還有幾十億人、甚至只要還有數千萬玩家尚未採用整合型虛擬世界平台，肯定就會有更多開發商湧入市場。以韓國遊戲龍頭魁匠團為例，該公司曾打造出史上首例、也是最受歡迎的主流大逃殺遊戲《絕地求生》，而目前肯定也正在研發這

個類型的產品。至於在 2020 年，曾經製作全中國最成功遊戲《英雄聯盟》的銳玩遊戲（Riot Games）也收購遊戲開發商 Hypixel Studios；Hypixel Studios 原本經營《當個創世神》最大的伺服器，但後來結束業務，改為自行研發類似的平台。

　　許多新的整合型虛擬世界平台也各自以不同的技術來進行研發。截至 2021 年底，採用區塊鏈技術的整合型虛擬世界平台 包 括 Decentraland、The Sandbox、Cryptovoxels、Somnium Space 與 Upland 等，但是，即使已經是這些領域的龍頭平台，每日活躍使用人數也都還不到《機器磚塊》與《當個創世神》的 1%。但這些平台相信，透過增加使用者在虛擬世界對物品的所有權，對平台管理方式的發言權，並且還能分享部分獲利，未來成長的速度將超越傳統整合型虛擬世界平台（第 11 章會進一步探討這項理論）。

　　臉書虛擬實境平台「地平線世界」（Horizon Worlds）雖然是以沉浸式虛擬實境與擴增實境為專注重點，但並不代表他們只懂這些領域；這一點和《機器磚塊》形成強烈對比，《機器磚塊》雖然也能使用沉浸式虛擬實境，但還是優先考慮使用傳統螢幕，例如 iPad 或個人電腦螢幕。至於像是 Rec Room、VRChat 等新創企業，也正在以沉浸式虛擬實境世界的創造為核心，迅速吸引更多使用者。時至 2021 年底，這兩個平台的估計市值仍然在 10 ～ 30 億美元左右，算不上很大；但如果比較 一 下，Unity Technologies 與 Roblox Corporation 在 2020 年

初的時候，估計市值也只有分別不到 100 億美元與 42 億美元，
而過了兩年，這兩間公司的市值預估都已經超過 500 億美元。
另外，Snap 與《Pokémon Go》的製造商 Niantic 也正在開發自
家的擴增實境與適地性（location-based）虛擬世界平台。

這些競爭對手雖然也可能中途夭折，但更有可能的是將會
共同成長，甚至取代目前的市場龍頭。以臉書為例，這個社群
網路龍頭走進 2010 年代的時候，每月活躍用戶超過五億人，
但在這十年間，卻從來沒能把任何新興的社群媒體平台收歸旗
下。Snapchat 發表於 2011 年，而臉書則是在 2013 年推出類似
Snapchat 的應用程式（或說是山寨版），名為「Poke」（戳一下），
但不到一年就黯然收場。2016 年，臉書又推出第二個 Snapchat
的山寨程式 Lifestage，卻同樣在十二個月後結束運作。在同一
年，臉書旗下的 Instagram 複製 Snapchat 具有代表性的「限時
動態」（Stories）功能；臉書應用程式也在隔年加入這項功能。
然後在 2018 年，Instagram 推出類似 Snapchat 的應用程式
Threads from Instagram[*]，但在市場上沒有引起多少注意。臉書
為了和遊戲實況平台 Twitch 競爭，在 2018 年推出 Facebook
Gaming；為了和短影片平台 TikTok 對抗，也在 2018 年推出
Lasso。除此之外，臉書還在 2019 年推出交友軟體 Facebook
Dating，也讓 Instagram 在 2020 年增加一個類似 TikTok 短影

---

[*] 譯注：這款 App 在台灣並未上架，在安卓平台上則稱為「Instagram Threads」。

片的「Reels」功能。臉書的種種作為,無疑對這些服務的成長造成阻礙,但以上提到的每項服務卻仍然能維持成長、屢創新高。時至 2021 年底,TikTok 的使用者人數超過十億,報導指出 TikTok 已成為當年全球網域流量冠軍,緊追在後的則是 Google 與臉書。

雖然幾個最大的整合型虛擬世界平台確實大權在握、成長迅速,但它們在整個遊戲產業的市占率,仍然遠遠不及臉書在社群網路的市占率。2021 年,《機器磚塊》、《當個創世神》與《要塞英雄創意模式》三者的營收總和,占當年全球電玩總營收還不到 2.5%;在估計約有二十五至三十億人的玩家總人口當中,也只占了不到五億。而且如果和幾大主要跨平台引擎相比,這幾款遊戲的市占率只能說是小巫見大巫。如今全球約有半數遊戲都使用 Unity 平台,而虛幻引擎也在高擬真 3D 沉浸式世界這個領域搶下大約 15 ~ 25% 的市占率。Roblox 的研發支出或許高於虛幻引擎與 Unity 引擎,但是光看數字,可能忽略申請授權使用引擎的開發商所投入的幾十億美元。如果不看《糖果傳奇》等低擬真休閒遊戲,全球最受歡迎的兩款遊戲分別是《絕地求生 M》(PUBG Mobile)與《我要活下去》,都是使用 Unity 平台。但最重要的,或許是虛幻引擎與 Unity 引擎的開發人員可說是遍布全球。數百萬人曾經製作過《當個創世神》的遊戲模組,或是在《機器磚塊》上開發遊戲,所以估計全球有幾萬名專業開發人員使用這些整合型虛擬世界平台。

Epic Games 與 Unity 活躍的熟練開發人員人數更是來到數百萬人。此外，市面上也仍然有幾十套平台的專屬引擎持續得到資金挹注，人氣不斷上升，例如製作出《決勝時刻》的動視 IW 引擎，以及製作出《地平線：期待黎明》（*Horizon Zero Dawn*）與《死亡擱淺》（*Death Stranding*）的索尼 Decima 引擎。

　　虛擬世界與元宇宙的價值不斷提升，也就讓開發商有更大的動機選擇內製（in-source）技術庫，而非外包工作，這樣一方面更有機會達成技術的差異化；二方面也更能掌握自家公司的整體技術，盡量不依賴可能成為競爭對手的第三方；* 此外還能提升淨利率。當然，還是有許多開發商會選擇使用虛幻引擎或 Unity 遊戲引擎，又或是使用 GameSparks 或 PlayFab 平台來提供持續更新型服務。不過，這些引擎與平台服務都允許開發商自行選擇想要的內容，也能自訂取得授權的大部分內

---

* 作者注：Epic Games 發行《要塞英雄》的歷史就是一個很好的例子。《要塞英雄》是 2017 年到 2020 年全球收入最高的遊戲，顯然從其他遊戲手中搶下許多玩家、玩家時數與玩家課金；而其他遊戲當中，有些雖然不是 Epic Games 自家產品，卻也是其他發行商使用虛幻引擎製作。此外，目前《要塞英雄》系列最流行的《要塞英雄：大逃殺》，其實並非遊戲最原始的版本。2017 年 7 月的原始版本是一款合作生存遊戲，玩家的目標是要擊退喪屍群。但是到了 2017 年 9 月，Epic Games 才在遊戲中加入大逃殺模式，非常類似當時熱門的《絕地求生》；值得一提的是，《絕地求生》正是使用虛幻引擎製作。《絕地求生》的發行商曾以侵犯版權為由，將 Epic Games 告上法庭，但後來撤告，外界並不清楚雙方是否達成和解。2020 年，Epic Games 成立發行部門，發行由獨立工作室製作的遊戲；於是，Epic Games 和一些偶爾取得授權使用虛幻引擎的發行商之間，競爭也更顯激烈。

容。不同於整合型虛擬世界平台，這些服務允許開發商自行管理帳號系統，並掌控遊戲內的經濟體。此外，這些服務也便宜得多。舉例來說，玩家在 Roblox 花的錢，只有不到 25％ 會進入開發商的口袋。* 但相對的，Epic Games 的虛幻引擎只收取營收的 5％ 作為授權金；而當一款使用 Unity 引擎製作的遊戲受到眾多玩家青睞，開發商支付給 Unity 的成本更有可能占不到營收的 1％。而且，儘管《機器磚塊》確實要求開發商付出額外費用，例如昂貴的伺服器費用、客服費用以及收款手續費，但是比起開發商自己打造整個獨立的虛擬世界，像這樣使用整合型虛擬世界平台得到的利潤仍然可能更高。所以我們應該假設，不論《機器磚塊》或《當個創世神》變得多成功，在整個電玩世界裡仍然只占了一小部分。

雖然電玩遊戲與遊戲引擎是元宇宙的核心，但元宇宙絕不是只和電玩遊戲有關。還有許多領域，同樣擁有自己的算繪與模擬軟體。比方說，皮克斯打造動畫世界與角色的時候，用的就是專屬的 RenderMan 解決方案。至於好萊塢，用的多半是 Autodesk 出品的軟體 Maya。而如果是要先設計虛擬物件，再依設計在現實世界中打造真實物件，通常用的則是 Autodesk 的 AutoCAD，以及達梭系統（Dassault Systèmes）的 CATIA

---

* 作者注：這點還是有一些彈性；大多數分析師預測分配比率會慢慢上升。更多相關討論請見第 10 章。

與 SolidWorks，可以用來設計汽車、建築與戰機。

　　近年來，Unity 引擎與虛幻引擎也進軍非遊戲領域，像是工程設計、電影製作，或是電腦輔助設計等。前面討論過，香港國際機場曾在 2019 年以 Unity 引擎打造出一個「數位孿生」，直接連結到設置在機場各處的無數感測器與攝影鏡頭，以追蹤並評估人流、維修排程等，而且一切都是最即時的資訊。使用「遊戲引擎」來完成這樣的模擬，確實能讓人打造出輕鬆跨越虛實平面的元宇宙。在香港機場與其他類似的模擬成功之後，Autodesk、達梭等廠商也開始紛紛加入模擬功能，代表未來的競爭將會日益激烈。即使是在電玩領域，虛幻引擎與 Unity 引擎也不見得能夠完整提供打造或運行一套遊戲所需的所有技術，到了其他領域更是如此。目前，市場上出現許多新的軟體公司，將這些引擎的「庫存」版本「轉為產品」，能夠用於土木與工業建築、設施管理等領域，而且還會加入他們針對需求量身打造的程式碼與功能。其中一個例子是迪士尼的特效公司光影魔幻工業（Industrial Light & Magic，簡稱 ILM），自從使用 Unity 引擎完成《獅子王》(*The Lion King*, 2019 年)，以及使用虛幻引擎完成電視影集《曼達洛人》(The Mandalorian, 2019 年) 第一季之後，光影魔幻工業就開發出一套即時算繪引擎 Helios。於是，《曼達洛人》第二季的拍攝就從虛幻引擎改為使用 Helios 引擎，但即使是狂熱的《星際大戰》影迷也沒發現有什麼影響，可見未來幾年將會有許多算繪方案

與平台紛紛出現。

　　如果要依據製造出的素材多寡來判斷，虛擬軟體成長最快的類別或許就是「掃描現實世界」的軟體。以 Matterport 為例，這是一間市值約數十億美元的平台公司，推出的軟體能夠將 iPhone 等設備掃描出的圖片轉換成資訊豐富的 3D 模型，用於室內設計。如今 Matterport 軟體主要的客戶就是屋主，他們能為房地產打造出臨場感十足、還能夠四處遊覽的複製模擬，再放上 Zillow、Redfin 或 Compass 等網站出售或出租。無論是想租屋的房客、建築專業人員，又或是其他服務業者來說，對他們而言，比起單純的藍圖、照片，甚至到現場參觀，透過這種模擬反而能更了解整個空間。我們或許很快也會開始用這類掃描軟體來決定無線路由器或設備的位置，嘗試各種不同燈具的效果，而且商品還能透過 Matterport 購買，或者是操作整個智慧家庭的功能，包括電力、保全與空調等。

　　另一個例子則是行星實驗室（Planet Labs），每天會用衛星掃描幾乎整個地球，橫跨八個光譜波段（spectra band），不只能得到高畫質的圖像，還能取得熱能、生物質量與霧霾等細節。這間企業希望能呈現地球上所有細微變化，使用機器讀取，而且每天、甚至每小時就更新資料。

　　有鑑於改變的步調迅速、技術難度高、潛在的應用也五花八門，到頭來可能會有幾十種不同的熱門虛擬世界與虛擬世界平台，而提供底層技術的業者甚至還會更多。在我看來，這將

是一件好事，畢竟我們應該不會希望整個元宇宙只靠著單一的虛擬世界平台或引擎運作。

　　再想想提姆・斯維尼對於元宇宙範疇的警告：「元宇宙將變得比其他事物都更普遍、也更強大。要是某間核心企業掌握元宇宙，就會變得比任何政府都更強大，根本就是地球上的神。」我們很容易覺得這種說法太誇張，事實或許也是如此。但就連眼前，我們也十分擔心五大科技龍頭 Google、蘋果、微軟、亞馬遜與臉書，這些市值來到數兆美元的企業究竟會如何掌控我們的數位生活，影響我們想些什麼、買些什麼。更別說目前我們大部分的生活仍然處於離線狀態，雖然有幾億人是在網路上找到工作，工作時也會用到 iPhone，但真正的工作場域還不是 iOS 平台，工作項目也不是要打造 iOS 的內容。如果你的女兒用 Zoom 上課，雖然是透過 iPad 或 Mac 連到學校，但學校並不是在 iOS 平台上運作。在西方，電子商務占整體零售市場的 20 ～ 30％，但人們多半仍是購買實體產品，而且零售市場也只占整體經濟的 6％。但等到我們轉移至元宇宙，會是什麼情況？如果在這種人類生存的第二個平面，讓單一企業掌控所有物理定律、房地產、關務政策、貨幣與政府治理，會是什麼景象？現在，斯維尼的警告開始聽起來不那麼誇張了。

　　單純由技術層面來看，元宇宙的發展不該只靠著我們對單一平台的投資與信心。如果是斯維尼想像中的公司，他們的首

要之務肯定是要掌控整個元宇宙，而不是思考如何才對元宇宙
的經濟、開發人員或使用者最有利。而且，這樣的公司也肯定
會以獲利最大化為目標。

　　然而，要是沒有單一的元宇宙平台或經營者，而且我們還
不希望他們出現，就得設法在各個平台之間取得互通性。讓我
們再次回到樹木的比喻。你會發現，我說虛擬的樹會比真實的
樹更難確定是否存在，可不是在開玩笑。

第 8 章

互通性

　　元宇宙理論家很常提到「可互通的資產」（interoperable asset），但這種說法其實會造成誤解，因為那些虛擬資產根本就不存在，真正存在的只有資料。因此，在討論一開始，就已經浮現互通性的問題。

　　讓我們以鞋子為例，談談實體產品的「互通性」。在現實世界中，adidas 的店經理可以決定禁止顧客穿 Nike 的鞋走進店裡，這會是一項商業決定，但顯然也是一項很糟糕的決定，而且幾乎不可能執行。穿著 Nike 的顧客只要打開 adidas 的店門，就能走進去。這是因為實體的物理定律到哪裡都一樣，物理原子才是「一次編寫，隨處運行」（write once, run anywhere），*沒有到哪裡去會不相容的問題。光是 Nike 的鞋子確實存在，已經代表它會自動相容於 adidas 的商店。如果 adidas 的店經理想要禁止非 adidas 的鞋進店，就得創造一套系統來擋下非 adidas 的鞋，不但得寫下政策，還得能夠強制執行。

---

* 譯注：這是昇陽電腦（Sun Microsystems）當初對 Java 技術的宣傳詞，簡稱為 WORA。

　　但是，那些虛擬的原子就不一樣了。想穿著虛擬 Nike 商店出售的虛擬鞋款進到虛擬 adidas 賣場，就需要先由 adidas 承認來自 Nike 的鞋款資訊，使用能夠理解這些資訊的系統，再執行程式碼，讓這些鞋款在賣場裡能夠正常運作。突然之間，「是否接受鞋子」這件事的判斷就從被動變成主動。

　　如今，市面上用來架構與儲存資料的檔案格式有幾百種，常見的即時算繪引擎也有幾十種，而且使用者還會依自身需求調整程式碼，於是一切變得更瑣碎。* 結果，幾乎所有虛擬世界與軟體系統都看不懂彼此的「鞋子」（資料），更不用說要進一步加以應用（編寫程式碼）了。

　　目前的電腦檔案會用一些常見的格式，像是 JPEG 或 MP3，而大多數網站也都使用 HTML 語法，所以看到虛擬世界裡居然有這麼大的差異性，或許會讓人很驚訝。然而，現在的線上語言與媒體能夠如此標準化，是因為「營利」企業很晚才進軍網際網路領域。舉例來說，直到網際網路協定套組建立將近二十年後，iTunes 才在 2001 年上市，如果在這種時候，蘋果還拒絕使用大家廣泛接受的標準，像是 WAV 與 MP3，那就太不切實際了。電玩遊戲則是另一回事。電玩業在 1950 年

---

* 作者注：對於虛擬物件的 x、y、z 座標來說，在 Unity 引擎裡是以 y 軸表示上下，但虛幻引擎則是以 z 軸表示上下、以 y 軸表示左右。雖然軟體要轉換這些資訊並不難，但是連這麼基本的資料規約（data convention）都會出現分歧，更能讓我們了解到各個引擎之間有多麼不同。

代興起時，還沒有人規定虛擬物件、算繪或引擎該遵守哪些標準。很多時候，就是由遊戲開發商自行開拓電腦內容領域。目前蘋果電腦要儲存音檔，最常用的仍然是音訊交換檔案格式（Audio Interchange File Format，簡稱 AIFF）；這是蘋果在 1988 年創立，而且是以遊戲製造商美商藝電（Electronic Arts）在 1985 年所提出的通用交換檔案格式（Interchange File Format，簡稱 IFE）為依據。此外，電玩遊戲一開始根本沒打算加入網際網路這樣的「網路」結構，只打算維持離線的單機軟體形式。

現在的虛擬世界技術如此五花八門，一方面是因為上述原因，但另一方面也是因為現代電玩對於運算與網路連線的要求極高，所以各種設計都有特定目的，也單獨進行過最佳化。不論是擴增實境或虛擬實境的體驗、2D 或 3D 遊戲、寫實或卡通風格的畫面、大量或少量同時在線使用者的模擬形式、高預算或低預算的遊戲，又或者是 3D 列印，這一切技術或考量都會有不同的資料格式與儲存格式。如果要完全將一切統一標準，就有可能對某種應用程式極為不利，又讓另一種應用程式大受委屈，而且問題常常出現在意想不到的地方。

這不只是檔案格式的問題，而是涉及更加本體論（Ontology）的議題。要在圖像格式上達成共識還比較容易，畢竟圖像只是 2D 形式，而且不會移動，影片也只是連續的圖像。但是，講到 3D 物件，特別是物件之間還要互動的時候，

圖 2　出自網路漫畫 xkcd　　　　　　　　　　*xkcd.com*

各方要達成共識就困難多了。舉例來說，一隻鞋是該算一個物件，還是許多物件的集合？又要分成多少個物件？鞋帶上的鞋帶頭，究竟是鞋帶的一部分，還是另一個物件？一隻鞋上的十幾個鞋帶孔，要都算成單獨的物件，可以個別客製甚至拆除，又或者是全部算成一套？如果光是一隻鞋子就讓你覺得太複雜，想想看如果要討論虛擬化身該怎麼辦？這可是代表真實的人耶！我們就先別談什麼虛擬的樹了，到底怎樣才叫「一個人」？

　　講到人的時候，除了視覺上的外觀，還有其他屬性也得講究，例如動作，或者說「骨架動作」（rigging）。綠巨人浩克和水母的動作方式應該是兩回事，但這也就代表在創造這些化

身的時候需要賦予不同的程式碼，詳細說明這個化身該怎樣動作，而且還得讓另一個平台也能看懂。要判斷是否允許第三方物件進入自家平台的時候，平台也需要得到一些物件適當程度的資料，例如裸露程度、暴力傾向、語言風格與語氣。如果是幼兒遊戲，就得知道某套泳裝到底算是保護級還是限制級。同樣的，如果是個寫實硬漢風格的戰場模擬遊戲，判斷是否加入第三方設計的狙擊手時，也會想知道那個角色究竟是穿著吉利服（ghillie suit）偽裝成樹木的人，又或者根本就是一棵卡通擬人化的樹。這一切都需要各方之間的資料規約，甚至還需要一套新的體制系統。2D 遊戲當然也會希望能夠匯入 3D 化身，但風格就需要調整。至於從 3D 要變成 2D，也是一樣的道理。

　　所以，如果要實現一個在不同虛擬世界之間能夠互通的元宇宙，我們就需要設定技術標準、規約與體制系統。但光這樣還不夠。想想看，如果你把自己儲存在 iCloud 裡的照片寄到奶奶的 Gmail 信箱，會發生什麼事？突然之間，你的 iCloud 與她的 Gmail 都有那張照片的副本。而且，你的寄件備份匣裡也有一份。要是你的奶奶又另外下載存檔，那總共就有四個副本了。然而，如果這是虛擬商品，希望能夠保值、也能夠交易，這樣做可不行，否則豈不是每次在不同虛擬世界，或是在不同玩家之間共享的時候，都會無限增生副本嗎？因此，我們需要系統能夠追蹤、驗證與修改這些虛擬商品的所有權，並且

也要能夠安全的在合作夥伴之間共享這些資料。

　　當某位玩家在動視暴雪的《決勝時刻》買下一套裝備，但想拿到美商藝電的《戰地風雲》（Battlefield）裡使用，應該有哪些步驟？動視暴雪應該直接把裝備的所有權紀錄發送給美商藝電管理，直到玩家想再拿去其他遊戲時再轉移紀錄，或者還是由動視暴雪無限期管理這項裝備，只是讓美商藝電暫時擁有使用這項裝備的權利？而且過程中，動視暴雪該如何收取費用？要是玩家把裝備賣給某位沒有動視暴雪帳號的美商藝電玩家，又會是什麼情形？甚至更基本的是，這筆交易該由哪間公司來處理？如果玩家想在美商藝電的遊戲裡修改這套裝備，又要怎麼做？紀錄該如何修改？要是玩家擁有的虛擬道具分散在好幾個不同的遊戲裡，他們要怎麼知道自己究竟有哪些道具、放在哪些地方、在哪些地方可以用、哪些地方則不能用？

　　到底要使用（或不用）哪些 3D 標準，應該打造怎麼樣的系統與資料，要建立哪些夥伴關係，或是哪些重要資料既要保護也必須共享，這些議題的考量，就會在現實世界形成很實際的財務問題。但其中最大的問題，或許就是在虛擬物件可互通的時候，應該如何管理整個經濟體。

　　電玩遊戲的設計重點並不是要得到「最高的國內生產毛額」，而是要好玩。雖然許多電玩遊戲都具備虛擬經濟體，玩家可以購買、出售、交易或贏得虛擬商品，但這種功能只是為了維持遊戲進行，並且也是發行商獲利模式的一部分。因此，

對於這些遊戲內的經濟發展，發行商常常會以固定價格與匯率，限制可以出售或交易的內容，並且幾乎不會允許用戶把遊戲裡的錢「兌現」為現實世界的貨幣。

　　開放經濟、無限制交易、和第三方遊戲的互通性，都讓我們難以打造出可永續的「遊戲」。承諾玩遊戲能夠獲利，雖然能給玩家帶來像是工作就能賺錢的鼓勵，但也會削弱遊戲的樂趣，那才是遊戲真正的目的。而想讓遊戲好玩的另一項因素，則是要有公平的競爭環境，如果本來需要努力贏得的道具能夠課金取得，也就很容易讓環境變得不夠公平。另外，許多遊戲發行商賺錢的方式，就是在遊戲內銷售造型與道具，所以他們自然會擔心，如果玩家能從競爭對手那裡購買虛擬商品再匯入，就不會再向自己買東西了。由於以上種種原因，可以想見許多發行商寧可把心力放在把自家遊戲打造得更好玩、更有吸引力、更受歡迎，而不是設法連結某個尚未成形的虛擬商品市場機制，免得既不確定能帶來多少財務價值，還可能需要在技術上妥協讓步。

　　想達到一定程度的互通性，電玩產業必須先在幾項所謂的交換解決方案（interchange solution）達成共識；也就是要建立起各種通用標準、工作規約、「系統的系統」與「框架的框架」，以便在和第三方有資訊往來的時候，安全的傳遞與詮釋資訊，並且將資料情境化，而且也要共同找出前所未有（但安全且合法）的資料共享模式，讓競爭對手能夠「讀取」與「寫

入」自己的資料庫，甚至提領出有價值的道具與虛擬貨幣。

互通性不是非黑即白，而是一道光譜

　　前面談過，就算只是一棵樹或一雙鞋，不同的虛擬世界都可能有不同的定義，如果要討論如何才能在 A 虛擬世界裡砍下一棵樹，透過 B 世界搬到 C 世界去賣掉當成耶誕樹擺設，可能就讓人開始懷疑，未來能夠出現真正互通的元宇宙嗎？答案仍然是肯定的，只是會有些小地方需要考慮。

　　現實世界裡，大多數的服裝配件都可以互通。比方說所有的腰帶，理論上能夠適用於所有褲子。儘管會有例外，但大致說來，不管你買的腰帶生產年分、屬於哪個品牌，或者在哪個國家購買，大多數腰帶都能適用於大多數的褲子。但是同時，也不是所有腰帶搭配所有褲子都能一樣合適。雖然褲子與腰帶都有常見的標準規格，但 J.Crew 的 30×30 褲裝，穿起來就是可能和 Old Navy 同樣寫著 30×30 的褲裝有些不一樣；連衣裙的差異更大；而且歐洲和美國也有不同的鞋碼，諸如此類。

　　全球各地也有許多不同的技術規格，像是住宅電壓，以及速度、距離或重量的度量衡標準等。有些時候，如果想用外國設備就得使用另一個新的裝置，像是電器的變壓器；也有時候，則是由當地政府要求更換裝置，像是換成符合當地排放法規的排氣管。

　　一條褲子到哪裡都還是一條褲子，但可不是所有地方都能接受牛仔褲。而在電影院，雖然容許幾乎所有衣著，也能接受大部分的付款方式，但卻有可能禁帶外食與飲料。在美國多數（但並非全部）的野外地區允許攜帶獵槍，但在城市就很少見，學校裡更是幾乎絕不允許。同樣在美國，雖然汽車可以開上各種道路，但如果是在高爾夫球場上，就得租一輛高爾夫球車了，就算你自己有一輛車，也得用租的。雖然不是每間公司都接受所有貨幣，但只要付點手續費就能換匯。許多店家可以接受刷卡付費，但不見得每張信用卡都收，而且也有些店家只能付現。世界上大部分地區都歡迎買賣做生意，但是不是所有地區都可以做生意，也不是所有物品、任何數量都能買賣或交易。

　　講到身分問題則更加複雜。現實當中，我們有護照、信用分數、就學紀錄或司法紀錄，在美國還有雇主身分識別號碼（Employer Identification Number，簡稱 EIN）或各州身分證明（state ID）等。這些資料有什麼用途，哪些資料可以提供給外界，或是會受到外界影響，都會依情境而有所不同，有時候是根據我們在特定時間的所在位置而定。

　　網際網路也沒有太大的不同。網路也分成公共網路與私有網路（甚至是離線網路），而各個網路、平台與軟體雖然能接受大多數常見的檔案格式，但也不是全部。最受歡迎的是免費的開源協定，但市面上也還是有許多需要付費的私有協定。

　　元宇宙的互通性不是只有二元選項，也並不是一翻兩瞪眼的決定「會共享」或「不會共享」，而是要談有多少人共享、共享多少資訊，以及共享資訊的時間、地點與成本代價。但是如果情況這麼複雜，為什麼我又會如此樂觀，覺得肯定會出現一個元宇宙呢？答案是：出於經濟學的考量。

　　讓我們先談談使用者的消費問題。許多不相信元宇宙的人，都會問一個類似的問題：「玩《決勝時刻》的時候，哪有人會想換上《要塞英雄》的香蕉人造型？」老實說，在《決勝時刻》裡，或是在虛擬課堂上，把自己變成一隻巨大搞笑的擬人香蕉確實是有點誇張。但是，同樣的，很顯然有些人會想在不同的空間場域擁有或使用一些物品，像是「黑武士」達斯・維德（Darth Vader）的全套裝扮、湖人隊的球衣，或是 Prada 的皮包等，而且他們可不會希望用過一次就得再買一次。目前他們可能被迫不得不用一次就得再買一次，這是因為虛擬服飾目前的發展還在早期。等到 2026 年，將會有上億人擁有大量虛擬服飾，能在他們所玩的各種遊戲當中有效複製轉移，到時他們肯定不願意在每個虛擬世界都得為同一套服飾再付一次錢。而根據經濟理論，如果購買的服飾道具不再僅限單一遊戲使用，不但會讓人願意買得更多、價錢也能提高。

　　換個說法，如果迪士尼的周邊商品只能在迪士尼樂園裡面穿著、佩戴或使用，你認為銷量會上升還是下降？要是皇家馬德里的球衣只能在球隊主場聖地牙哥伯納烏球場（Santiago

Bernabéu Stadium）裡穿，球迷還肯為此花多少錢？又或者，如果玩家在《機器磚塊》買的造型只能用一回合，那麼玩家肯在這款遊戲上花的錢會打多少折？

今天玩家在電玩遊戲中的消費，很有可能受到想法的限制，覺得任何遊戲總有結束的一天。想想看自己在度假的時候，曾經買過什麼不會裝進行李箱帶回家的東西？衝浪板、不鏽鋼水壺，還是亡靈節（Díade los Muertos）的服裝？如果你覺得只是暫時用一下，掏錢的時候就會有所保留。

這些商品的實用價值，還會進一步受到「所有權」的限制。大多數電玩遊戲與遊戲平台，都禁止玩家把造型或道具轉贈、甚至是出售換取遊戲內的貨幣。就算發行商允許轉售與交易，通常也會設下嚴格的限制。例如 Roblox Corporation 只允許轉售「限定版道具」，以免玩家私下交易，影響自家商店的銷量，而且也只有進階會員（Roblox Premium）能夠出售這些物品。

更重要的是，雖然玩家可能以為自己「買」下這些物品，但其實只是取得使用許可，遊戲公司隨時可以「收回」。如果這個物品只是 10 美元的造型或舞蹈動作還沒什麼大不了，但如果是價值 1 萬美元的虛擬房地產，卻可能隨時被遊戲公司收回，而且一毛也不會退，這樣可沒有人肯買。

以 2021 年初的一個個案為例，《南華早報》記者葉嘉栩報導指出，中國最大的電玩企業騰訊「控告一個遊戲道具交易平台，以釐清遊戲內貨幣與道具的所有權」。具體來說，騰訊主

張這些資產「並沒有實際生活中的價值」，而且用真錢在遊戲裡購買的遊戲金幣「實際上是服務費」。[1]這些說法引發眾怒，許多玩家感覺受到不當對待或是被羞辱。

「所有權」是投資或任何商品價格的基礎，而「獲利機會」則是公認的動機。新產業的發展往往是靠著投機心態在背後推動，只不過偶爾結果會變成一片泡沫；美國現在有廉價的光纖電纜可用，許多都是在網際網路泡沫破滅前所鋪設。如果想要盡可能在元宇宙投入最多時間、精力與資金，如果真心想讓元宇宙成真，就必須明確、清楚的訂出「所有權」。

虛擬世界中的每位利害關係人，都會看到這個發展方向上的種種誘因與風險。對於開發商來說，要是自己的產品或服務必須受限於某個特定平台，或是被平台的經濟體系（或政策）受歡迎程度影響，都會非常危險。而任何事情如果會造成投資縮水、進而使產品數量與品質下降，對於開發商、玩家、遊戲作品或平台來說也不是好消息。

元宇宙經濟將面臨的另一項阻礙，則在於多重身分與玩家資料的問題。很多人都擔心遊戲中的惡意行為（toxicity）問題，這確實值得注意。然而，今天就算某個玩家因為在《決勝時刻》使用汙辱性或種族主義的語言而被動視踢出去，仍然大可轉戰 Epic Games 的《要塞英雄》，或是到官方推特或臉書專頁，繼續口無遮攔。這個玩家也可以再創一個新的 PlayStation 帳號，或是改去 Xbox Live 玩遊戲；雖然這代表他累積的成就

會被打散，但有些成就本來就是鎖定在平台上。當然，發行商並不會想要幫助競爭對手改進遊戲，通常也不願意開放自家的遊戲資料。但玩家「惡意」的行為對任何電玩遊戲公司都不會是好事，對所有人也都只有負面的影響。

到頭來，正是「經濟」會推動虛擬世界的標準化與互通性。

「協定戰爭」是一個很清楚的例子。從 1970 ～ 1990 年代，市面上充斥各種互相競爭的網路連線技術堆疊，很多人並不相信最後居然能由單一的套組統一標準，更別說領導者居然是個非營利、非官方的組織。當時人們預見的未來，會是個「分裂的網路空間」。

銀行與其他金融機構本來也從未分享各種信用資料，他們覺得這些資料太珍貴、太值得保密。但大家到頭來終於相信，如果讓資料品質更優良、更完整，計算出來的信用分數就更可靠，對所有人來說會是好事。至於像是 Airbnb 與 Vrbo 這樣的民宿競爭平台，目前也開始和第三方合作，以避免有不良紀錄的房客未來繼續訂房。雖然這對於有不良紀錄的人來說是壞事，但對其他房客、屋主與平台來說則再好不過。

要說明「經濟吸引力」，最好的例子來自電玩遊戲引擎；目前也正是這些企業在領軍建設元宇宙的基礎。儘管虛擬世界的商機達到史上最大的規模，但是想要完整觸及市場，也是史上最艱難的任務。在 1980 年代，開發商或許只需要為某個遊戲主機製作一款遊戲，就能接觸到 70％ 的潛在玩家。光是兩

圖3　TeleGeography 示意圖

網路閘道：分裂的網路空間。在這張圖中，主要的電腦網路聚集在母體
（Matrix）當中。母體指的是全球電腦網路的集合；位於母體中，就能
夠互相交換電子郵件。網際網路是許多線上通訊的共同基礎，而商業線
上服務則會打造閘道，讓電子郵件和其他通訊與資料協定連結到網際網
路。至於幾項重要的國家網路服務，包括像是法國的Minitel（http://www.
minitel.fr/），就能提供從閘道連結網際網路的服務。

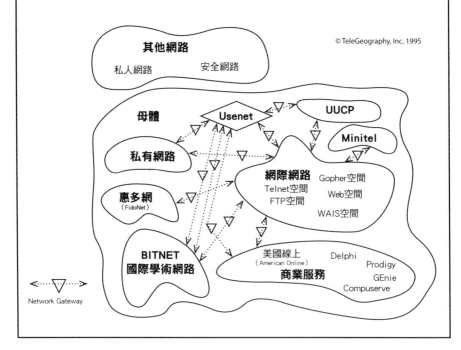

這張1995年的示意圖與圖說，反映出當時許多專家認為，未來的線上網路會是碎片化的
網路，有許多不同的協定套組。在這種情況下，「網際網路」並不是統一的網路連線標準，
而比較像是諸多不同網路集合之間的共通點，有些網路之間甚至無法直接相互通訊。這些
網路大多數會位於「母體」當中，但也有些永遠會存在於母體之外。然而，這個版本的未
來並未成真。到頭來，反而是網際網路成為所有公共與民間網路之間的核心閘道，讓每個
網路之間都能互相通訊。

資料來源：TeleGeography。

間遊戲開發商，或許就能接觸到所有玩家。時至今日，市面上的遊戲主機製造商就有三間，其中兩間各有兩代主機正在銷售運作；另外還有雲端遊戲主機，包括輝達的 GeForce Now、亞馬遜的 Luna、Google 的 Stadia，都各有相關技術堆疊。此外，還有 Mac 與 Windows 這兩大個人電腦平台，所以可以說市場上有幾十種到幾百種不同的硬體配置；最後，再加上 iOS 與安卓這兩大行動運算平台，涵蓋諸多作業系統版本、圖像處理器、中央處理器，以及其他晶片組。每多一種平台、裝置或配置，就需要一套專門的程式碼；這套程式碼可能是針對某種特定硬體組合編寫，又或者是要設法適用於多種硬體組合，卻又不能犧牲太多效果以致於失去特色。要打造並支援這麼多的程式碼，不但花錢、花時間、更花心力。另一個選項則是直接放棄一大塊市場，但這也是昂貴的代價。

面臨這樣的挑戰，加上虛擬世界日益複雜，也就讓 Unity 引擎與虛幻引擎等跨平台遊戲引擎成長迅速，不但解決市場碎片化的問題，更擁有低成本、人人都能得利的好處。就算對於原本已經打下一片天的平台，也是利大於弊。

假設某個開發商決定為 iOS 開發一款新遊戲。蘋果的行動生態系統在美國擁有 60％的智慧型手機市占率，以及 80％的青少年市占率，同時也在全球搶下三分之二以上的行動遊戲營收。此外，開發商只需要為十幾種 iPhone 現有機型與規格編寫程式碼，就能接觸到將近 90％的 iOS 用戶。至於全球市場

剩下的部分，則是由幾千種安卓設備瓜分。如果被迫要在這兩種平台擇一，開發商肯定永遠會選擇 iOS。但是如果使用 Unity 引擎，就能輕鬆將遊戲發行到所有平台（包括網頁），稍微增加一點成本，獲利就可能增加超過 50%。

蘋果或許會希望遊戲可以是蘋果獨家販售，最好也可以針對蘋果的硬體全面最佳化，但是對於大多數人來說，包括 iOS 與 App Store 使用者在內，行動開發人員多半使用 Unity 引擎會是更好的做法。因為開發商賺到更多錢，就能開發更多、更好的遊戲，讓更多玩家願意在行動裝置砸下更多錢。

像是 Unity 引擎與虛幻引擎這種跨平台遊戲引擎日益普及，應該也有助於把如今分裂破碎的許多虛擬世界整合為統一的元宇宙。事實上，這種趨勢正在發酵。以前，在線上主機遊戲發展超過十多年後，索尼仍然拒絕讓旗下 PlayStation 和其他平台跨機連線、購買或存檔遊戲進度。這表示，即使開發商為同一款遊戲同時打造 PlayStation 與 Xbox 版本，要是兩位玩家分別在兩個不同平台上買同一款遊戲，他們也永遠無法一起遊玩。而且，就算是同一位玩家在兩個不同平台買下同一款遊戲，像是在 PlayStation 買 PS 版，在筆電上又買了 PC 版，所有遊戲內的金幣與獎勵也都只能分開計算。

批評者認為，索尼敢這麼做是因為他們在市場上的霸權地位。PlayStation 1 的銷量比亞軍任天堂 64 高出 200%，更比 Xbox 高出 900%；PlayStation 2 的銷量，比 Xbox 與任天堂

GameCube 的總和還要高出 550％；而 PlayStation 3 的銷量僅
勉強超越 Xbox 360（主因是 Xbox 在線上遊戲有許多早期創
新），更輸給任天堂的 Wii；不過，到了 2010 年代中期，
PlayStation 4 的銷量又變成 Xbox One 的兩倍、Wii U 的四倍。

　　從結果看來，PlayStation 似乎覺得跨平台遊戲是種威脅。
當擁有遊戲主機的玩家仍以 PlayStation 用戶為大宗的時候，
如果不需要 PlayStation 主機也能和其他玩家連線對戰，就可
能讓 PlayStation 客群流失、轉向競爭對手。索尼互動娛樂的
總裁在 2016 年也暗暗承認這一點，並指出要開放 PlayStation
Network 帳號連線，「在技術方面可能是最簡單的事」。[2] 然而
不過兩年後，PlayStation 就開放跨平台連線、購買與存檔遊戲
進度。再過三年，幾乎所有能夠支援這項功能的遊戲都已經開
放跨平台遊玩。

　　索尼之所以改變心意，並不是因為內部的偏好、商業模式
或壓力，而是因為《要塞英雄》太過成功。《要塞英雄》的開
發商 Epic Games 把公司重心放在跨平台遊戲，可不只是巧合。

　　《要塞英雄》一推出，就有許多獨到之處。這是第一款能
夠適用於全球幾乎所有主要遊戲裝置的主流 AAA 級遊戲，*包

---

* 作者注：AAA 級遊戲是一種電玩遊戲的非正式分類，指的是大製作、高行銷
　成本的遊戲，通常也是出自最大的電玩工作室之手，並且背後有一流的發行
　商，相當於電影業界所稱的「大片」（blockbuster）。但無論是「AAA 級遊戲」
　或「大片」都不保證銷量或票房真的能夠成功。

括兩代 PlayStation 與 Xbox、任天堂 Switch、Mac 電腦、個人電腦、iPhone、安卓裝置。而且這款遊戲還是免費的，玩家不用在每個平台各花一次錢，就能跨平台使用。《要塞英雄》在設計上也是一款社群遊戲，有愈多朋友加入，就會覺得愈好玩。此外，這也是一款即時服務的遊戲，沒有固定的主線故事或離線遊玩的部分，遊戲內容不會結束，而且每週更新兩次。這一切特色加上出色的創意執行，就讓《要塞英雄》在 2018 年底成為全球（中國除外）最受歡迎的 AAA 級遊戲，創造遊戲史上最高的月營收數字。

索尼的電玩業競爭對手都接受《要塞英雄》的跨平台服務。個人電腦與行動裝置從來不反對跨平台；Windows 與任何行動平台都沒有買下獨家遊戲；任天堂也是從一開始就支援《要塞英雄》的各種跨平台服務。但任天堂與索尼不同的一點在於，他們並沒有真正的線上網路業務，自然也就不會以此為優先考量。至於微軟，則是長期主動推廣跨平台連線；微軟支持跨平台的原因，可能正是索尼反對的原因。

缺少跨平台整合功能，讓 PlayStation 上的《要塞英雄》成為同款遊戲當中最糟糕的版本，而且 PlayStation 用戶輕輕鬆鬆就能去玩其他更好的版本，一毛都不用付。這讓索尼的想法出現根本上的改變。如果只是不讓《決勝時刻》這樣的遊戲跨平台連線，或許頂多就是動視的這款遊戲少賣個幾份；但如果是《要塞英雄》，不但會讓索尼賺不到這款遊戲的大部分收

入，甚至會把 PlayStation 的玩家推向其他對手平台。當然，PlayStation 在技術上能夠提供的體驗絕對優於 iPhone，但對大多數玩家來說，《要塞英雄》的社群元素比技術規格更重要。此外，Epic Games 也曾經至少三次「意外」啟用 PlayStation 的跨平台連線功能（據稱並未得到索尼許可），引來更多玩家怒氣沖沖要求索尼改變政策，並證明跨平台連線不是技術做不到，而是受到政策阻撓。

這一切因素，逼得索尼必須改變政策，但顯然這對大家來說都好。如今，許多熱門遊戲都能在全球透過幾乎任何運算裝置登入操作，也就不再受到身分、地點、時間限制。玩家不用為了身分、成就或社群因素而重複購買，並且可以享有整合統一的體驗。此外，能夠跨平台連線、存檔與購買，代表各種遊戲主機必須在硬體、內容與服務上正面對決。在這之後，索尼仍然表現亮眼，PlayStation 占《要塞英雄》總營收超過 45％，而且 PlayStation 5 銷量和 Xbox Series X 與 S 的比例超過 2：1。[3]

這裡的一大重點在於，索尼開放原本封閉的平台，也讓我們看到可以如何用經濟來解決互通性的挑戰。為了避免營收損失，索尼要求 Epic Games「校正」付給 PlayStation 商店的款項。舉例來說，假設某位《要塞英雄》玩家在 PlayStation 與任天堂 Switch 上同樣遊玩一百個小時，但在 PlayStation 只花40 美元，而在任天堂 Switch 花 60 美元；Epic Games 在支付25％的佣金時，除了要向任天堂支付 60 美元的 25％、向索尼

支付 40 美元的 25％之外，還要依照時間比例，計算出本來 PlaysStation 應該還能再賺到的 10 美元，所以 Epic Games 得再支付 10 美元的 25％。換句話說，Epic Games 得為那 10 美元支付兩次的佣金費用。我們並不知道這項協議是否仍然存在，就連這項協議曾經存在，也是因為 Epic Games 控告蘋果才為人所知。但不論如何，這個模式能夠作為例子，讓人看到跨平台遊戲成長茁壯之後有利於所有的市場參與者。

Discord 的成功是另一個很好的例子。從歷史上看，任天堂、PlayStation、Xbox 與 Steam 這些遊戲平台都會嚴格保密自己的玩家網路與通訊服務。所以，Xbox Live 上的人無法直接和 PlayStation Network 上的人「成為朋友」，也無法直接交談。不同平台上的用戶，只有進入像《要塞英雄》這樣的跨平台遊戲，才能透過遊戲 ID 互相溝通交流。如果有兩位玩家本來就知道雙方都想玩哪款遊戲，這種做法並沒有太大的問題；但是如果就只是想在平常玩遊戲聊聊天，或是臨時想上線休閒一下，就不夠理想了。遊戲對玩家的生活來說愈重要，這種解決方案也就愈不恰當。

於是，Discord 應運而生，為玩家帶來許多好處。Discord 適用於各大運算平台，像是個人電腦、Mac 電腦、iPhone、安卓，因此所有玩家都能加入同一個社群人脈網路，就連不玩遊戲的人也能加入。Discord 服務也為玩家提供各種豐富的應用程式介面（Application Programming Interface，簡稱 API），能

夠整合放入其他遊戲，甚至放入其他和 Discord 競爭的社群服務，例如 Slack 與 Twitch，或是也可以放入原本和 Discord 無關的遊戲。Discord 建立起的遊戲玩家交流網路，規模已經超越任何單一的沉浸式遊戲平台，而且互動也遠比以往更活躍。

重要的是，各大平台無法阻止玩家在手機上使用 Discord 應用程式，特別是聊天功能。Discord 大獲成功之後，Xbox 與 PlayStation 最後也不得不宣布將 Discord 直接原生整合（native integration）進入他們的封閉平台，為整個玩家網路、通訊服務與線上社交創造全新的「交流」解決方案。

建立通用 3D 格式與交換

相較於遊戲引擎與通訊套組的標準化，要找出 3D 物件表現方式的標準就單純得多。

以 3D 素材宇宙為例。目前已經開發出各種虛擬物件與環境，用於電影、電玩、土木工程、醫療照護與教育等領域，花費高達幾十億美元，卻沒有一致的標準。照跡象看來，相關支出在近期內只會增加，但如果每次為了新的檔案格式或引擎，就得重新製作物件，不但在經濟上不划算，更常常是浪費；數位「物品」最美好的一種特質，正在於能夠無限重複運用，而不用再增加任何成本。

目前已經出現一些交換解決方案，能夠好好挖掘既有的

「虛擬金礦」,善用過去已經創造卻散落各處的素材庫。輝達在 2020 年推出的 Omniverse 平台就是個很好的例子;企業使用自家的檔案格式、引擎與算繪解決方案打造出虛擬模擬後,能夠帶到這個平台來共同協作。於是,汽車公司用虛幻引擎打造出的車款,帶到使用 Unity 引擎設計的環境,就能和其他使用 Blender 軟體設計的物件互動。Omniverse 雖然無法支援所有格式,也無法支援完整的後設資料與功能,但各個獨立開發商也因此更了解標準化的必要性。與此同時,只要各方持續協作,就能帶出各種正式與非正式的規約標準。值得注意的是,Omniverse 運用的是通用場景描述(Universal Scene Description,簡稱 USD),這是皮克斯在 2012 年開發出的資料交換框架,並在 2016 年開源。通用場景描述讓各方擁有共通的語言,能夠用來定義、包裝、組合與編輯 3D 物件;輝達認為這就像是元宇宙的 HTML 語法。[4] 簡單來說,Omniverse 既是交換平台,也正在推動一套 3D 標準。另一個很好的例子則是 Helios,這是視覺特效公司光影魔幻工業專屬的即時算繪引擎,但它只能相容於特定的引擎與檔案格式。

　　隨著 3D 協作繼續發展,自然就會出現各種標準。例如 2010 年代早期,全球化讓許多全球規模最大的企業規定以英語作為企業官方語言;其中包括日本最大的電子商務公司樂天(Rakuten);以法德兩國作為最大股東的航空龍頭空中巴士(Airbus);芬蘭第四大企業諾基亞(Nokia);以及韓國最大

的企業三星等。益普索市場研究公司（Ipsos）2012 年的一項民意調查發現，民眾如果工作上需要接觸在外國的人，有67％偏好以英語溝通；排名第二的是西班牙語，但比例就掉到只剩 5％。而另一項重點是，61％受訪者表示在和外國夥伴合作時使用的並非母語，因此並不是因為多數受訪者是英語母語人士，才讓偏好英語的比例這麼高。[5] 全球化也帶來許多實際上的全球標準，例如貨幣（美元與歐元）、單位（公制）與貨物交換（標準貨櫃箱）等。

重要的是，正如 Omniverse 的例子顯示出，軟體並不需要所有人都講同一種語言。反而是像歐盟那樣，內部雖然有二十四種官方語言，但訂出三種優先使用的「程序」語言為英語、法語、德語，而且歐盟大部分領導者、議會與工作人員都至少能說其中兩種語言。

與此同時，Epic Games 也正在努力率先許出資料標準，以允許單一「資產」（實際上是資料的所有權）在許多個環境當中再利用。像是收購電玩發行商 Psyonix 後不久，Epic Games 就宣布將把這間公司發行的熱門遊戲《火箭聯盟》（*Rocket League*）轉為免費營運，並且在 Epic Online Services 上線。幾個月後，Epic Games 又宣布第一波的「Llama-Rama」系列活動，讓《要塞英雄》玩家也能夠限時完成《火箭聯盟》的挑戰，解鎖專屬服裝與成就，而且這些獎勵可以跨這兩款遊戲使用。一年後，Epic Games 又買下曾經製作《糖豆人》（*Fall Guys*）

等幾十款遊戲的 Tonic Games Group，並且表示這筆投資也是為了「打造元宇宙」。[6] Epic Games 很可能會把過去在《火箭聯盟》的實驗延伸至 Tonic 的各款遊戲，以及 Epic Games Publishing 的遊戲；Epic Games Publishing 這個子公司的業務就是投資與行銷獨立電玩工作室的遊戲。

Epic Games 推出這種能夠跨遊戲擁有資產與成就的模式，可能是希望重現自家公司過去在跨平台遊戲的成功先例。Epic Games 顯然相信，如果能讓玩家更自由來往各個遊戲之間，更方便把好友與道具帶到其他遊戲裡，就能讓玩家更有理由嘗試新遊戲，因此也就能帶來獲利。一旦成功，玩家就會花更多時間、和更多人一起玩更多款遊戲，過程中也會掏出更多錢。這樣一來，就會有愈來愈多的第三方遊戲希望連結到 Epic Games 的虛擬身分、通訊與權利系統（Epic Online Services 的一部分），於是讓一切以 Epic Games 的產品為中心，開始標準化。

除了 Epic Games 之外，還有許多把重點放在社群功能的軟體龍頭，希望發揮自身的影響力，為共享虛擬商品建立通用的標準與架構。臉書就是一個明顯可見的例子，他們正在為 Facebook Connect 的身分驗證應用程式介面集加入「可互通的虛擬化身」；Facebook Connect 其實就是一般大眾常見的「使用 Facebook 帳號登入」，這項功能讓臉書用戶能夠用臉書帳號登入其他網站或應用程式，不需要為每個網站或應用程式都創建新帳號。大多數網站或應用程式的開發商，都會希望使用者

創建專屬這個網站或應用程式的帳號，這樣開發商才能得到更多的用戶相關資訊，也代表他們能夠控制這些資訊與帳號，而不是被臉書掌握。然而，Facebook Connect 用起來實在更簡單、更快速，也成為大多數使用者首選的解決方案。但反過來說，開發商也因此得到更多的註冊使用者，而不是匿名使用者。臉書想要推動以同一個化身登入各種應用的做法，也是出於同樣的價值主張，此外各種「以 Google ／推特／蘋果帳號登入」的做法也是同樣的道理。未來到了 3D 空間，如果虛擬化身對於自我的表達至關重要，使用者當然不會希望每到一個虛擬世界都得重新投注心力，打造一個全新、需要指定各種細節的化身。各項服務如果能夠直接接受使用者過去投下心力打造的化身，就能為這些使用者提供更好的體驗。有些人甚至認為，要是無法讓人使用一致的化身，到頭來就是沒有任何一個化身能夠真正代表用戶。舉例來說，要是賈伯斯不是永遠穿牛仔褲與黑色高領毛衣，而是在某些場合也會穿青年布褲裝搭灰色高領毛衣，我們就不會說賈伯斯有他的制服造型了。這是一種美學，而不是要用制服來強化自己的身分。但無論如何，像臉書這樣的跨應用服務，也會成為另一種實質的標準化過程，而且將會以臉書作為標準，並由它旗下的擴增實境、虛擬實境與整合型虛擬世界平台方案來推動。

　　Epic Games 除了推動資產上的互通，同時也在推動各種競爭性智慧財產的互通；但這已經成為哲學問題，而非技術問

題，而且跨平台遊戲的經驗提醒我們，哲學問題的難度更高。隨著《要塞英雄》、《當個創世神》與《機器磚塊》等虛擬平台不斷成長，成為能夠推動文化的社群空間，也成為消費者行銷、品牌營造與跨媒體連鎖（multimedia franchise）體驗當中愈來愈重要的一環。過去三年，《要塞英雄》的合作對象包括美國國家美式足球聯盟（National Football League，簡稱NFL）；國際足球總會（Fédération Internationale de Football Association，簡稱 FIFA）；迪士尼的漫威漫畫、《星際大戰》與《異形》（*Alien*）；華納兄弟的DC漫畫；獅門影視（Lionsgate）的《捍衛任務》（*John Wick*）；微軟的《最後一戰》；索尼的《戰神》（*God of War*）與《地平線：期待黎明》；卡普空（Capcom）的《快打旋風》（*Street Fighter*）；孩之寶（Hasbro）的《特種部隊》（*G.I. Joe*）；以及 Nike、麥可・喬丹（Michael Jordan）與崔維斯・史考特等。

　　然而，這些品牌想要參與這些體驗，就得接受一些過去幾乎不可能允許的條件，包含無限期授權，讓玩家可以永久保留遊戲內的服裝造型；或是重疊的行銷期，像是有些品牌活動只相隔幾天，甚至完全重疊；以及幾乎無法保有審查控制權。總之，也就是說，在遊戲裡你可以把打扮得像內馬爾（Neymar），但穿著尤達寶寶（Baby Yoda）的衣服，背著 Air Jordan 的背包，拿著水行俠（Aquaman）的三叉戟，去探查虛擬世界裡的史塔克工業（Stark Industries）。而且，這些授權的

擁有者其實希望看到這種現象。

　　只要互通性真的能帶來價值，到頭來各種財務上的誘因與競爭上的壓力就會讓一切水到渠成。開發商總會想出辦法，在技術與商業上支持元宇宙的商業模式，並且靠著元宇宙形成一個更大的經濟體，一舉超越「傳統」遊戲製造商。

　　這正是「用免費遊戲賺錢」教我們的一堂課。在這種商業模式裡，開發商免費提供遊戲的下載、安裝、甚至是遊玩，但另外又提供遊戲內購買，例如額外的關卡或造型等，可以讓玩家自行選擇。2000 年代，當這種商業模式首次問世時，甚至到十年後，許多人認為最好的狀況是免費遊戲會讓某些特定遊戲營收下滑，最差的情況則是衝擊整個遊戲業。但事實證明，這是能用遊戲賺進最多錢的辦法，也是電玩遊戲擁有巨大文化影響力的核心推動要素。確實，這種做法引來許多沒付錢的玩家，但它一方面大大提升玩家總人數，另一方面甚至給付費玩家砸下更多錢的理由。畢竟，如果你砸錢量身打造的化身能讓更多人看到，就值得投入更多。

　　免費提供遊戲催生各種能夠賣給玩家的新產品，從舞蹈動作、變聲器到各式各樣的「戰鬥通行證」，不一而足；而互通性也是一樣的道理。開發商或許會在各種道具的程式碼裡加進降解退化（degradation）的特性，讓某個造型可以用一百個小時、五百場戰鬥，或是三年的時間，隨著時間慢慢消耗。又或者，玩家可能得再花一筆錢，才能把某項道具從 A 發行商的

遊戲帶到 B 發行商的遊戲裡，就像現實世界裡許多商品需要支付進口稅那樣；或者是，玩家在一開始就多付點錢，取得可互通的版本。當然，並不是所有的虛擬世界最後都會走上可互通這條路。雖然免費多人線上遊戲是目前的主流，但還是有許多遊戲採用付費、單人、離線模式，又或者同時具備這三種性質。

　　關注 Web3 概念的讀者或許很疑惑，為什麼我到現在還沒談到區塊鏈、加密貨幣與非同質化代幣（Non-fungible Token，簡稱 NFT）。這三項創新相輔相成，看來將成為虛擬未來重要的基礎，並且在一系列不斷擴大的世界與體驗中成為通用的標準。然而，在討論這些技術之前，得先談談「硬體」與「支付」在元宇宙所扮演的角色。

第 9 章

硬體

　　在我們許多人看來，元宇宙最讓人興奮的就是會帶來各種新設備，處理元宇宙的存取、算繪與操作。一般說的也就是各種擴增實境與沉浸式虛擬實境頭戴設備，而且既要輕量，又要具備極其強大的功能。這樣的設備雖然不是元宇宙的必要條件，但一般認為這會是體驗各個虛擬世界最好、或者說是最自然的方式。各大科技龍頭企業的高層似乎也是這麼想，只不過，雖然我們預測應該會有這樣的消費需求，但目前還沒看到需求轉化為實際的銷量。

　　微軟從 2010 年開始研發 HoloLens 擴增實境頭戴設備與平台，2016 年第一款設備上市，2019 年又有第二款設備跟進。但經過五年，總計出貨量不到五十萬台。雖然如此，資金仍然不斷砸向這個部門，微軟執行長納德拉也繼續向投資人與客戶力推，並強調這些設備能夠搭配微軟在元宇宙的遠大願景。

　　至於 Google，雖然 2013 年的擴增實境設備 Google 眼鏡（Google Glass）名聲掃地，被稱為是消費電子用品史上炒作最兇、也最失敗的產品，但 Google 的資金挹注並未中斷。2017 年，Google 發表名為 Google Glass Enterprise Edition 的更新機

種，並在 2019 年再推出後續機型。自 2020 年 6 月以來，Google 又砸下 10～20 億美元，收購 North 與 Raxium 等擴增實境眼鏡新創企業。

至於 Google 在虛擬實境投下的心力，雖然媒體曝光程度不如 Google 眼鏡，但其實更重要，結果也更令人失望。Google 首次嘗試是在 2014 年，推出 Google Cardboard，希望引發民眾對沉浸式虛擬實境的興趣。針對開發商，Google 提供 Cardboard 軟體開發套件（Software Development Kit，簡稱 SDK），協助開發商以 Java、Unity 或蘋果的 Metal 打造虛擬實境應用程式。而針對使用者，Google 則是打造出要價僅僅 15 美元的折疊式紙板「觀影盒」（Viewer）；使用者無須特地購買新的虛擬實境設備，只要把 iPhone 或安卓手機放到觀影盒裡，就能得到虛擬實境體驗。在 Cardboard 推出一年後，Google 又推出 Jump，提供虛擬實境電影製作的平台與生態系統；此外也推出 Expeditions，可以提供虛擬實境實地教學參訪體驗。Cardboard 的成績非常亮眼，觀影盒在五年內賣出超過一千五百萬個，Cardboard 相關應用程式的下載數達到將近 2 億，Expeditions 的參訪行程也在推出第一年就有超過百萬名學生至少參加過一次。然而，這些數字反映的比較像是消費者覺得新奇，但還不代表受到感召而開竅。2019 年 11 月，Google 結束 Cardboard 計畫，並將 SDK 開源。隨後，Expeditions 也在 2021 年 6 月結束服務。

　　在 2016 年，Google 又 推 出 第 二 個 虛 擬 實 境 平 台 Daydream，希望以 Cardboard 為基礎，更上一層樓。這項改善計畫的第一步，就是提升 Daydream 觀影盒的品質。新的頭戴設備售價落在 80 ～ 100 美元，使用泡沫橡膠包覆一層柔軟的織物，而且有四種顏色可以選，不再像是 Cardboard 觀影盒需要使用者一直用手舉在眼前，而是能夠用綁帶固定在使用者頭上。Daydream 觀影盒還配備一個專用的遙控器，搭載近距離無線通訊（Near Field Communication，簡稱 NFC）晶片，能夠自動辨識使用者的手機，讓手機自動轉至虛擬實境模式，無須使用者操作。雖然 Daydream 在媒體上一片好評，也讓 HBO 與 Hulu 等公司跟進開發虛擬實境專用應用程式，但消費者還是不太買帳。最後，在 Cardboard 結束的同時，Google 也讓 Daydream 畫下句點。

　　雖然在擴增實境與虛擬實境屢戰屢敗，但 Google 似乎仍然把這些體驗當作 Google 元宇宙策略的核心。臉書在 2021 年 10 月揭露未來願景之後短短幾週，Google 便發動組織改組，讓擴增實境與虛擬實境負責人克雷・巴沃爾（Clay Bavor）直屬於 Google 暨字母公司（Alphabet）執行長桑德・皮蔡（Sundar Pichai），並負責新團隊「Google 實驗室」（Google Labs），旗下業務除了涵蓋 Google 目前所有的擴增實境、虛擬實境與虛擬化專案，還包括內部育成中心 Area 120，以及其他「高潛力長期專案」。據媒體報導，Google 計畫在 2024 年推出新的擴

增實境或虛擬實境頭戴設備平台，也可能是整合兩者設備的平台。

2014 年，亞馬遜推出公司第一款、也是唯一一款智慧型手機 Fire Phone，和安卓與 iOS 等市場領導者的不同之處在於，這款手機提供四個前置鏡頭，能夠依使用者的頭部動作調整介面，另外也提供軟體工具 Firefly，可以自動辨識文本、聲音與視覺可見的物體。事後證明，無論當時或至今，這款手機仍是亞馬遜最大的失敗，推出僅僅一年就慘淡收場。亞馬遜認列虧損 1 億 7,000 萬美元，主要在於庫存未能銷售。然而，亞馬遜很快又開始研發智慧眼鏡 Echo Frames，雖然沒有任何視覺顯示，但整合音訊、可以和智慧型手機配對的藍牙，以及 Alexa 語音助理。第一款 Echo Frames 在 2019 年上市，隔年再推出更新版，但兩者銷量似乎都差強人意。

最常站出來支持擴增實境與虛擬實境設備的人，大概就是馬克・祖克柏。2014 年，臉書以 23 億美元的價格收購 Oculus VR，價碼足足是兩年前收購 Instagram 的兩倍多，而這時大眾甚至根本還不知道 Oculus 究竟是在做什麼設備。不久之後，祖克柏等人公開談到，未來專業人士的主要電腦將會是虛擬實境頭戴式電腦，而穿戴式擴增實境眼鏡也會成為消費者進入數位世界的主要途徑。經過八年，臉書宣布 Oculus Quest 2 在 2020 年 10 月至 2021 年 12 月期間銷售超過一千萬台，甚至超越微軟大約同期發售的全新 Xbox Series X 與 Xbox Series S 遊

戲主機。然而,這項設備當然尚未取代個人電腦,而臉書也還沒能推出擴增實境設備。雖然如此,據信臉書每年對元宇宙的投資高達 100 ～ 150 億美元,大部分也集中在擴增實境與虛擬實境設備上。

至於蘋果也是一如往常,雖然絕口不提對於擴增實境與虛擬實境的計畫,甚至想法,但從收購與專利申請卻透露玄機。蘋果過去三年收購的新創企業包括:Vrvana,生產名為 Totem 的擴增實境頭戴設備;Akonia,生產擴增實境產品所需的鏡頭;Emotient,研發機器學習軟體,追蹤臉部表情、辨識情緒;RealFace,臉部辨識公司;Faceshift,能將使用者的臉部動作映射到 3D 虛擬化身。蘋果還收購虛擬實境內容製作商 NextVR,以及適地性虛擬實境娛樂與虛擬實境視訊會議體驗公司 Spaces。平均來說,蘋果每年取得的專利超過兩千項,申請專利的數量則更多,當中就有幾百項和虛擬實境、擴增實境或身體追蹤有關。

除了這些科技龍頭,也有許多中型的社群科技相關企業正投資研發專屬的擴增實境或虛擬實境硬體,只不過他們幾乎從未生產消費性電子產品,更不用談相關的分銷與服務。舉例來說,Snap 在 2017 年推出第一款擴增實境眼鏡 Spectacles 的時候,得到的讚賞主要並非來自於科技、體驗或銷售成績,而是因為使用快閃店的自動販賣機銷售模式;但是,在過去五年內,Snap 已經推出三款新品。

雖然消費者與開發商總是不買帳，但相關設備的投資規模仍然很龐大，這是因為他們相信歷史總會重演：每次運算與網路連線出現大規模轉型的時候，總會出現新的設備，更能發揮完整功能。而企業只要能夠率先推出這種設備，絕不只是有了一條新的生產線，而是有機會顛覆整個科技界的力量平衡。因此，對於微軟、臉書、Snap 與 Niantic 等企業而言，持續在擴增實境與虛擬實境領域努力，是在證明自己有能力取代行動時代的平台霸主蘋果與 Google；而且，蘋果與 Google 也很清楚，必須砸下重本，才能避免地位動搖。一些早期的跡象也顯示，大家相信擴增實境與虛擬實境將是下一個重要的設備技術。2021 年 3 月，美國陸軍宣布將在接下來十年間，向微軟採購高達十二萬台客製化 HoloLens 設備。這份合約總價 220 億美元，每套頭戴設備幾乎就要將近 20 萬美元，服務內容包括硬體升級、維修、訂製軟體，以及其他 Azure 雲端運算服務。

還有另一個跡象，也讓人覺得混合實境設備會是未來的趨勢，那就是我們應該已經了解，是因為哪些缺點，才讓大眾不願意接受虛擬實境與擴增實境頭戴設備。有些人認為，等到元宇宙時代再回頭看目前的設備，就像是到了智慧型手機時代，再回頭看當初蘋果可憐的 Newton 平板電腦。Newton 平板電腦於 1993 年推出，雖然具備行動裝置應有的大部分功能，像是觸控螢幕、專用行動作業系統與軟體，但是不足之處更多，例如尺寸幾乎有鍵盤那麼大，而且還更重，甚至無法連上行動

資料網路，也得搭配數位筆使用，不能直接用手指滑動畫面。

　　擴增實境與虛擬實境技術目前的一大關鍵缺點，在於設備的螢幕顯示。2016 年推出的第一款消費級 Oculus 解析度為每一眼 1080×1200 像素，四年後推出的 Oculus Quest 2，解析度則來到 1832×1920 像素，大致相當於 4K 畫質。帕莫爾・拉奇（Palmer Luckey）是 Oculus 的創辦人之一，他相信，虛擬實境設備如果想克服解析度問題、成為主流，需要把 1832×1920 像素的解析度再提升兩倍。第一款 Oculus 的更新率（refresh rate）最高為 90 赫茲（等於每秒 90 個影格），第二款則是 72 ～ 80 赫茲。至於 2020 年最新版本的 Oculus Quest 2 預設為 72 赫茲，但能夠以 90 赫茲支援大多數遊戲；針對少數運算密集度較低的遊戲，則能提供 120 赫茲的「實驗性支援」。許多專家相信，如果想要避免失去方向感、覺得頭昏噁心，120 赫茲已經是最低的門檻值。根據高盛（Goldman Sachs）的報告，在嘗試過沉浸式虛擬實境頭戴設備的人當中，有 14％表示自己在過程中「經常」感覺到動量（motion sickness），19％表示「偶爾」才會暈，也有 25％ 表示很少遇到動量，不過都有碰過。

　　擴增實境設備目前的缺點限制更大。以一般人的視角而言，水平方向大約是 200 ～ 220 度，垂直方向則大約是 135 度，也就是說對角線的視野大約有 250 度。目前 Snap 最新版的擴增實境眼鏡售價約 500 美元，對角線視野大概是 26.3 度；

換句話說，你的視野大概只有 10％可以得到「擴增」，而且更新率只有每秒 30 個影格。至於微軟的 HoloLens 2 售價 3,500 美元，視野與影格率都達到兩倍，但即使如此，仍然代表使用者雖然眼睛與幾乎整個頭部都戴著設備，卻仍有 80％的視野未能得到擴增。HoloLens 2 的重量為 566 克，持續使用時間只能撐上兩、三個小時；相較之下，最輕的 iPhone 13 只有 174 克，而 iPhone 13 Pro Max 是 240 克。Snap 的 Spectacles 4 重量則是 134 克，但使用時間只有 30 分鐘。

這個時代最困難的技術挑戰

我們或許以為，科技業總會想到辦法，能夠改善顯示器、減輕重量、延長電池壽命，同時還能增加新功能。畢竟電視畫質似乎每年都在進步，支援的更新率上升、價格下降，而且設備尺寸也在縮小。但祖克柏說過：「我們這個時代最困難的技術挑戰，或許就是要把超級電腦裝到看起來普通的眼鏡鏡框裡。」[1] 正如我們在第 6 章〈運算〉提到，電視只需要「顯示」早就已經完成的畫面，而電玩設備則需要自行算繪畫面。此外，就像我們曾談到關於延遲的困難，擴增實境與虛擬實境頭戴設備也會碰上宇宙法則的限制。

不管是想讓每個影格容納更多像素，或是讓每秒有更多影格，都需要大幅提升處理能力。而且還得把這樣的處理能力塞

進能夠舒適戴在頭上的設備裡，而不是放在客廳的電視櫃或你的手上。而且重要的是，擴增實境與虛擬實境處理器還有別的事得做，可不是只要算繪更多像素就行。

　　從 Oculus Quest 2 就能看出這樣的阻礙有多大。當臉書跟隨大多數電玩平台的風潮，也在虛擬實境設備上推出一款大逃殺遊戲《Population：One》，然而卻無法像《決勝時刻》那樣支援一百五十位同時上線玩家，也不像《要塞英雄》能支援一百位玩家，甚至還比不上《我要活下去》能有五十位玩家，而是僅限十八人。Oculus Quest 2 就是沒辦法處理更多同時上線玩家。此外，遊戲的畫面品質比較像是 2006 年上市的 PlayStation 3，比不上 2013 年的 PlayStation 4，更別提 2020 年的 PlayStation 5。

　　擴增實境與虛擬實境設備還需要做一些電玩主機或個人電腦通常不需要做的事。舉例來說，臉書的 Oculus Quest 系列配有兩個外部鏡頭，可以幫助使用者不要碰到東西，或是一頭撞到牆上。這些鏡頭也得追蹤使用者的手部動作，才能在虛擬世界裡重現這些動作，或是代替遊戲手把，以特定身體或手指動作來代表按下某個按鈕。雖然你可能認為這哪比得上真正的手把，但是只有這樣，才能讓虛擬實境與擴增實境頭戴設備的玩家平常不用多帶一個手把，甚至只要直接戴上設備，就能上街走來走去。祖克柏也提過，希望能在擴增實境與虛擬實境頭戴設備內部安裝鏡頭，掃描並追蹤使用者的臉部與眼睛，好讓設

備能夠根據臉部表情與眼球運動來控制用戶的虛擬化身。然而，加上這些鏡頭，設備就會更大、更重，需要更強的運算能力，電池電量也得更高。而且當然，成本也會增加。

　　為了說明這一點，我們可以比較一下微軟的 HoloLens 2 與 Snap 的 Spectacles 4。雖然 HoloLens 2 的視野與更新率都是 Spectacles 4 的兩倍，但價錢卻是七倍，HoloLens 2 要 3,000 ～ 3,500 美元，而 Spectacles 4 只要 500 美元，重量則有四倍，而且外型並不像是充滿酷炫未來感的雷朋眼鏡，而像是生化機器人的面板與頭盔。想看到消費級擴增實境設備掀起熱潮，很有可能必須等到設備的功能比 HoloLens 2 更強大、但又比 Spectacles 4 更輕巧。雖然工業級的擴增實境頭戴設備可以大一些，但仍然至少得放進一個安全帽的大小，也不能對頸部造成太大壓力。一切就是還有太多地方需要改進。

　　一旦了解這些「超級電腦眼鏡」面臨多麼巨大的技術挑戰，就能解釋為什麼目前每年會燒掉幾百億美元資金。而且就算砸下這麼多錢，也很難忽然有所突破，而是只能持續改進，讓擴增實境與虛擬實境設備的價格與尺寸逐步下滑，運算能力與功能逐漸提高。就算某個硬體平台或零件供應商終於解決某項關鍵障礙，市場其他業者也通常會在兩、三年內跟進，但到頭來，平台想要真正有所不同，還是得要提供與眾不同的體驗。

　　關於這樣的過程，最明顯的例子就是 iPhone 的發展史；這款手機可說是行動時代最成功的一項產品。

　　蘋果的設備如今大量使用自家設計的晶片與感測器，但在前幾代則是完全使用其他獨立供應商所打造的零件。以第一代 iPhone 為例，就用了三星的中央處理器、進想科技（Imagination Technologies）的圖像處理器、美光科技（Micron Technologies）的影像感測器，以及康寧（Corning）的玻璃作為觸控螢幕。蘋果當時的創新並不在於實質的硬體，而在於把這些零件組合在一起的方式、時機與原因。

　　其中最明顯的就是蘋果押寶觸控螢幕，完全淘汰實體鍵盤。這項舉動在當時飽受奚落，特別是市場龍頭微軟與黑莓公司更是嗤之以鼻。此外，蘋果也選擇把目標客群鎖定為消費大眾，而非大型企業與中小型企業；在 1990 年代中期到 2000 年代晚期，智慧型手機銷售對象正是以這些企業客戶為主。更激進的是，iPhone 的價格直接達到 500 ～ 600 美元，對比當時市場上的其他智慧型手機，例如黑莓機的價格約為 250 ～ 350 美元，而且常常是由雇主提供，因此對於終端使用者來說，黑莓機根本是免費。蘋果時任共同創辦人暨執行長賈伯斯認為，這部 500 美元的手機能夠帶來無與倫比的價值，絕對比 200 美元或 300 美元的手機、甚至 0 元機都更划算。

　　事後看來，賈伯斯在觸控螢幕、目標市場與價格點上，都下對了賭注。而且，蘋果另一項成功在於介面的選擇，能在複雜與簡單的拉扯之間取得完美平衡，iPhone 的 Home 鍵就是一個很好的例子。

　　雖然賈伯斯不喜歡實體鍵盤，但還是決定在 iPhone 正面留下一個大大的 Home 鍵。現在這已經是人人熟悉的設計元素，但在當時還十分新奇，也需要付出極高的代價。去除 Home 鍵占用的空間本來可以讓螢幕更大、電池容量更高，或是讓處理器更強大，但在賈伯斯看來，要向消費者介紹這種使用觸控螢幕、大小又能放進口袋的強大運算設備時，Home 鍵不可或缺。這就像是「把掀蓋手機蓋上」的效果，能讓使用者知道，不管 iPhone 的觸控螢幕上顯示什麼，只要按下 Home 鍵，肯定能回到主畫面。

　　時至 2011 年，第一代 iPhone 上市四年後，蘋果為作業系統新增一項功能，那就是多工處理。在過去，只有少數幾個應用程式能讓使用者同時使用，像是在閱讀《紐約時報》應用程式的時候，還是可以打開 iPod 應用程式聽音樂，但是如果想再打開臉書應用程式，《紐約時報》就會被關掉。這時候，如果使用者忽然想再看看《紐約時報》上最後看到的那篇報導，就得重新開啟應用程式、滑到對應位置找出那篇報導。而且，這也代表使用者得先關掉臉書應用程式。然而，有了多工處理功能後，使用者等於是可以把某個應用程式「暫停」，先切換到另一個應用程式；而且，這一切都能夠由 Home 鍵管理。如果使用者按 Home 鍵一次，就會暫停當時的應用程式並回到主畫面；按 Home 鍵兩次，應用程式仍然會暫停，但會顯示出當下暫停中的所有應用程式，讓人滑動瀏覽選取。

　　事實上，最初幾代 iPhone 早就能夠提供多工處理的功能。畢竟，其他使用類似中央處理器的智慧型手機早就行之有年。但是蘋果相信，必須讓使用者感覺輕鬆自然的進入行動運算時代；重點不只是能夠做到哪些技術，而是得考量使用者是否已經做好準備。因此，蘋果一直等到 2017 年的第十代 iPhone 上市，才終於決定取消實體 Home 鍵，改為要求使用者從螢幕底部「向上滑動」。

　　在這項全新的設備類別裡，並沒有過去的「最佳實務」可供參考。事實上，除了 iPhone 的觸控螢幕之外，還有許多我們現在覺得理所當然的做法，過去都曾經大有爭議。舉例來說，有些早期版本的安卓作業系統與應用程式雖然也採用蘋果的「捏拉縮放」（pinch-to-zoom）概念，卻認為蘋果根本搞錯了方向。因為如果把兩隻手指捏近，不是應該讓東西變近嗎？怎麼是讓視角變遠呢？如今我們很難想像這種邏輯，但部分原因是我們已經耳濡目染十五年，才會覺得捏拉縮放再自然不過。而且，蘋果的「滑動解鎖」當初也是極為新穎的功能，足以獲頒相關專利。後來蘋果在美國上訴法院控告三星侵犯專利，這也是判定受到侵害的其中一個項目，最後判決蘋果獲賠 1 億 2,000 萬美元。甚至就連應用商店的模式也有爭議。當時的智慧型手機領導者黑莓機一直到 2010 年才推出自家的應用程式商店，比蘋果晚了兩年，也比蘋果著名的「肯定有個應用程式能搞定」行銷活動晚了一年。而且更重要的是，由於黑莓

機把重點放在商務用戶，也就必須注重安全性，因此訂出極為嚴格的政策，光是要取得黑莓機的應用程式開發工具套組，就得先提供經過公證的文件，這也讓許多開發商乾脆直接放棄黑莓機的平台。

過去這場「智慧型手機戰爭」，現在似乎正在虛擬實境與擴增實境的競賽當中餘音裊裊。正如我們所見，Snap 的擴增實境眼鏡售價不到 500 美元，瞄準的是一般消費者客群；而微軟的售價在 3,000 美元以上，瞄準的是企業與專業人士。但 Google 則認為，與其再賣一台數百元或數千美元的虛擬實境頭戴設備，不如讓消費者把手上就有的昂貴智慧型手機放進價格不到 100 美元的「觀影盒」。至於亞馬遜的擴增實境眼鏡甚至沒有數位顯示螢幕，而是強調聲控的 Alexa 語音助理與時尚的外形。臉書則不同於微軟，似乎認為虛擬實境比擴增實境更重要；祖克柏與許多臉書高層也認為，唯有透過雲端串流遊戲，才能讓虛擬實境使用者體驗到算繪豐富、高並行性（concurrency）的模擬畫面。祖克柏還表示，臉書是以社群為重的企業，所以他相信臉書推出的擴增實境設備，會比對手更重視臉部與眼動追蹤的鏡頭、感測器與功能，至於對手則可能會把重點放在縮小設備尺寸，或是放大美學表現。然而，不論是規格或功能的兩難，又或是價格或功能的取捨，現在還沒有人知道這些條件之間的正確平衡點究竟在哪裡。有鑑於開發商對於蘋果與 Google 封閉式的應用商店模式並不滿意（下一章

會深入探討），祖克柏承諾 Oculus 將維持「開放」；開發商能夠直接把應用程式提供給使用者，而且就算不是從 Oculus 應用程式商店下載的應用程式，也同樣可以安裝到 Oculus 設備上。此舉對於開發商來說肯定有吸引力，但也會對使用者與資料隱私帶來新的風險，特別是設備上的鏡頭還在不斷增加。

　　擴增實境與虛擬實境設備面臨的硬體挑戰，似乎比當時智慧型手機的發展更嚴峻。而且既然是從 2D 觸控面板來到難以捉摸的 3D 空間，介面設計也可能變得更加困難。擴增實境與虛擬實境的「捏拉縮放」或「滑動解鎖」究竟會呈現出什麼樣貌？使用者究竟能做到什麼？什麼時候才能做到？

不只有頭戴設備

　　有些人認為，到頭來擴增實境與虛擬實境設備並不會成為人類主要的運算設備，而只是作為輔助用途。順著這個邏輯，市面上各方除了砸下重本研發沉浸式頭戴設備，同時也發展出許多與元宇宙相關的硬體。

　　其中最常見的，就是電玩遊戲玩家想像以後或許會出現的智慧手套、甚至智慧連身衣，能讓身體感覺到實質（也就是「觸覺」）的回饋反應，模擬虛擬化身在虛擬世界中發生的一切。如今其實已經有許多類似設備，只不過價格仍然高昂、功能有限，通常只作為工業用途。具體來說，這些穿戴式設備會由許

多發動機與電驅致動器（electroactive actuator）形成網路，為
微小的氣穴充氣，向穿戴者施加壓力或限制某些動作。

自從任天堂在 1997 年為任天堂 64 推出 Rumble Pak 震動
配件以來，觸覺震動技術已經大有精進。舉例來說，現今手把
的觸發器（trigger）能夠讓人感受不同情境動作的阻力，像是
發射散彈槍、狙擊槍或十字弓的時候，那種「拉」或「按」的
感覺就是不同。例如假設是十字弓，甚至可能還會抵抗手指，
讓玩家得用力才按得住，而且能夠感覺那條實際上並不存在的
虛擬弓弦不斷震動。

另外，還有一種類型的觸覺介面設備，則是會透過微機電
系統（microelectromechanical system，簡稱 MEMS）發出超音
波，以超出人耳聽覺範圍的機械能量波，讓人覺得前方似乎有
個空氣「力場」。這些設備看起來像是體積小的穿孔錫盒，通
常高與寬不到 15 或 20 公分，但能形成極為細緻、令人驚豔的
力場。參與實驗的受試者表示，他們能夠感受到各式各樣的觸
感，從毛絨絨的泰迪熊到保齡球都能呈現，甚至可以感覺到沙
堡倒下流過指間的觸感；能造成這種表現的部分原因也在於，
指尖上聚集幾乎全身上下最密集的神經末梢。最重要的是，微
機電系統設備還能感測到使用者的互動，因此由聲波所形成的
泰迪熊可以回應使用者將手懸在半空中的觸摸動作，以及讓沙
堡在使用者觸摸後化為細沙。

這些智慧手套與智慧連身衣，除了能向玩家傳送回饋反

應，也能用來捕捉用戶的動作資料，讓化身在虛擬環境即時重現玩家的身形與姿勢。追蹤攝影機當然也能捕捉這種資訊，但是攝影機不能被擋到，也得和玩家保持較近的距離，而且可能無法追蹤多位玩家，也無法提供豐富的細節。許多使用者，例如家庭使用者，會希望在自家的「元宇宙室」裡安裝許多追蹤攝影機，甚至也希望有些手腕或腳踝用的智慧穿戴式設備。

我們可能會認為為這樣的智慧手環或腳環效果不會太好，畢竟高畫質攝影機能夠看到你的每根手指，手環或腳環哪做得到？但是，就算只看目前已經有的技術，也已經令人十分驚豔。舉例來說，Apple Watch 的感測器能夠判斷使用者現在是握拳還是鬆手、姆指與食指是捏了一下或兩下，並且用這些動作來和 Apple Watch 或其他可能的設備互動。此外，使用者只要握拳，就會在手錶上出現游標，手腕傾斜就能移動。蘋果這套輔助觸控軟體都只是使用相當標準的感測器，包括電子心臟監測器、陀螺儀與加速度計。

有些方法還能提供更強大的功能。臉書自從 2014 年收購 Oculus VR 之後，再創高價收購 CTRL-labs，這是一間神經介面新創企業，製造的臂帶能夠感應骨骼肌的電活動，這種技術稱為「肌電圖」。雖然 CTRL-labs 的臂帶是環繞在前臂距離手腕超過 15 公分遠的地方，但 CTRL-labs 的軟體卻能在虛擬世界裡重現使用者手部細微的動作，從抬起哪幾隻手指到數數字、指向某處、做出「過來」的手勢，以及不同手指之間的捏

合。更重要的是，CTRL-labs 肌電圖訊號還不只能複製人類肢體的動作，例如在一部很有名的 CTRL-labs 示範影片裡，使用者（公司員工）把手指動作映射（mapping）到一具像螃蟹的機器人上，只要轉轉拳頭、動動手指，就能讓機器人向前、向後或左右移動。

　　臉書也在規劃自己的智慧手錶系列產品。但和蘋果不同的是，臉書並不認為手錶是附屬或是比智慧型手機次要的設備，所以他們讓手錶也有無線網路，並且配有兩個可拆卸的攝影鏡頭，可以裝到背包或帽子等第三方物件上。與此同時，Google 也在 2021 年初買下智慧穿戴式設備公司 Fitbit，金額超過 20 億美元，為 Google 史上第五大收購案。

　　穿戴式設備的尺寸會繼續縮小，性能也會繼續提高，隨著技術慢慢進步而融入日常衣著當中。這樣的發展將有助於使用者與元宇宙產生更多互動，也能在更多地點使用。畢竟，要使用者隨身攜帶控制手把並不實際。如果擴增實境的主要目標就是讓科技隱身於一副日常的眼鏡當中，使用者卻還得掏出控制手把或智慧型手機使用，就太違背初衷了。

　　也有些人相信，電腦運算的未來並不是擴增實境眼鏡或手錶，甚至也不是其他穿戴式設備，而是更小的東西。2014 年，命運多舛的 Google 眼鏡推出短短一年後，Google 宣布第一波 Google 智慧隱形眼鏡（Google Contact Lens）計畫，希望能協助糖尿病患監測血糖濃度。具體來說，這項「設備」由兩

片軟鏡片組成，裡面放了一個無線晶片、一根比頭髮還細的無線天線，以及一個葡萄糖感測器。底層鏡片與佩戴者的眼睛之間有一個小孔，讓淚液能夠接觸感測器，測量血糖濃度。無線天線會從佩戴者的智慧型手機取得電力，足以支援每秒至少判讀一次。Google 還計畫再加上一個小型 LED 燈，可以即時警告使用者血糖濃度是否飆升或驟降。

四年後，Google 將這項糖尿病智慧鏡片計畫喊停，聲稱原因是「檢測到的淚液葡萄糖濃度與血糖濃度之間缺乏一致性」，而這件事也廣受美國醫界關注。但不管如何，從專利申請案可以發現，無論西方、東方與東南亞的各大科技業者，至今仍然持續投資研發智慧隱形眼鏡技術。

在這個網際網路連線都還不穩，運算資源也仍然不足的世界，雖然以上這些技術看起來已經十分異想天開，但至少還覺得有跡可循。相較之下，腦機介面就更像是空中樓閣，但從 1970 年代起步之後，至今仍然不斷吸引各方砸下更多資金。如今，許多標榜為腦機介面解決方案的設備，採用的是非侵入式的做法，像是《X 戰警》裡 X 教授的頭盔，又或者是隱藏在佩戴者頭髮底下的有線感測器網格。但是，也有某些腦機介面採用部分侵入式或完全侵入式的做法，基本上取決於電極與腦組織之間的距離。

2015 年，馬斯克創辦 Neuralink 公司並擔任執行長至今，當時他宣布正在研發一種「像是縫紉機」的設備，能夠將厚度

4～6 微米（0.004～0.006 毫米，約為人類頭髮寬度十分之一）的感測器植入人腦。2021 年 4 月，Neuralink 公布一段影片，是一隻植入無線 Neuralink 設備的猴子正在玩經典電玩遊戲《乒乓》（*Pong*）。僅僅三個月後，臉書便宣布不再投資自家的腦機介面專案。幾年前，臉書曾投資公司內外多項相關專案，包括加州大學舊金山分校的一項測試，讓受試者戴上一頂會向頭顱發射光粒子的頭盔，再測量大腦細胞裡的血氧濃度。有一篇關於這項主題的部落格文章解釋道：「雖然測量血氧濃度或許永遠無法讓我們解讀腦中浮現的句子，但只要能辨識腦中的幾個命令，像是『家』、『選擇』或『刪除』，就已經足以提供一種嶄新的方式，讓我們和今日的虛擬實境系統、以及明日的擴增實境眼鏡互動。」[2] 臉書的另一項腦機介面測試，則是讓受試者戴上一頂電極網帽，只要用「想的」，就能每分鐘寫下大約十五個英文單字；一般人平均每分鐘能夠用打字輸入三十九個英文單字，速度約為兩倍半。臉書報告表示：「雖然我們仍然相信頭戴式光學（腦機介面）技術的長期潛力，但決定集中目前的心力，發展另一種神經介面，能夠更快速上市，應用於擴增實境與虛擬實境上。」[3] 這份報告也指出：「頭戴式光學無聲語言設備還有很長的路要走，或許會比我們能預期的還要長。」[4] 臉書所謂的「另一種神經介面」，很有可能就是 CTRL-labs，但是腦機介面想要「上市」的阻礙，有一部分是在於道德問題，而非技術問題。究竟有多少人會希望讓設備讀取自己

所有的想法，而不只是和當下任務相關的想法？特別如果這項
設備還會永久讀取你的想法？

我們周遭的硬體設備

在我們走進元宇宙的過程中，除了手上拿的、身上穿戴
的、甚至身體裡面植入的設備，還有一些設備會在我們周遭的
世界大量出現。

2021 年，Google 推出 Starline 專案（Project Starline），其
中包含一個實體的通話亭，使用者在裡面視訊通話時，會感覺
彷彿和通話對象面對面在同一個房間裡。Starline 專案和傳統
攝影鏡頭或視訊會議站的不同之處在於，這個通話亭裡有十幾
個深度感測器與鏡頭、一片光纖多層光場顯示幕，以及四個空
間音訊（spatial audio）喇叭；而且鏡頭能夠根據四個視點、
三個深度圖（depth map）產生七個串流影像。靠著這些設備，
就能捕捉通話者的資料，完成 3D 算繪，而不只是平面的 2D
影像。內部測試期間，Google 發現相較於一般的視訊通話，
Starline 使用者對彼此的注意力提升 15％，這是根據眼動追蹤
資料得知的結果；使用者有更多的非語言交流，例如手勢增加
約 40％、點頭增加約 25％，以及眉毛動作增加約 50％；而且
事後要求回想對話或會議細節時，記憶也提高 30％。[5] 一如往
常，雖然這項魔法的祕訣在於軟體，但還是得靠著各種硬體才

能實現。

著名相機製造商徠卡（Leica）現在的產品就包括要價 2 萬美元的雷射掃描儀，擁有每秒三十六萬個雷射掃描設定點，能夠捕捉整個商場、建築或家庭的影像，比一般人在現場看到的更清晰、也更詳細。與此同時，Epic Games 旗下的素材圖庫公司 Quixel 也使用專屬相機，生成各種環境的「MegaScan」圖片素材，由數百億個精確的小三角形構成立體圖像。第 7 章提過的衛星影像公司行星實驗室，每天會以八個光譜波段掃描幾乎整個地球，不但能夠提供高畫質影像，還能得到熱能、生物質量與霧霾等細節。為了製作這樣的影像，這間公司必須操作全世界第二大的衛星群，[*]衛星數量超過一百五十枚，其中許多衛星的重量不到 5 公斤，尺寸也不到 10×10×30 公分。這些衛星拍攝的每張照片會覆蓋地表 20 ～ 25 平方公里的面積，有 4,700 萬像素，每個像素代表地表 3×3 公尺的面積。這些衛星的平均距離為 1,000 公里，每枚每秒發送大約 1.5 GB 的資料。行星實驗室的執行長暨共同創辦人威爾・馬歇爾（Will Marshall）認為，自 2011 年以來，這些衛星操作的單位成本效能已經提高一千倍。[6]有了這些強大的掃描設備，企業就能以更方便、也更便宜的方式，打造出現實世界的高品質「鏡像世

---

[*] 作者注：請參考以下的資料。中國擁有的衛星不到五百枚，而俄羅斯也不到兩百枚，但比起行星實驗室的衛星，這些衛星多半尺寸遠遠更大、功能也遠遠更強。

界」或「數位孿生」；也能運用現實世界的掃描資料，打造出品質更高而成本更低的想像世界。

能夠即時追蹤的攝影鏡頭也十分重要。讓我們以亞馬遜的Amazon Go 為例，這是一種無收銀員、無現金、自動支付的超商，店內裝設幾十個攝影鏡頭，透過臉部掃描、運動追蹤與步態分析，追蹤每位進入商店的顧客。顧客走進店裡，依喜好挑選或放下各種商品之後，可以直接走出店門，只有真正被帶走的商品會自動完成付款手續。在未來，這類追蹤系統將用於即時複製這些顧客的資料，用來打造數位孿生。而運用Google Starline 這樣的技術，就能讓身在海外「元宇宙客服中心」的員工「出現」在商店中，跨多個螢幕來協助顧客。

另一項會派上用場的設備，則是超高畫質 3D 投影機，能夠將虛擬的物件、世界與化身投射到現實世界，而且細節無比逼真。這種投影的一項關鍵在於各種感測器，由於投影的位置可能並不平坦、也非垂直面板，就必須在掃描運算後將投影影像做出對應的調整，看起來才不會失真。

科技圈一直想像著這種物聯網的未來：感測器與無線晶片就像電源插座一樣無所不在，甚至更多元，讓我們無論走到哪裡，都能觸動多姿多采的體驗。例如，想像有一塊建築工地，頭上有無人機盤旋，裝載攝影鏡頭、感測器與無線晶片，建築工人則配戴擴增實境頭戴設備或眼鏡。靠著這樣的配置，就能讓工地經理隨時精準掌握在什麼時候、什麼地點、發生了什麼

事，包括某個砂堆有多少砂，需要機器搬幾趟才能搬完，目前誰最靠近問題發生的地點，而且又適合去處理，以及應該在什麼時候處理、又會造成什麼影響。

當然，這些事情並不見得非元宇宙不行，甚至連虛擬模擬都不見得用得上。但對人類來說，3D 的環境與資料呈現就更直覺。想像兩種不同的情況，一種是看到一張數位表格，顯示某個工作地點的各種狀態，而另一種則是有整個工作地點與現場各種物件的立體圖，直接疊加顯示各種資訊。值得一提的是，Google 史上第二大規模的收購案，就是在 2014 年以 32 億美元收購智慧感測器的製造與營運公司 Nest Labs；而且，由於 Google 在收購摩托羅拉（Motorola）三年之後又售出，如果不計入這個案子，Nest Labs 就成為最大規模的收購案。時隔八個月後，Google 還再度斥資 5 億 5,500 萬美元，收購智慧攝影鏡頭製造商 Dropcam，併入 Nest Labs。

智慧型手機萬歲？

我們當然樂見市面上迅速推出各種絕妙新設備，將我們丟進元宇宙的懷抱。但至少在 2020 年代，我們要走向元宇宙時代時能用到的東西，多半仍然是早已問世的設備。

包括 Unity Technologies 執行長約翰・里奇泰羅在內，大多數專家估計就算到了 2030 年，使用中的虛擬實境與擴增實

境頭戴設備仍然不會超過兩億五千萬台。[7] 當然，押寶在這麼長遠之後的預測並不安全。第一代 iPhone 是在 2007 年上市，時值第一代黑莓智慧型手機推出八年後，而當時智慧型手機在美國的普及率還不到 5％。但過了八年，iPhone 銷量便突破八億台，也讓智慧型手機在美國的普及率飆至將近 80％。如果在 2007 年預測 2020 年的情況，很少有人會相信全球竟然有三分之二的人都拿著智慧型手機。

　　面對這樣的局面，擴增實境與虛擬實境設備眼前不只有重重的技術、財務與體驗障礙，還得設法擠出自己的一片市場。智慧型手機快速成長的背後，有個簡單的事實是，個人電腦是人類史上重要性名列前茅的發明，但在發明三十多年後，全世界擁有個人電腦的人還不到六分之一。那些少數幸運兒的情況又如何？只能說個人電腦就是又笨重、又不好移動。到頭來，擴增實境與虛擬實境設備並不會成為個人運算設備的首選，甚至也不會是行動運算首選，只能努力排到第三名，甚至落到第四名。而且應該在一段很長的時間內，也不會變成個人手中運算能力最強大的設備。

　　擴增實境與虛擬實境確實有可能取代我們今天使用的大多數設備，只是不太可能在近期實現。就算假設到了 2030 年，使用中的擴增實境與虛擬實境頭戴式設備數量相加（而且這兩種設備其實截然不同），總數已經達到十億台，足足是上述預測的四倍，仍然代表只有不到六分之一的智慧型手機用戶會擁

有擴增實境與虛擬實境設備。但這也沒關係。單單是在 2022 年，已經有幾億人每天都會在即時算繪的虛擬世界待上好幾小時，靠的就是智慧型手機與平板電腦，而且這些設備也在不斷迅速進步。

我在前文提過，智慧型手機的中央處理器與圖像處理器效能都持續有所提升。這大概是智慧型手機與元宇宙相關最重要的進步，但是值得一提的設備，絕不只有中央處理器與圖像處理器而已。自 2017 年以來，新的 iPhone 機型都配備有紅外線感測器，能追蹤識別使用者臉上的三萬個點。雖然這項功能最常見的用途是蘋果的臉部辨識系統 Face ID，但也能讓應用程式開發商用來即時重現使用者的臉部，製作成虛擬化身，或是加上虛擬擴增效果。例如蘋果的動態表情貼圖 Animoji、Snap 的擴增實境濾鏡，以及 Epic Games 虛幻引擎的 Live Link Face 應用程式。在未來的幾年裡，許多虛擬世界營運業者都會運用這樣的功能，讓玩家把臉部表情映射到他們在虛擬世界的化身，效果就像是現場直播，並且不需要額外的硬體。

此外，蘋果也已經率先將光學雷達掃描儀（LiDAR scanner）放進智慧型手機與平板電腦。*這樣一來，就算是工程專業人士也不必再購買要價 2 ～ 3 萬美元的光學電達攝影機；這也代

---

* 作者注：光學電達能夠靠著測量雷射（光束）反射回到接收器所需的時間，確定物體的距離與形狀；類似雷達運用無線電波的掃描原理。

表，全美國有將近一半的智慧型手機使用者，能夠把自家、辦公室、庭院以及各地點的一切物品，都複製到虛擬世界裡。這項創新已經改變 Matterport 等企業（見第 7 章），現在他們每年產生的掃描檔數量達到過去的幾千倍，內容也更為多元多樣。

有了 iPhone 的高解析度三鏡頭相機，使用者也就能以照片來打造高擬真虛擬物件與模型。將這些素材以通用場景描述的技術儲存起來，移植到其他虛擬環境（既能降低成本，也更為擬真），或是疊加到真實環境，用在藝術、設計與其他擴增實境體驗上。

同時，Oculus VR 也會使用高解析度、多角度的 iPhone 相機來打造混合實境體驗。舉例來說，玩《節奏光劍》（*Beat Saber*）的時候[*]，Oculus 玩家只要把 iPhone 放在身後幾公尺，就能以第三人稱視角在虛擬實境頭戴設備中看到自己出現在虛擬世界。

許多新款智慧型手機還配備新的超寬頻（ultra-wideband，簡稱 UWB）晶片，每秒可發射高達 10 億次無線電脈衝，再搭配接收器處理傳回的資訊。於是，智慧型手機能夠用無線電脈衝創造出使用者自家與辦公室的詳細雷達圖，並準確得知使用者位於這些雷達圖的哪個位置，也能判斷他們和其他用戶或

---

[*] 作者注：《節奏光劍》與《吉他英雄》（*Guitar Hero*）屬於同一類遊戲，只不過打節奏的時候不是按下實體鍵盤按鍵，而是揮動虛擬的光劍。

設備的相對位置；甚至可以搭配其他地圖使用，像是 Google 的街道或建築圖。相較於全球定位系統（Global Positioning System，簡稱 GPS），超寬頻的精準度可以提升到幾公分以內。於是，你快走到家門口的時候，大門會知道應該自動解鎖；但是如果你是在門內整理鞋架，大門也會知道不應該打開。有了即時雷達圖後，無須脫下虛擬實境頭戴設備，也能在家裡走來走去，設備會提醒你是不是快撞到東西，或者會直接把障礙物算繪顯示在設備中，讓你知道應該繞過去。

　　這一切只要靠著一般的消費級硬體就能實現，實在令人讚嘆。也因為這項功能在日常生活的應用愈來愈重要，讓 iPhone 的平均售價從 2007 年的大約 450 美元，一路上漲到 2021 年超過 750 美元。換句話說，雖然摩爾定律讓成本不斷降低，但消費者想要的並不是用更低的價格得到最初幾代的 iPhone，甚至也不是讓前一年的 iPhone 變得功能更強而價格不變。消費者想要得到「更多」，只要是任何 iPhone 有可能做到的事，消費者都期待更上一層樓。

　　有些人認為，智慧型手機未來擔任的一項角色，就是作為使用者的「邊緣電腦」或「邊緣伺服器」，為周遭世界提供連線與運算。目前，這種模式已經隱隱成形。舉例來說，如今蘋果賣出的 Apple Watch 多半沒有行動網路晶片，而是需要透過藍牙連結使用者的 iPhone 來連線。這種方法當然有些限制，像是一旦距離綁定的 iPhone 太遠，就無法撥電話、無法把音

樂傳到使用者的 AirPods、無法下載新應用程式，也無法讀取
尚未儲存在手錶上的簡訊等等。但是這些犧牲能換得好處，讓
手錶更便宜、更輕、耗電量更低；因為大部分工作其實都已經
交給了 iPhone，而這正是一台功能更強大、單位成本效能更高
的設備。

　　同樣的道理，面對複雜的 Siri 查詢問題，iPhone 會把問題
傳到蘋果的伺服器來處理；許多用戶也會選擇把大部分照片存
到雲端，而不是購買容量更大的 iPhone，以此省下 100 ～ 500
美元的價差。前面提過，許多人相信如果虛擬實境頭戴設備要
得到主流民眾接受，需要的畫面解析度至少得達到當今頂級設
備的兩倍，影格率也得再高出 33 ～ 50％；換句話說，每秒產
生的總像素數量需要超過兩倍半。光是這樣還不夠，同時間還
得降低成本、縮小尺寸並減少發熱問題。雖然現在憑著單一設
備還做不到這種技術，但 Oculus Quest 2 只要透過 Oculus Link
連接到功能強大的個人電腦，就能同時可靠的提高影格率與算
繪能力。2022 年 1 月，索尼公開 PlayStation VR2 平台，解析
度達到每一眼 2000×2040 像素，大約比 Oculus Quest 2 多出
10％；更新率有 90 ～ 120 赫茲，Oculus Quest 2 則為 72 ～
120 赫茲；視野為 110 度，Oculus Quest 2 為 90 度；此外，還
具備眼動追蹤功能，但細節未公布。不過，PlayStation VR2 需
要玩家以實體連線到索尼的 PlayStation 5 主機，光是這台主機
就比最便宜的 Oculus Quest 2 還貴，而且可不是買了

PlayStation VR2 頭戴設備就會附贈主機。

　　有鑑於運算資源的短缺、重要性與成本問題，合理的做法會是把重點集中在單一設備上，而不是要求許多設備都自立自強。特別是這些設備在體積、發熱問題與成本上，或許還面臨著更嚴格的限制。要戴在手腕或臉上的設備，運算能力實在不可能高於放在口袋裡的那台手機。而且這套邏輯並不只適用於運算。如果臉書希望我們在雙手雙腳都戴上 CTRL-labs 的腕帶或腳帶，何必每條都裝上行動網路晶片？大可裝上更便宜、更省電的藍牙晶片，把資料都傳給智慧型手機來管理就行。此外，個人資料安全可能是最重要的考量。我們大概不會希望有許多設備都在蒐集、儲存或發送我們的資料，反而多半寧可讓這些設備在蒐集資料之後傳送到我們最信任的設備，而且就儲存在我們身邊，再由這台設備管理，並且決定哪些設備能夠讀取我們在網路上的部分歷史、資訊與權利。

硬體作為門戶閘道

　　元宇宙需要的設備，或是預計將支援元宇宙的設備種類繁多，但大致可以分為三類。第一是「主要運算設備」，對大多數消費者而言應該會是智慧型手機，但到未來某個時候或許會變成擴增實境或沉浸式虛擬實境設備。第二則是「次要或輔助運算設備」，例如個人電腦或 PlayStation，但擴增實境與虛擬

實境頭戴設備也可能屬於這一類。這些設備和主要運算設備可能互有依賴或輔助關係，但使用頻率將低於主要運算設備，使用目的也比較具體。最後還有第三類的設備，例如智慧手錶或追蹤攝影鏡頭，用來讓元宇宙的體驗更豐富或廣闊，但很少涉及直接的運作。

　　無論屬於主要或次要類別，這些設備都會增加元宇宙的互動時間與總營收，也為製造商開創另一線新的商機。但從研發進度來看，這些設備距離能夠提供給主流顧客，大多都還得花上好幾年，各方之所以現在就砸下大筆投資，背後還有更大的動機。

　　元宇宙是一種幾乎無形的體驗，由虛擬世界、資料與支援系統形成一個有延續性的網路。但我們需要實體的設備作為門戶閘道，才能進入並創造這些體驗。沒有這些硬體，就沒辦法知道、聽到、聞到、摸到或看到那些森林。出於這一點，就讓設備製造商與營運業者得到無人能及的軟實力與硬實力。製造商與營運業者能夠決定要使用哪些圖像處理器與中央處理器、採用哪些無線晶片組與標準，或是放進哪些感測器等。雖然這些中介技術對於最後的體驗至關重要，但很少會和開發商或最終使用者直接接觸，而是必須透過作業系統產生影響。作業系統會控制開發商使用這些功能的方式、時間與原因，也影響開發商能夠為用戶提供的體驗，以及開發商是否需要向這些設備的製造商支付佣金、又該支付多少錢。

　　換句話說，硬體不只會影響元宇宙能夠提供的內容與時機，更是一場能夠影響元宇宙運作方式的戰爭。各方當然會想在元宇宙帶出的經濟活動當中攻城掠地，搶下最大的版圖。當一項設備愈重要，也就是說和它連結的設備愈多，製造商掌握的控制權也就愈大。而要了解這在實務中的意義，我們得來深入談談支付的問題。

第 10 章

支付管道

　　根據目前的設想，元宇宙會是一個平行平面，能提供人類休閒、勞動以及各種更廣義的存在。因此不難想像，元宇宙能不能帶出一個繁榮的經濟體，就會影響元宇宙能不能成功。不過，我們還不習慣這樣思考。雖然科幻小說預言元宇宙的到來，但對虛擬世界的內部經濟常常只是粗略帶過。「虛擬經濟」的前景，似乎聽起來就是難以理解、令人生畏、甚至叫人困惑，但情況不應該如此。除了少數重大例外，元宇宙的經濟體還是會繼續遵循現實世界的模式。多數專家都同意，能讓現實世界經濟一片繁榮的許多特質，到了元宇宙將依然適用。像是激烈競爭、大量有利可圖的業務、對於「規則」與「公平」的信任、一致的消費者權利、一致的消費者支出，以及不斷出現破壞與替代的循環等。

　　在美國這個全球最大的經濟體，就能看到這些特質。美國的組成重點不是單一政府或企業，而是幾百萬個不同的企業。就算在如今這個大型企業與科技龍頭當道的時代，美國仍有超過三千萬間中小企業，雇用全美國一半以上的勞動力，占整體國內生產毛額的一半；以上兩項數據均不包含軍事與國防支

出。亞馬遜雖然有幾千億美元的營業額，卻幾乎都是靠著販售來自其他公司的產品而來。至於蘋果，iPhone 是人類歷史重要性數一數二的產品，整合諸多零組件，而蘋果每年都在提升自製零件的比例。雖然如此，目前的零件多數仍是由競爭對手所製造，而且許多對手還不斷和蘋果在價格上拉扯，也同時正在培養蘋果的競爭對手。此外，消費者之所以要購買這項神奇的設備，而且還頻繁更換、升級到最新版本，也是為了取得各種多半並非蘋果打造的內容、應用程式與資料。

　　蘋果正是美國經濟活力的絕佳範例。雖然這間公司曾在1970 與 1980 年代成為個人電腦時代的早期領導者，但在整個1990 年代，由於微軟生態系統成長、網際網路服務擴大，蘋果只能勉強苦撐。再到後來，靠著 2001 年的 iPod、2003 年的iTunes、2007 年的 iPhone、再加上 2008 年的 App Store，蘋果也搖身一變，成為全世界最有價值的公司。我們不難想像歷史本來可能有另一種發展，像是用來管理 iPod 或執行 iTunes 的個人電腦，有 95％ 都使用微軟的作業系統，於是微軟決定動手扼殺所有潛在競爭對手，扶植自家作業系統 Windows Mobile 與媒體播放器 Zune。另外，我們也可以想像到，在另一個平行宇宙的地球，AOL、AT&T 或 Comcast 等網際網路業者，能夠操弄他們所掌握的資料傳輸生殺大權，控制能夠用他們的系統來傳輸的內容、傳輸的方式，以及傳輸的費用。

　　美國經濟能夠如此蓬勃，是因為有縝密的法律體系支持，

規範各種製造與投資、物品的買賣、人員的雇用與工作內容，以及各種權利義務。雖然這套體系算不上完美、所費不貲，而且常常速度緩慢，但光是有這套體系的存在，已經讓所有市場參與者得以相信彼此會遵守約定，也相信在「自由市場競爭」與「公平」之間能夠達到某種平衡點，讓大家都得利。蘋果與其他網際網路龍頭企業，如 Google 與臉書，之所以能在個人電腦時代崛起，和一場著名的官司有千絲萬縷的關聯，那就是美國訴微軟案（United States v. Microsoft Corporation）。該案認定微軟靠著非法壟斷作業系統來控制應用程式介面、強迫綁定軟體、限制授權與其他技術限制。另一個例子則是「第一次銷售原則」（first sale doctrine），指的是雖然作品有著作權保護，但只要向著作權人完成購買，便能自行任意處置。所以，百視達（Blockbuster）只要買一卷 25 美元的錄影帶，就能一再租給客戶，而不用再向製作錄影帶的好萊塢片廠支付版稅；一般人買一本有著作權的書籍，之後也可以轉賣；或是買一件設計有著作權保護的衣服，也能拆掉之後再縫合。

　　對於應該有哪些創新、標準、設備，才能讓發展蓬勃、發揮徹底的元宇宙化為現實，本書已經談過許多條件，但有個最重要的問題還沒解決，那就是支付管道（payment rail）。

　　由於大多數支付管道是在數位時代前出現，我們通常並不認為這屬於「科技技術」的範疇。但事實上，支付管道就是典型的數位生態系統，有一系列複雜的系統與標準，配置在廣闊

全球市值最大的上市企業（不包含國營企業） 單位：兆美元					
2002 年 3 月 31 日			**2022 年 1 月 01 日**		
1	奇異	$0.372	1	蘋果	$2.913
2	微軟	$0.326	2	微軟	$2.525
3	埃克森美孚 （Exxon Mobil）	$0.300	3	Alphabet （Google）	$1.922
4	沃爾瑪 （Walmart）	$0.273	4	亞馬遜	$1.691
5	花旗集團 （Citigroup）	$0.255	5	特斯拉	$1.061
6	輝瑞（Pfizer）	$0.249	6	Meta（臉書）	$0.936
7	英特爾	$0.204	7	輝達	$0.733
8	英國石油 （BP）	$0.201	8	波克夏海瑟威 （Berkshire Hathaway）	$0.669
9	嬌生 （Johnson & Johnson）	$0.198	9	台積電	$0.623
10	荷蘭皇家殼牌 （Royal Dutch Shell）	$0.190	10	騰訊	$0.560

資料來源："Global 500," Internet Archive Wayback Machine, https://web.archive.org/web/20080828204144/http://specials.ft.com/spdocs/FT3BNS7BW0D.pdf; "Largest Companies by Market Cap," https://companiesmarketcap.com/。

的網路之中，支援數兆美元的經濟活動，而且主要以自動化方式進行。支付管道通常難以建立，但一旦建立就很難被取代，而且獲利頗豐。Visa、萬事達卡（MasterCard）與阿里巴巴都名列全球市值前二十大上市公司，其他上榜者則多半是Google、蘋果、臉書、亞馬遜與微軟等科技業，以及摩根大通（JPMorgan Chase）、美國銀行（Bank of America）這樣的大型金融集團，這些金融集團握有數兆美元存款，管理的金融商品每日資金流動還要再高上數兆美元。

　　可想而知，爭奪成為元宇宙主要「支付管道」的戰爭早已開打。而更重要的是，這場戰爭可說是元宇宙的中心戰場，也可能成為元宇宙最大的阻礙。為了對元宇宙支付管道的議題抽絲剝繭，我會先概述近代的主要支付管道，再解釋支付功能對於現今遊戲產業的作用，以及這些作用如何影響行動運算時代的支付管道。接著，我會討論現在的行動支付管道如何被用來操控新興技術與扼殺競爭；再來談談為什麼有這麼多重視元宇宙的創辦人、投資者與分析師把區塊鏈與加密貨幣視為第一個真正的「數位原生」支付管道，並認為這能夠解決當前虛擬經濟所面臨的問題。

今日的主要支付管道

　　在過去一個世紀間，由於出現新的通訊技術、每人每天的

交易數量增加，而且大多數購物交易已經不再使用現金，因此
也就出現許多不同的支付管道。從 2010 年到 2021 年，在美
國，現金占總交易的比例已經從超過 40％ 下降到大約 20％。

　　美國最常見的支付管道包括 Fedwire 資金移轉系統〔過去
稱為聯邦準備轉帳網路（Federal Reserve Wire Network）〕、銀
行 間 支 付 結 算 系 統（Clearing House Interbank Payment
System，簡稱 CHIPS）、媒 體 交 換 自 動 轉 帳（Automated
Clearing House，簡稱 ACH）、信用卡、PayPal，以及像是
Venmo 等點對點支付服務。這些管道各有不同的要求與優缺
點，影響因素在於收取的費用、網路規模、速度、可靠性與靈
活度。由於稍後談到區塊鏈與加密貨幣時還會再回到這一點討
論，因此記住這些類別與相關細節很重要。

　　讓我們先來談經典的支付管道：電匯（wire）。1910 年代
中期，聯邦準備銀行（Federal Reserve Banks）開始以電子方
式移轉資金，最後由十二間準備銀行、聯邦準備委員會
（Federal Reserve Board）與美國財政部（US Treasury）形成一
個專屬電信系統。Fedwire 的早期系統是電傳摩斯電碼（Morse
code）來運作，1970 年代才轉向電報，下一階段由電腦作業，
最後才改用專屬數位網路。由於只有銀行之間能夠電匯，也就
是匯款一定得透過銀行，因此匯款人與收款人都必須擁有銀行
帳戶。也是因為類似原因，必須在週間非假日的上班時段才能
進行電匯。雖然匯款人可以設定定期電匯，例如每週二匯款

5,000 美元，但是由於沒有「電匯請求」這樣的選項，所以無法用來自動繳交週期性的帳單或款項。而且，只要款項已經透過電匯匯出，就無法取消。就算可以取消匯款，電匯也有許多限制，影響民眾使用的意願。舉例來說，電匯時雙方都需要付出一筆不小的金額，匯款人約為 25 ～ 45 美元，收款人則為 15 美元，而且如果不是美元電匯、電匯失敗，或是想確認是否電匯成功（而且還通常查不到），都要另外收費。至於在銀行方面，Fedwire 每筆電匯向銀行收取的交易費用其實很低，每筆只有 0.35 美元或是 0.9 美元。對個人來說，由於電匯費用高昂，而且多半並無折扣，小額電匯就顯得不切實際，但如果金額比較大，像是個人單筆最高可以電匯 10 萬美元，電匯就是最便宜的選擇。

　　在 1970 年代，美國各大銀行攜手推出名為「銀行間支付結算系統」的轉帳系統和 Fedwire 競爭（但這套系統同時也是 Fedwire 的客戶），有部分原因也是希望能夠降低轉帳成本。這套系統和 Fedwire 不同的一項重點在於，它並不採用「即時清算」機制；所謂即時清算，指的是在匯款之後，收款人便會立即收到款項，能夠馬上使用。相較之下，如果透過銀行間支付結算系統轉帳，則是由銀行先保留所有電匯款項，直到一天結束後，計算收款銀行將會收到的總額，再和這間銀行應該匯過來的款項互相加減、計算淨值。簡單來說，銀行間支付結算系統轉帳代表的是，就算 A 銀行每天向 B 銀行發出幾百萬筆電

匯、B 銀行同樣每天向 A 銀行發出幾百萬筆電匯，但是兩間
銀行會等到一天結束，合併計算所有金額後再一次交易。如果
使用這套系統，代表無論匯款人或收款人，都有一段時間無法
使用這筆電匯的資金，最長的等待時間長達二十三個小時五十
九分五十九秒，而唯一能夠動到這筆錢的就是電匯的銀行，他
們還能夠取得這筆錢交易當天的大部分孳息。理所當然，銀行
多半也就預設使用這套系統來進行電匯。而由於時區、洗錢保
護法規與其他政府限制，國際電匯通常需時兩到三天。

　　用過電匯就知道，過程中需要收款人提供大量資訊，也讓
電匯成為最複雜、也最耗時的匯款方式。而且，由於電匯不可
收回匯款，加上無法確認匯款是否成功，或是得曠日費時，這
也代表一旦出錯，就得花更多時間才能改正。然而，一般仍然
認為電匯是最安全的匯款方式，因為銀行間支付結算系統僅限
在四十七間銀行成員之間匯款，並沒有其他中介機構，而
Fedwire 的唯一中介機構則是美國聯準會。2021 年，美國
Fedwire 經手兩億零五百萬筆交易，平均金額為 500 萬美元，
總值達 992 兆美元；而根據估計，銀行間支付結算系統經手兩
億五千萬筆交易，平均金額為 300 萬美元，結算金額超過 700
兆美元。

　　媒體交換自動轉帳＊則是一個處理支付業務的電子網路，

＊ 譯注：簡單來說也就是銀行存款自動轉帳。

首見於 1960 年代晚期的英國，和電匯同樣只能在上班時間進行，也需要發款與收款雙方各有銀行帳戶。通常雙方的銀行必須同屬於某個媒體交換自動轉帳網路的成員，因此這種支付方式也會有地域上的限制。舉例來說，如果是加拿大的銀行帳戶，通常能向美國的銀行帳戶進行媒體交換自動轉帳支付，但就不太可能向越南、俄羅斯或巴西的銀行帳戶進行這種支付方式，又或者至少需要透過各種中介機構，進而增加成本。而在進行媒體交換自動轉帳支付的時候，最大的差別就在於需要付出的各種相關費用。就大多數銀行而言，客戶使用媒體交換自動轉帳系統通常免費，或是最高收取 5 美元。而企業透過媒體交換自動轉帳付款給供應商或員工，則是每筆手續費不到1％。此外，媒體交換自動轉帳和電匯不同的一點在於可以取消付款，也能夠允許可能的收款人提出付款請求。基於以上功能，加上成本低廉，也就讓媒體交換自動轉帳成為一般會用來付款給供應商與員工的支付管道，也可用來為水電費、電話帳單、保險費與各種帳單「自動轉帳」。在 2021 年，估計美國媒體交換自動轉帳系統經手總金額為 70 兆美元，超過兩百億筆交易，平均每筆交易約 2,500 美元。[1]

不過，媒體交換自動轉帳的主要缺點在於速度太慢，每次交易都需要一到三天。這是因為，媒體交換自動轉帳支付要到一天結束才會「結算」（但有些銀行每天會有好幾次的結算時間），也就是說，結算時銀行要彙整所有需要轉帳給另一間銀

行的款項，也就是所有媒體交換自動轉帳交易，再一次透過
Fedwire、銀行間支付結算系統或其他系統來完成交易。由於
這樣的延遲現象，除了發款或收款雙方都會有一到兩天半的時
間無法動用這筆資金之外，還會造成一些問題。舉例來說，媒
體交換自動轉帳無法確認交易是否成功，只有在出現錯誤的時
候才會發出通知。而且一旦出錯，整個處理過程通常得花上好
幾天。首先，收款銀行會在隔天才注意到轉帳失敗，並且在當
天結束才會處理，因此原始發款人隔天才會收到通知，然後又
要重新開始歷時三天的處理過程。

　　我們現在所知的「信用卡」是在 1950 年代才出現，但信
用卡的雛型早在 19 世紀晚期就已經存在。今天無論我們是刷
卡或感應實體卡片，又或者是在線上輸入信用卡資訊，刷卡機
或遠端伺服器就會取得帳戶資訊，以數位方式提交到商家的銀
行，商家銀行再提交給顧客的發卡機構，決定要同意或拒絕交
易。雖然消費者一般並不會注意到，但這個過程需要一到三
天，而且通常需要商家支付 1.5 ～ 3.5％的手續費。這筆費用
比媒體交換自動轉帳支付的費用高得多，但信用卡交易可以在
幾秒鐘內完成，並且無須交換詳細的個人銀行帳戶資訊，甚至
消費者根本不需要有銀行帳戶也行。

　　雖然信用卡通常可以免費使用，但如果遲交卡費再加計利
息，在美國，持卡人很快就會需要支付原交易額 20％以上的
年利率，而這筆錢很可能是透過媒體交換自動轉帳來支付。發

卡組織有三分之一的收入來自於賣給商家與持卡人的其他服務
（例如保險），又或者是販賣信用卡網路所生成的資料。信用卡
支付和媒體交換自動轉帳相同、但是和電匯不同的一點在於，
信用卡能夠取消付款，只是過程可能需要花上好幾天，通常還
會引發糾紛，也必須在交易後的幾個小時或幾天內提出，但是
這筆爭議款處理的時間則長得多。一如電匯，信用卡幾乎適用
於全球所有市場；但不同於電匯與媒體交換自動轉帳的一點則
是，幾乎所有商家都能使用信用卡支付，隨時隨地都能交易。
只不過持卡人都知道，刷卡通常是最不安全的付款方式，相
關的詐騙案也最多。據估計，2021 年美國信用卡消費總金
額為 6 兆美元，交易筆數超過五百億筆，平均每筆交易 90 美
元。

　　最後，還有各種數位支付網路，也稱為點對點網路，像是
PayPal 與 Venmo。雖然使用者不需要銀行帳戶也能開立 PayPal
或 Venmo 帳戶，但是需要將資金存入這些帳戶，過程就得透
過媒體交換自動轉帳從銀行帳戶支付、信用卡，或是來自其他
用戶的轉帳。存入資金之後，基本上這些平台就成為所有平台
帳戶共同的銀行。使用者之間的轉帳，其實只是平台資金的重
新分配，所以不但可以即時完成，也無須受限於平日或上班時
間。如果只是家人朋友之間匯款轉帳，平台通常不收取任何費
用，但要付款給企業，通常就需要支付 2 ～ 4% 的手續費。至
於想把平台上的資金轉帳到銀行帳戶，通常必須支付 1% 手續

費、最高 10 美元，才能在當天完成，否則就得等上兩、三天；
而平台就能得到這幾天的孳息。最後一點，這些網路通常也會
受到地域限制，像是 Venmo 只能在美國使用；也不支援自家
網路以外的點對點支付，換句話說，PayPal 使用者無法直接把
資金轉到 Venmo 錢包，而必須透過其他中介機構或支付管
道。在 2021 年，估計 PayPal、Venmo 與 Square 公司推出的
Cash App 在全球經手約 2 兆美元，交易總筆數超過三百億筆，
平均每筆交易約 65 美元。

　　總之，美國的各種支付管道在安全性、費用與速度方面各
有特點，沒有哪一種支付管道完美無缺，而且比起他們的技術
屬性，更重要的是他們還會彼此競爭，就連同一個類別的支付
管道也不例外。我們現在已經有不只一個電匯管道、不只一套
信用卡網路，也有不只一種數位支付處理業者與平台，他們各
有優缺點，還會互相拉扯競爭，而且就算是同一個類別的支付
管道，也會有不同的收費模式。舉例來說，美國運通這個發卡
組織的收費遠高於 Visa，但它提供消費者更大方的積點方案、
優惠更豐富，也為商家篩選出收入更高的顧客。但是，就算消
費者不想用信用卡，或是商家拒收美國運通信用卡，仍然有許
多替代方案可供選擇。而且，只要消費者與商家願意把錢借給
某些特定的數位支付網路兩、三天，就能夠免手續費完成一些
轉帳交易。

30％的業界標準

我們可能會以為，比起這個「現實世界」，虛擬世界應該會有「更好」的支付管道。畢竟虛擬世界的經濟主要是處理虛擬的商品，又都屬於純數位交易，邊際成本比較低，多半價格也落在 5 ～ 100 美元之間。而且，虛擬經濟的規模並不小，在 2021 年，消費者在純數位電玩遊戲（非光碟產品）的消費就超過 500 億美元，購買遊戲內的產品、服裝、額外生命的消費還再高出將近 1,000 億美元。相較之下，在 2019 年，也就是新冠肺炎全球大流行前的最後一年，消費者進電影院看電影只花 400 億美元，買唱片也只花 300 億美元。更重要的是，虛擬世界的「國內生產毛額」正在迅速成長，經過通膨調整後，從 2005 年以來還是成長了五倍。理論上看來，這應該代表我們會看到更有創意、更創新、也更有競爭力的支付方式。但實際上卻正好相反，虛擬經濟的支付管道反而更昂貴、更麻煩、改變更慢、競爭力更低。究竟為什麼？因為無論是 PlayStation 的電子錢包、蘋果的 Apple Pay，或是應用程式內的支付服務，表面上是虛擬世界的支付管道，但實際上只是把各種「現實世界」的支付管道強制和其他服務綑綁在一起。

1983 年，街機製造商 Namco 與任天堂接洽，希望在任天堂灰機上發行旗下包括《小精靈》在內的各種遊戲。＊當時任

＊ 編注：「街機」指的是放置在公共娛樂場所或是電子遊樂場的大型遊戲機台。「任天堂灰機」又稱「美版紅白機」，由於機身為灰色故得名。

天堂灰機並沒有打算要成為一個平台，所以只能用來玩任天堂製作的遊戲。最後 Namco 同意，旗下每一款遊戲搬上任天堂灰機（須經過任天堂個別審核），都向任天堂支付 10％授權費，並且另外再支付 20％，作為 Namco 遊戲卡匣的製作費。30％這個比例最後就成為業界標準，Atari（雅達利）、SEGA（世雅）與 PlayStation 等等公司也承襲下來。[2]

　　時間經過四十年，已經很少有人玩《小精靈》，電玩業者也不再製造昂貴的卡匣，而是改用便宜的數位光碟，甚至是成本更低的數位下載模式；數位下載模式的成本主要在於網路連線費用與主機記憶體容量，等於改由消費者承擔。但這 30％的業界標準依舊延續，甚至擴大到所有的遊戲內購買項目，像是購買額外的生命、數位背包、進階帳號、訂閱、更新等。這筆費用當中也包括大約 2 ～ 3％的支付管道費用，例如 PayPal 或 Visa 手續費。

　　主機平台收取這筆費用，除了為了賺錢，還有幾項理由。而最重要的一點，在於如何讓遊戲開發商賺到錢。舉例來說，索尼的 PlayStation 與微軟的 Xbox 主機售價常常低於製造成本，讓消費者取得物超所值的強大圖像處理器與中央處理器，以及其他相關硬體與零組件，用來感受電玩體驗。不只是主機賠本賣，這些平台還得投入研發資金來設計主機、投入行銷成本說服玩家購買，而且索尼與微軟的內部遊戲開發工作室還會努力推出獨家遊戲，希望讓玩家在主機一推出就立刻搶購，而

不是想著等上幾年再說。由於新主機通常會推出全新或更強大
的功能，玩家願意愈快入手，對開發商與玩家都是好事一樁。

　　這些平台也開發並維護一系列專屬工具與應用程式介面，
提供給開發商使用，好讓開發出的遊戲能夠在平台主機上運
行。這些平台也經營各種線上多人遊戲網路與服務，例如
Xbox Live、Nintendo Switch Online 與 PlayStation Network。這
些投資確實對遊戲製作者有利，但平台也想回收成本、再倒賺
一筆，自然會收取那 30％的費用。

　　所以，遊戲平台收取這 30％的費用其來有自，但並不代
表這就是市場機制訂出的價格，也不代表收取這 30％的費用
絕對有道理。消費者其實是被逼著得要以低於成本的價格買進
這些主機，因為並沒有「主機貴一點，但軟體價格低 30％」
這樣的選項。而且，雖然各個平台確實會想討好開發商，但平
台之間並不需要為此競爭。大多數遊戲製作者都會希望在愈多
平台上架愈好，才能吸引到更多玩家。所以就目前各大平台的
立場來說，並沒有動機要為開發商提供更好的條件。如果
Xbox 願意減少 15％的佣金，代表遊戲發行商在 Xbox 上每賣
出一份遊戲，就能多賺 21％；但是，如果條件是遊戲必須是
Xbox 獨家，而不能在 PlayStation 或任天堂 Switch 上架，這就
代表發行商會損失總銷售額的 80％。雖然微軟或許能吸引到
多一些玩家，但絕不可能增加 400％，而唯有達到這個數字以
上，才能讓發行商和目前的業績打平。要是 PlayStation 與任

天堂決定跟進微軟的策略，到頭來就是三個平台都損失一半的
軟體營收，對誰都沒好處。

　　對於為何應該削減這 30％的費用，目前最犀利的批評鎖
定在各種主機推出的專屬工具、應用程式介面與服務。一來，
很多時候這些項目對開發商其實是增加成本，而不是提供協
助。二來，這些項目能產生的價值有限。第三，這些項目只會
鎖住顧客與開發商，並且對這兩群人造成傷害。從三個方面可
以清楚看見這些影響，那就是應用程式介面集合（API
collection）、多人遊戲服務，以及權利。

　　一款遊戲想在特定設備上運作，就需要知道如何和設備的
各種零組件通訊，例如圖像處理器或麥克風。為此，各個主
機、智慧型手機或個人電腦作業系統都會推出軟體開發套件，
其中就包含應用程式介面集合。理論上，開發商可以用自己的
驅動程式來和這些零組件通訊，也可以使用各種免費、開源的
替代方案。例如 OpenGL 就是一套應用程式介面集合，只要是
使用同一套程式庫（codebase）的圖像處理器，都能用
OpenGL 來通訊。然而，一到各種主機或蘋果 iPhone 上，開發
商就只能使用平台上的應用程式介面集合。像是 Epic Games
的《要塞英雄》想和 Xbox 的圖像處理器對話，就得使用微軟
的 DirectX 應用程式介面集合；但明明是同一款《要塞英雄》，
到了 PlayStation 版本就得用 PlayStation 的 GNMX 應用程式介
面集合，到了蘋果的 iOS 就得用 Metal、到了任天堂 Switch 則

得用輝達的 NVM，諸如此類。

　　在每個平台心中，都覺得唯有自己的專屬應用程式介面最適合自家作業系統與硬體，能夠讓開發商製作出更好的軟體，讓玩家更愉快滿意。雖然這通常是事實，但目前大多數運作中的虛擬世界、特別是人氣最高的虛擬世界，其實都希望盡量適用最多個平台，所以並不會針對任何一個平台特別投入心力、並最佳化。此外，許多遊戲並不需要設備發揮到百分之百的效能。正因為各平台的應用程式介面集合太過紛雜，又沒有開放的替代方案，才讓許多開發商決定使用像是 Unity 引擎與虛幻引擎等跨平台遊戲引擎，以便直接與所有應用程式介面集合對話。為此，也有些開發商決定採用 OpenGL，雖然性能稍微打點折扣，但在成本上卻能得到優勢，無須向 Unity 或 Epic Games 支付費用或共享收入。

　　多人遊戲的困難又有點不同。在 2000 年代中期，微軟的 Xbox Live 幾乎能夠統包所有線上遊戲需要的「工作」，像是通訊、配對與伺服器等。雖然這種方式十分辛苦、成本較高，但是也能大大提升玩家的參與度與幸福感，對開發商來說是件好事。但時間經過二十年，現在這些成本幾乎全轉移到遊戲製造商身上。這方面反映出線上服務愈來愈重要，但也反映出風氣改變，轉移到傾向支援跨平台連線。大多數開發商都希望能夠掌握自己的「持續更新型營運」（live ops），例如內容更新、比賽、遊戲內分析、玩家帳號；而如果某一款遊戲同時也在

PlayStation 與任天堂 Switch 上架，只由 Xbox 管理內容的持續更新也實在說不通。雖然如此，遊戲開發商目前卻還是得向各個遊戲平台都支付完整 30％的費用，並且使用平台的線上帳號系統。舉例來說，要是 Xbox Live 因為技術問題而斷線，玩家就玩不了《決勝時刻：現代戰爭》（*Call of Duty: Modern Warfare*）。此外，玩家向微軟支付月費訂閱 Xbox Live 服務，目的是想玩開發商所開發的各款遊戲，而且伺服器成本也是由遊戲開發商來負擔，但微軟收到的月費卻沒有一毛錢流向開發商。

　　批評者認為，平台服務背地裡的居心，其實是想拉開玩家與開發者之間的距離，讓這兩群人無法離開硬體平台，也讓大家以為這 30％的費用合理。這樣一來，當玩家支付 60 美元在 PlayStation Store 購買數位版的《FIFA 2017》，他買的這份遊戲只會永遠與 PlayStation 綁定。換句話說，PlayStation 在這筆交易可以拿到大約 20 美元；但是，如果玩家想在 Xbox 玩同一款遊戲，就算開發商實際上願意免費提供，玩家還是得再花 60 美元。於是對玩家來說，在某個主機製造商（例如索尼）花愈多錢，就讓業者賺回愈多當初主機賠本賣的成本，也讓玩家離開的成本愈高。

　　講到遊戲相關內容，平台也是採用類似的方法。例如，就算玩家已經在 PlayStation 破關《生化奇兵》（*BioShock*），之後如果改玩 Xbox 版，除了得重買遊戲，還得從頭重新再破一次關卡。此外，要是玩家在 PlayStation 得到《生化奇兵》的獎

盃成就，像是破關速度比其他 99％玩家更快，這些獎盃成就
也永遠只能留在 PlayStation 上。正如我在第 8 章提到，索尼
靠著控制線上遊戲的內容，就阻擋跨平台遊戲十幾年。這種做
法對開發商與玩家都是有弊無利，只是讓玩家更難跳槽到
Xbox，於是（理論上），索尼得以留下 PlayStation 的玩家。

　　在主機遊戲的世界，並沒有像現實世界那樣多元的支付管
道。不論是玩家或開發商，都無法直接使用信用卡、媒體交換
自動轉帳、電匯或數位支付網路，平台提供的付費方案也和許
多事項綁在一起，像是權利、儲存資料、多人遊戲、應用程式
介面等。而且，電玩遊戲沒有所謂的市價可以比較，也不談開
發商或玩家有什麼需要。不論發行商推出的遊戲是不是線上遊
戲，或者是否需要平台提供線上多人遊戲相關服務，都不會額
外有折扣。另外，平台也不管你的遊戲是向電玩零售店
GameStop 購買（雖然這代表發行商也得讓 GameStop 抽成），
或是直接向 PlayStation Store 購買，月費多少就是多少，沒得
商量。我們在下一節要提的就是最能證明這種現實的例子，這
間企業雖然完全不製造任何硬體，卻比任天堂、索尼或微軟握
有更大的權力。

Steam 的崛起

　　2003 年，遊戲製造商 Valve 推出只能在個人電腦上使用的

應用程式 Steam，基本上也就是電玩版的 iTunes。當時大多數的電腦硬碟容量只夠裝進幾款電玩，而且遊戲所占的空間迅速膨脹，並非硬碟降價速度可以企及，顯見情況只會愈來愈糟。對玩家來說，不但得先找到想要的遊戲後下載安裝，如果想玩別款遊戲，還得先解除安裝騰出空間；哪天想回味一下之前的遊戲，又得重跑一次安裝流程；而且，要是換新電腦也得大費周章。更別說玩家還得記住許多不同的帳號密碼、信用卡紀錄、網址等。除此之外，包括 Valve 自家推出的《絕對武力》（*Counter-Strike*）系列在內，許多線上多人遊戲走向「遊戲即服務」模式，經常更新或修正。雖然這能提供新的功能、武器、模式與造型，讓人覺得耳目一新，但也代表玩家必須不斷更新遊戲，造成不小的麻煩。想像一下，好不容易忙完一天的工作，回家想打個《絕對武力》放鬆心情，卻還得等上一個小時，讓遊戲下載安裝更新，這有多不愉快。

Steam 解決這項問題的辦法，就是推出「遊戲啟動器」（game launcher），將個人電腦上所有的遊戲安裝檔案編目集中管理，負責整理玩家在這些遊戲裡的權利，並且自動下載遊戲更新。作為交換，透過 Steam 平台購買的遊戲會被抽成 30％，就像主機遊戲平台一樣。

慢慢的，Valve 放在 Steam 平台上的服務愈來愈多，統稱為 Steamworks。舉例來說，Valve 使用 Steam 帳號系統打造出一個早期的「社群網路」，所有遊戲都可以來這裡取得好友與

隊友名單，玩家也就不用在每次買新遊戲的時候重新尋找新增
好友，或是重組隊伍。同時，Steamworks 提供遊戲配對
（Matchmaking）功能，讓開發商能夠使用 Steam 的玩家網路，
創造平衡且公平的線上多人遊戲體驗。還有 Steam 語音（Steam
Voice）讓玩家能夠即時對談。開發商無須另外付款便能取得
這些服務，而且 Steam 和主機平台不同的一點在於，玩家使用
社群網路或服務也無須收費。後來，就連不在 Steam 上銷售的
遊戲，例如玩家從 GameStop 或亞馬遜買的實體版《決勝時
刻》，Valve 也決定提供 Steamworks；這讓他們打造出一個更
大、也更豐富的線上遊戲服務整合網路。雖然 Steamworks 理
論上是免費提供給開發商使用，但是一經啟用，後續遊戲內交
易就必須使用 Steam 的支付服務來進行。所以，也可以說是開
發商一旦使用 Steamworks，便會持續將營收的 30 ％ 支付給
Steam 作為使用費。

　　一般公認 Steam 是個人電腦遊戲史上的一大創新；雖然個
人電腦在使用上複雜得多，進入門檻也比較高，畢竟一台夠格
的電競機還是要價超過 1,000 美元，想要擁有媲美較新款遊戲
主機的規格，更需要 2,000 美元以上，但是多虧 Steam，如今
個人電腦遊戲的市場規模仍然不輸給電玩主機遊戲。然而，經
過將近二十年後，Steam 在遊戲分銷、版權管理與線上服務等
方面的技術創新價值逐漸降低。有些時候，玩家與遊戲發行商
甚至會完全跳過 Steam。比方說，現在已經有許多個人電腦遊

戲玩家是透過 Discord 語音聊天，而不是用 Steam 語音聊天。此外，跨平台遊戲日漸普及，這代表大多數遊戲內的獎盃成就與遊戲紀錄，已經轉為由遊戲製造商頒布與管理，而非 Steam。

電玩主機的生態系統封閉，但相較之下，個人電腦的生態系統則是開放式，玩家可以隨心所欲下載各種軟體商店，甚至也可以直接向發行商購買遊戲。發行商的遊戲就算不在 Steam 上架，仍然能有其他管道接觸到玩家。雖然如此，Steam 平台的地位依舊屹立不搖，難以撼動，至今仍然是中流砥柱。

2011 年，遊戲龍頭美商藝電推出商店 EA Origin，專門銷售自家遊戲的個人電腦版本；這樣就能把分銷成本從 30％降到 3％以下。但是過了八年後，藝電又宣布將重回 Steam 的懷抱。推出《魔獸爭霸》與《決勝時刻》等熱門遊戲的動視暴雪工作室，二十年來也一直希望能夠擺脫 Steam，但至今除了《決勝時刻：現代戰域》等免費遊戲，大部分動視暴雪的遊戲還是繼續在 Steam 上銷售。另外像是亞馬遜，雖然已經是全球最大的電子商務平台，也擁有中國以外最大電玩串流直播服務平台 Twitch，但即使亞馬遜開始為熱門的 Prime 訂閱服務加入免費遊戲、贈送遊戲內道具，還是很難搶下在個人電腦遊戲領域的市占率。面對以上種種挑戰，Valve 都沒有因此少收點錢，或是改變政策。

Steam 屹立不搖，部分原因在於服務出色、功能強大。其

他原因也包括把分銷、支付、線上服務、權利與其他政策都綁在一起，就像各個電玩主機一樣的做法。

　　比方說，只要是透過 Steam 商店購買、或是使用 Steamworks 運作的遊戲，永遠都需要 Steam 軟體才能玩。就算 Steam 真正為某位玩家或某位開發者提供服務已經是幾十年前的事，現在仍然能夠繼續從營收裡分到一杯羹。想解決這個問題，唯一的辦法就是要發行商直接把遊戲從 Steam 下架；但這也就代表，玩家得透過其他管道重新購買某款遊戲。由於 Steam 不讓玩家把平台上的成就匯出，當玩家一旦離開 Steam，過去透過 Steamworks 得到的種種獎項都會煙消雲散。

　　部分報導指出，Steam 還會使用「最惠國」（most favored nations，簡稱 MFN）條款，確保就算對手的商店分銷抽成比較低，發行商也無法利用這一點來壓低遊戲在 Steam 上的價格。比方說，目前在 Steam 上有一款遊戲售價 60 美元，Steam 會抽成 18 美元（30％），發行商則賺進 42 美元。這時要是有位對手開出只抽成 10％的優惠，發行商如果同樣用 60 美元售出這款遊戲，就能淨賺 54 美元，等於多賺 8 美元。但是，因為玩家不會平白無故就跳槽，畢竟已經使用上手，朋友都在這裡，而且還有過去幾十年來在遊戲內購買的道具與得到的獎勵，所以對手想挑戰 Steam 的時候，肯定得讓玩家也嘗點甜頭，例如將遊戲以 50 美元的價格出售，這樣一來發行商能賺到 45 美元，等於比原本多 3 美元，消費者則能省下 10 美元，

業者在這裡少賺一點，就可能讓玩家最後多買一些。但遺憾的是，Steam 的最惠國條款阻擋了這種可能。根據條款，發行商如果在其他競爭對手的商店降價，也必須在 Steam 降到一樣的價格，否則就得在 Steam 下架，但是像這樣流失玩家，肯定得不償失。而且關鍵在於，這項最惠國協議甚至適用於發行商自家的商店，而不只是像 Steam 這樣的第三方聚合平台（aggregator）。

如果要說 Steam 的對手，最值得一提的應該是 Epic Games，在 2018 年推出遊戲商店 Epic Games Store，清楚指出希望降低個人電腦遊戲產業的分銷費。為了吸引開發商與玩家，Epic Games 希望能用更寬鬆的規定、更優惠的價格，提供和 Steam 相同的所有好處。

透過 Epic Games Store 銷售的遊戲，並不需要綁定在 Epic Games Store 上。玩家確實擁有遊戲的所有權，而不只是「在 Epic Games Store 使用這款遊戲」的權利；所以遊戲製作者就算離開 Epic Games Store，也不用擔心損失顧客。而且，玩家在遊戲內的資料，所有權也屬於玩家。就算想要離開 Epic Games Store，只要前往遊戲發行商的商店，玩家還是可以帶走自己的獎盃成就與好友人脈。Epic Games Store 向開發商收取的費用是 12％，而且如果開發商已經在使用虛幻引擎，費用則會降至 7％，以此確保開發商同時使用 Epic Games 的引擎與商店時，就算有多項商品賣出、被使用或授權，開發商支

付的總費用也不會超過 12％。

　　Epic Games Store 吸引玩家光顧還有另一種方法，就是用上自家出品、電玩史上最賺錢的熱門遊戲《要塞英雄》。在某次更新之後，《要塞英雄》的個人電腦版本就直接成為 Epic Games Store 本身的一部分，可以直接在商店中啟動。Epic Games 也砸下數億美元，免費贈送各種熱門遊戲，像是《俠盜獵車手 5》、《文明帝國 5》（*Civilization V*）；另外，再砸下數億美元，獨家經銷一系列還未上市的個人電腦遊戲。然而，由於有 Steam 的最惠國條款，Epic Games Store 無法為非獨家遊戲提供更低的價格。

　　2018 年 12 月 3 日，也就是 Epic Games Store 開張三天前，Steam 宣布只要遊戲發行商在 Steam 的總銷售金額超過 1,000 萬美元，佣金就減到 25％；總銷售金額超過 5,000 萬美元，則再減到 20％。這可說是 Epic Games 在早期搶下的一場勝利，但 Epic Games 也指出，最能從 Valve 的讓步當中得利的人，只有最大型的遊戲開發商，也就是最有可能自己成立商店，並且讓遊戲從 Steam 下架的全球電玩龍頭。至於成千上萬還在努力苦撐的獨立開發商，根本無法符合條件，更別說要因此賺到大錢了。而且，Valve 也拒絕開放 Steamworks。雖然如此，這還是讓Steam一年少賺好幾億美元，錢也轉到開發商的口袋裡。

　　時至 2020 年 1 月，Epic Games 已經砸下大筆資金，而Steam 或各大遊戲主機平台並未再退一步。但 Epic Games 執

行長提姆・斯維尼表示，總有一天對手的商店會需要降價，他在推特表示，Epic Games Store 就是在「丟銅板」，他說：「丟出人頭，就是對手商店沒有回應，而 Epic Games Store 便能（搶下市占率而）獲勝，所有開發商也同享勝利的成果。丟出文字，就是對手商店會和我們競爭，我們得不到市占率上的優勢，或許其他對手商店會贏，但所有開發商還是贏了。」[3] 我們有可能到頭來會發現斯維尼的策略是對的，但至少到 2022 年 2 月，Valve 還沒做出第二次讓步，但同時 Epic Games Store 的損失愈滾愈大，也看不出來這種做法會持續得到玩家青睞。根據 Epic Games 的財報顯示，平台的營收從 2019 年的 6 億 8,000 萬美元[4] 成長到 2020 年的 7 億美元[5]，再到 2021 年的 8 億 4,000 萬美元[6]，但其中有 64％是靠著《要塞英雄》，而且 Epic Games Store 在三年間的成長也有高達 70％是由《要塞英雄》推動。Epic Games Store 在 2021 年的使用者人數將近兩億人，當年 12 月的活躍使用者人數約有六千萬人，看似是大受歡迎；而 Steam 的每月使用者人數則估計有一億兩千萬到一億五千萬人。但是正如 Epic Games Store 的收入分析顯示，光顧 Epic Games Store 的玩家當中，可能很多人只是想玩《要塞英雄》，因為這款遊戲在個人電腦上只能透過 Epic Games Store 取得。而且就算不是為了玩《要塞英雄》，很多玩家之所以來到 Epic Games Store，也可能只是為了想玩上面的免費遊戲。單單在 2021 年，Epic Games 就推出八十九款免費遊戲，如果

要用零售價各買一份，總計大約需要 2,120 美元，平均每款大約 24 美元。而在當年，這些遊戲的下載次數就超過七億六千五百萬次，名目價值高達 180 億美元；相較之下，名目價值在 2020 年是 175 億美元，2019 年則是 40 億美元。* 雖然這些免費遊戲確實帶來玩家，卻沒讓玩家掏出多少錢，甚至可能讓玩家掏的錢變少了。在 2021 年全年，除了《要塞英雄》之外，玩家平均在 Epic Games Store 平台上花費 2 ～ 6 美元，而且平均得到價值 90 ～ 300 美元的免費遊戲。Epic Games 流出的文件顯示，Epic Games Store 在 2019 年虧損 1 億 8,100 萬美元，2020 年虧損 2 億 7,300 萬美元，2021 年的虧損金額在 1 億 5,000 萬到 3 億 3,000 萬美元之間，最快要到 2027 年才能達到損益平衡。[7]

　　我們可以說，因為個人電腦屬於開放平台，所以任何商店都無法形成壟斷；特別值得提出的一點是，雖然遊戲到了個人電腦是在 Windows 或 Mac 作業系統上運作，但各個大型線上主要遊戲分銷商其實都獨立於微軟與蘋果之外，各有自己的商店。與此同時，現在的局面其實很值得警覺。我們面臨的是只有一間主要商店能夠獲利，而且一旦沒有這間商店，最大的供應商就有可能活不下去。應該很少有人會覺得這是正常的情形，特別是這間商店的抽成還高達 30％，即使降成 20％，也

---

* 作者注：Epic Games 向發行商支付的遊戲費用，是一筆大幅折扣的批發價，估計在 2021 年的總價約為 5 億美元。

仍然不便宜。而原因一向都在於，支付是一個包羅萬象的概念，除了有交易過程，還包含玩家在線上的人生、儲物櫃、友誼關係與記憶，同時也是開發商對老玩家的一種義務。

從《小精靈》到 iPod

你可能已經在想，我談了《小精靈》卡匣、Steam 最惠國條款以及《決勝時刻》實體版，這些究竟和元宇宙有什麼關係？答案是，談到元宇宙這個「下一代的網際網路」時，從電玩產業來觀察，除了能看出創意設計的基本原則、背後所需的底層技術，更能了解元宇宙可能出現怎樣的經濟體。

2001 年，賈伯斯用 iTunes 音樂商店讓全世界大部分地區了解到數位銷售的概念。對於這件事的商業模式，他選擇模仿任天堂等電玩業者，收取 30％的佣金；不過和遊戲主機不同的是，iPod 可沒有賠本賣，毛利率反而高達 50％以上。經過七年後，30％這個數字也搬到 iPhone 的 App Store，而 Google 的安卓作業系統也迅速有樣學樣。

賈伯斯此時也決定拋棄過去 Mac 筆電、桌機與 iPod 的方式，改採用遊戲主機平台使用的封閉式軟體模型。* 於是在

---

* 作者注：雖然大多數iPod使用者會從iTunes買音樂，但也可以匯入從其他服務購買、從CD上傳，甚至從Napster等服務盜版下載的音樂。有些科技老手甚至不用iTunes就能把音樂傳到iPod上。

iOS 上，所有的軟體與內容只能從蘋果的 App Store 下載，也一如 PlayStation、Xbox、任天堂與 Steam，只有蘋果能夠決定哪些軟體得以傳播銷售，以及使用者又該如何付費。

　　Google 對安卓的態度則寬鬆得多；就技術上來說，使用者不需要使用 Google Play 商店，甚至也不用第三方應用程式商店，同樣能安裝各種應用程式。但是，使用者必須先進入自己的帳號設定，為個別應用程式，例如 Chrome、臉書或行動 Epic Games Store 等，開放允許安裝「未知應用程式」的權限；使用者在設定過程也會得到警告，知道這會讓自己的「手機與個人資料更容易受到攻擊」，而且必須同意如果「對您的手機造成任何損害或資料遺失，將由您自行負責」。雖然就算是從 Google Play 商店下載的應用程式造成損害或資料遺失，Google 也不會承擔相關責任，但有了這些額外的步驟與警告，也就不難想像，雖然大多數個人電腦使用者早就習慣直接從軟體製造商那裡下載軟體，例如想下載微軟 Office，就直接上 Microsoft. com；想下載 Spotify，就直接到 Spotify.com，但是安卓的使用者通常還是會透過 Google Play 商店下載應用程式。

　　蘋果以及大同小異的 Google 採用這種把一切收歸旗下的商業模式，造成的問題要經過十多年才在全球慢慢浮現。2020 年 6 月，串流媒體公司 Spotify 與樂天指控蘋果運用收費政策，偏袒自身的軟體服務如 Apple Music，並扼殺競爭對手，歐盟也展開調查。兩個月後，Epic Games 也向蘋果與 Google 提起

告訴，指控 30％的抽成費用與掌控是違法、反競爭的做法。
提告前一週，斯維尼在推特上發文寫道：「蘋果禁了元宇宙」。

　　問題這麼久才浮上檯面，有幾項原因。第一，蘋果商店政
策的影響並非一視同仁，主要只有「新經濟」的業務會被收費，
至於舊經濟則得以免收。在應用程式內購買的政策上，蘋果會
把應用程式分成三大類。第一類是購買實體商品的交易，例如
上亞馬遜購買多芬（Dove）的香皂，或是購買星巴克卡禮物
卡。對於這種交易，蘋果並不收取任何佣金，甚至還會允許這
些應用程式直接使用第三方支付管道（例如 PayPal 或 Visa）
完成交易。第二類是針對所謂的閱讀器應用程式，包括有些服
務是綑綁非交易內容，例如吃到飽的 Netflix、《紐約時報》與
Spotify 訂閱服務；也有些服務是能夠讓使用者取得過去購買
的內容，例如過去在亞馬遜網站買的電影，現在想在 iOS 的
Amazon Prime Video 應用程式上播放。第三類是互動式應用程
式，使用者能夠影響應用程式的內容，例如電玩遊戲或雲端硬
碟，或是針對數位內容進行個別交易，例如在 Amazon Prime
Video 租借或購買某部電影。最後這類的應用程式別無選擇，
必須向蘋果支付佣金。

　　雖然這些互動式應用程式也能夠仿效閱讀器應用程式，提
供其他線上支付選項，像是透過網頁來付費等，卻不能在應用
程式當中透露這種資訊。因此，很少使用者會使用這些選項，
甚至根本不知道。你可以回想一下，你上次在蘋果設備上使用

支援「App 內購買」的應用程式時，有沒有想過開發商會不會在網站上有更優惠的價格？要是有這回事，要便宜多少，才會讓你願意另外去註冊帳戶、輸入付款資訊，而不是直接在 App Store 點下「購買」？是要便宜 10%？還是 15%？總價又得超過多少金額才划算？例如就算能省下 20%，如果只是要花個 0.99 美元多買一條命，似乎還是多此一舉。或許對大多數的情況來說，便宜 20% 應該已經足以說服消費者，但因為開發商仍然得支付 PayPal 或 Visa 所收的佣金，所以到頭來，開發商如此大費周章可能只「省下」7% 佣金。但是，如果電玩遊戲能夠比照 Netflix 或 Spotify 的做法，直接讓使用者無法透過 App Store 付費，就能省下高達 20%、甚至 27% 的佣金。

　　Epic Games 控告蘋果所提出的各項電子郵件與文件顯示，App Store 會有這麼多種支付模式，主要是根據蘋果相信自己能發揮多大的影響力，但也是根據蘋果相信自己能夠在哪些地方創造價值。當然，行動商務成為全球經濟成長的重要推手已經有一段時間，但多半仍然只是將實體零售的營業額重新分配。對許多人來說，雖然比起紙本，iPad 的外形會讓人更想閱讀平板電腦版的《紐約時報》，但仍然不能說是蘋果推動了新聞業。手機遊戲（手遊）就不一樣了。在 App Store 剛推出的時候，遊戲產業每年的產值才剛超過 500 億美元，其中又只有 15 億美元來自手遊。時至 2021 年，遊戲產業規模來到 1,800 億美元，手遊就占一半以上，而且 2008 年以後的成長有 70%

來自手遊。

App Store 的經濟表現，正是這種發展的絕佳範例。在 2020 年，透過 iOS 上的各種應用程式，使用者總共消費高達 7,000 億美元，但其中只有不到 10％真正進到蘋果口袋。而在這不到 10％裡，則有將近 70％是遊戲相關花費。換句話說，使用者在 iPhone 與 iPad 應用程式裡每花費 100 美元，只有 7 美元是花在遊戲上；但是，蘋果 App Store 每賺到 100 美元毛利，卻有 70 美元來自遊戲類別。由於 iPhone 與 iPad 的重點並非電玩，很少人為了電玩而購買 iPhone 與 iPad，蘋果也幾乎沒有什麼類似電玩平台的線上服務，所以這個占比常常令人大感意外。負責審理 Epic Games 訴蘋果案的岡薩蕾斯・羅傑絲法官（Judge Gonzalez Rogers）曾向蘋果執行長庫克表示：「你們不會向富國銀行收費，對吧？也不會向美國銀行收費，但卻向遊戲玩家收費，用來補貼富國銀行。」[8]

App Store 的營收，主要來自全球經濟當中一個占比不大、但成長迅速的部分；而就連 App Store，也是經過一段時間後，才成長為值得各方仔細研究的大型事業。諷刺的是，就連蘋果公司當初也沒想過 App Store 會變得這麼成功。App Store 推出兩個月後，賈伯斯曾經和《華爾街日報》談到這項新興事業，報導提到：「蘋果不太可能從這項事業直接得到太多利潤……　賈伯斯想賭的是，應用程式會推動銷售出更多 iPhone 與具備無線功能的 iPod touch，就像是過去透過蘋果

iTunes 銷售音樂之後，讓 iPod 變得更受歡迎。」賈伯斯也因此告訴《華爾街日報》，蘋果公司收取 30％ 的費用，是為了支付 App Store 的信用卡手續費與其他營運費用。他也表示，App Store「很快就能達到 5 億美元的高點……誰曉得呢，搞不好哪個時候還能變成一個價值 10 億美元的市場」。結果，App Store 在第二年就突破 10 億美元大關，但蘋果當時還說這樣的事業營運只是「比打平再好一點」。[9]

　　時至 2020 年，App Store 已經成為全球數一數二賺錢的事業，營收 730 億美元，利潤率估計高達 70％；如果從母公司蘋果拆分出來，會立刻成為《財星》前十五大企業；至於蘋果本身，目前是全球市值最高的企業，依美元計算也是最賺錢的企業。不過有筆錢還沒算到，在 App Store 經手的金額中，只有不到 10％ 真正流進蘋果的口袋，而且這些交易還不到全球經濟的 1％。要是 iOS 真的是一個「開放平台」，這些利潤很有可能會因為競爭而被稀釋，例如 Visa 與 Square 能提供較低的應用程式內購買價格，此外也會出現其他應用程式商店，以更低的價格提供和蘋果相當的服務。然而，目前並不可能出現這樣的狀況，因為蘋果控制旗下設備的所有軟體，也像遊戲主機一樣維持一個封閉、綑綁提供的生態系統。至於蘋果唯一的主要競爭對手 Google，對於目前的態勢看來也同樣滿意。

　　當然，這不光是元宇宙的問題，但這些問題將會深深影響元宇宙；羅傑絲法官也是看到同一項因素，才如此重視蘋果的

遊戲相關政策。因為，整個世界的未來會變得十分類似電玩的形式，也就代表我們將會被迫接受各個主要平台這種「抽成30%」的模式。

以串流媒體服務 Netflix 為例，2018 年 12 月，Netflix 在 iOS 版應用程式裡面刪掉 App 內購買的選項。在 iOS 上，Netflix 是一款「閱讀器應用程式」，因此有權做出這項要求。原本使用者在蘋果設備上只需要一鍵就能付款，但現在使用者必須先到 Netflix.com 註冊，接著手動輸入信用卡資訊，他們有可能因此流失部分顧客。但 Netflix 的財務規劃團隊判斷，即使如此，比起要付給蘋果的 30％ 佣金，還是利大於弊。*然而，在 2021 年 11 月，Netflix 在訂閱方案中加進手遊服務，於是又讓 Netflix 的應用程式變成「互動式應用程式」，必須回到蘋果的支付服務，否則就必須從蘋果下架。

然而讓我們再回到斯維尼在訴訟開庭前的評論，他為什麼

---

* 作者注：在 2016 年，蘋果針對採用訂閱制的應用程式提出降低佣金的方案，只要顧客連續第二年訂閱服務，也就是訂閱到第十三個月，蘋果向這些公司收取的佣金就會降到15%。乍看之下，可能會覺得這是很大的降幅，畢竟會採用訂閱制的公司多半就是希望永遠留住顧客，這樣一來需要支付高達30%佣金的情況似乎只是少數。但是，情況反過來說也是如此。以Netflix為例，每月的訂戶流失率大約是3.5%，也就是平均每一位訂戶會持續訂閱約二十八個月，換算下來平均佣金費用率大約是21.5%。而換句話說，真正能撐到第二年的訂戶只有65%。而且，大多數的訂閱服務也沒有Netflix那樣的好成績。線上影音訂閱服務產業的平均訂戶流失率是6%，也就是每位訂戶只會持續訂閱十七個月，而且每一百人只有不到四十八人能撐到第二年。

說蘋果這 30％的費用「禁了」元宇宙呢？核心原因有三點。第一，這會讓元宇宙難以取得投資，也會對元宇宙的商業模式有不利影響。第二，對於目前正帶著元宇宙向前衝的企業，也就是各個整合型虛擬世界平台，蘋果的政策讓他們難以施展手腳。第三，蘋果一心想要保護這些營收，將會遏止許多主要針對元宇宙的科技技術繼續發展。

高成本與被瓜分的利潤

在「現實世界」的各種支付，有些交易成本可以低到 0％，例如現金；一般最高只會到 2.5％，例如標準的信用卡交易；特殊情形才會來到 5％，例如雖然實際交易金額不高，但需要收取的最低手續費很高。這些成本之所以如此低廉，是因為各種支付管道之間（例如電匯與媒體交換自動轉帳），或是單一支付管道內的不同業者（例如 Visa、萬事達卡與美國運通），競爭相當激烈。

但是，一到了「元宇宙」，一切就是 30％。當然，蘋果與安卓並不是只有協助處理支付，同時也提供應用程式商店、硬體、作業系統，以及即時服務套組等。但是問題在於，這些項目被強迫綑綁成套提供，也就不會面臨直接的競爭。許多支付管道也會附帶綑綁成套提供的項目，例如美國運通會為消費者提供信貸、支付網路、優惠與保險，也讓商家得以接觸到高價

值顧客，並取得反詐騙服務等。但是，一般人也都能額外個別取得這些服務項目，於是市場上就會依據每一項的實際條件出現競爭。不過，到了智慧型手機與平板電腦上，就沒有這樣的競爭，一切被迫綑綁成套提供，只有兩種口味能選：安卓或是iOS。而且，兩套系統都沒有降價的動機。

　　光是出現以上這些情況，並不一定代表這些套裝服務開價過高或居心不良。但就現況看來，肯定卻是如此。一般來說，無擔保信用卡貸款的年利率是 14 ～ 18％，而大多數國家嚴禁高利貸，利率上限訂在 25％。就連全球最貴的購物商城，對進駐品牌收取的租金也不會超過營收的 30％；即使是稅率最高的國家、稅率最高的城市，也不會出現平均稅率 30％ 的情形，否則所有消費者、勞工與企業都會逃跑，而讓這些經濟體大受影響。但在數位經濟的世界，目前只有兩個「國家」，而且兩者都對自己的「國內生產毛額」頗為滿意。

　　此外，美國中小企業的平均利潤率落在 10 ～ 15％ 之間。換句話說，每次有人創造出全新數位業務或數位銷售的時候，比起實際投入資金與心力（也承擔風險）的人，蘋果和 Google反而能賺到更多。不論對任何經濟體，都很難說這是個良好的情形。換個角度思考，把這些平台的佣金從 30％ 降到 15％，就能讓獨立開發商的利潤增加一倍以上，而且這些錢多半會再重新投入在新產品上。許多人同意，甚至可以說大多數人都會同意，比起讓全球最富有的兩間公司賺進更多錢，這應該是個

更好的做法。

　　蘋果與 Google 目前的霸主地位，也造成我們不樂見的一些經濟誘因。已經搶先一步在元宇宙中推出虛擬運動服飾的 Nike 正是很好的例子。如果 Nike 透過 iOS 上的 Nike 應用程式賣實體球鞋，蘋果的佣金抽成是 0％。之後，如果 Nike 決定消費者只要買一雙實體球鞋，就送一雙虛擬球鞋，像是「來店購買一雙 Air Jordan，就在《要塞英雄》多送你一雙」，蘋果的抽成仍然是 0％。再者，如果消費者之後在現實世界「穿上」這些虛擬球鞋，例如透過 iPhone 或即將上市的蘋果擴增實境頭戴設備算繪，蘋果還是不會向 Nike 收取任何款項。就算 Nike 的實體球鞋有藍牙或 NFC 晶片能和蘋果的 iOS 設備對話，情況也不會有任何改變。然而，如果 Nike 想直接向消費者銷售獨立的虛擬球鞋、虛擬跑道，又或是虛擬跑步課程，蘋果的抽成就立刻來到 30％。而且理論上，要是有一套虛實組合的球鞋產品組，而判斷主要價值來源在於其中的虛擬產品，蘋果也會要求抽成。結果就是產品組合繁多、一片混亂，但蘋果設備的用途、零件與功能大致上根本沒什麼不同。

　　讓我們再以動視這間企業假設另一個例子，動視和 Nike 的不同在於，動視是以虛擬業務優先。所以，如果是玩家在《決勝時刻：Mobile》裡買一雙 2 美元的虛擬運動鞋，蘋果就要抽成 0.6 美元。但如果動視告訴玩家，只要觀看一則價值 2 美元的廣告，就能免費換到一雙虛擬運動鞋，蘋果在這個過程

中就不會收取費用。簡單來說，蘋果的政策將會牽動元宇宙賺錢變現的方式，也會改變由誰來領導這個過程。例如對 Nike 來說，在蘋果要抽成 30％的時候，雖然 Epic Games 主張的 12％佣金會是一大進步，但 Nike 還有別的辦法可以想。只要 Nike 願意，大可靠著現有的實體業務，完全跳過蘋果或 Epic Games 的服務。但是，對大多數新創企業來說，他們確實需要從這些平台多賺一些利潤，無法只依賴元宇宙誕生前的傳統業務管道。

　　未來幾年內，這些問題只會變得更嚴重。在今天，中學老師可以透過網頁瀏覽器把教學影片直接賣給顧客；就算選擇把內容製作成 iOS 應用程式，還是可以選擇不要使用「App 內購買」的功能，原因就在於這種以影片為主的應用程式屬於「閱讀器應用程式」。然而，如果這位老師想再加進一些互動體驗，像是要有實體課程，把原本虛擬的魯布戈德堡機器製作出實體，又或者原本是汽車引擎維修影片，但現在想搭配豐富的 3D 沉浸式體驗，就會讓這個應用程式的定位變成「互動式應用程式」，也就必須使用 App 內購買的功能。於是，如果這位老師想要提供更進階、也更昂貴的課程，就必須讓蘋果或安卓分到一杯羹。

　　蘋果會說，正是透過蘋果的設備，才讓課程得以提供沉浸式體驗，所以收點錢也很合理。但是，這筆數字實在有些沒道理。一套在外面賣 100 美元的互動式課程，如果要搬到 iOS

上，得賣 143 美元才足以抵消蘋果的抽成，並且同樣賺到 100
美元。老師必須付出更多心力、承擔更多風險，才能製作出進
階的內容，但這時他們就得把價格訂得更高才能回收成本；而
且，他們每多收 1 美元，蘋果就會收走 0.3 美元。如果新課程
漲到 200 美元，蘋果會賺走 60 美元，而老師能帶走的報酬只
增加 40 美元，但學生卻得多付整整 100 美元。這怎麼看都很
難說是個正面的社會成果，特別是不論 3D 效果能帶來怎樣的
品質提升，學生的學習體驗都很難達到倍增的效果。

受限的虛擬世界平台利潤

　　對於虛擬世界平台來說，為了支付管道而付出 30％的費
用，是個特別嚴重的問題。

　　像是《機器磚塊》，玩家開心、創作者才華洋溢，但是真
正能賺到錢的創作者卻沒有幾個。雖然 Roblox Corporation 在
2021 年的營收接近 20 億美元，但是當年淨利超過百萬美元的
開發商（也就是企業）卻只有八十一間，超過千萬美元的更只
有七間。事實上，這種局面對大家都不利。因為如果開發商能
賺得愈多，就代表能吸引愈多投資，也能夠為玩家提供愈好的
產品，進而讓玩家更願意掏錢。

　　遺憾的是，開發商的收入之所以難以提升，原因在於玩家
如果花 1 美元購買遊戲、素材或道具，Roblox 只會把其中的

25％交給開發商。這樣看來，蘋果會把 70％～ 85％的營收交給開發商，簡直是太慷慨了，但事實卻恰恰相反。

讓我們假設 Roblox 在 iOS 得到 100 美元的營收。根據 2021 會計年度的資料，其中有 30 美元流向蘋果，24 美元用在 Roblox 的核心基礎設施與安全成本，還有 16 美元用於經常性費用。這樣一來，Roblox 的稅前毛利只剩下 30 美元能夠再投資到平台上。而再投資的項目又分成三類：研發，讓平台更有益於玩家與開發商；獲取使用者，能夠提升網路效應，並增加對個人玩家的價值，提高開發商的收入；以及支付給開發商，用來為 Roblox 開發更好的遊戲。而針對這些類別，Roblox 分別投入 28 美元、5 美元與 28 美元，總計超過 60 美元；由於 Roblox 原本的目標是投資 25％營收，但為了提供獎勵、符合最低保證，以及信守對開發商的各種承諾，而造成超支。因此，Roblox 目前在 iOS 上的營業利益率大約是 –30％。而納入其他管道之後的綜合利益率則稍好一點，是 –26%。原因在於，iOS 與安卓占了 Roblox 總營收的 75％～ 80％，其他獲利則來自 Windows 等平台，並不會向 Roblox 要求抽成。

總而言之，Roblox 讓整個數位世界更豐富，也讓幾十萬人搖身一變，成為新的數位創造者。但是，它在行動裝置上每創造 100 美元的價值，就會白白損失 30 美元，而開發商則得到 25 美元（尚未扣除各種開發成本），至於蘋果雖然沒有冒任何風險，卻能賺進大約 30 美元的淨利。如今，Roblox 如果想

提高開發商的收入，不是讓自家公司的虧損更嚴重，就是得暫停研發；但從長遠來看，這對公司與開發商都會造成傷害。

對 Roblox 來說，無論是經常性費用，或是銷售與行銷的支出，成長的速度應該不會比營收的成長速度快，所以利益率照理會隨著時間慢慢提高。但這樣省下的錢應該只會有幾個百分點，並不足以彌補其他地方巨大的損失，也很難再大幅提升支付給開發商的比例。在達到一定規模的時候，研發應該也有助於提升利益率，但就目前還在快速發展的企業來說，並不應該靠著這一點來實現獲利。Roblox 最高額的成本就在於基礎設施與安全成本，但是這些業務要有玩家使用才能推動，也會因而帶來營收，所以這塊成本應該很難下降；甚至，Roblox 愈積極研發而推出新的玩家體驗，例如讓虛擬世界有更高的並行性，或是用到更多雲端資料串流，就可能會讓每小時的營運成本更高。第二大、也是唯一剩下的成本類別就是商店費用，但 Roblox 又無法控制這一塊。

在蘋果看來，讓 Roblox 的利益受到種種限制，也進而限制 Roblox 開發商的營收，對 App Store 體系來說反而是件好事，而非壞事。蘋果想看到的，並不是一個由許多整合型虛擬世界平台所組成的元宇宙，而是雖然有許多不同的虛擬世界，但都透過蘋果的 App Store 來連結、也都使用蘋果的標準與服務。靠著奪取這些整合型虛擬世界平台的現金流、提供給其他的開發商，蘋果就能把元宇宙推向這樣的結果。

讓我們先回到前面有老師想製作互動式課程的例子。由於蘋果讓他的收入減少了 30％，這位老師就得把課程價格提高 43％以上，才能達到收支平衡。而如果把課程搬到 Roblox 上，價格更得增加 400％，才能抵消 Roblox 與蘋果合計收走的 75.5％。雖然 Roblox 的平台在使用上比 Unity 引擎或虛幻引擎更簡單，會吸收些其他費用（例如伺服器費用），也有助於吸引顧客，但這巨大的價格落差就會讓大多數開發商寧可用 Unity 引擎或虛幻引擎來打造獨立的應用程式，或是全部綑綁到某個專為教育而設計的整合型虛擬世界平台。而無論哪種結果，蘋果都會是虛擬軟體的主要分銷商，由 App Store 提供各種探索與計費服務。

扼殺破壞性科技

蘋果與 Google 的政策不但限制虛擬世界平台的成長潛力，還限制整個網際網路的成長潛力。在許多人看來，全球資訊網就是最好的「元宇宙原型」，雖然相較於我對元宇宙的定義還缺少幾項，但它已經是個擁有巨大規模、具備互通性的網站網路，有共同的標準，也可以在幾乎所有設備上使用，不限制使用特定作業系統，也不限制使用特定網頁瀏覽器。因此，元宇宙社群有許多人相信，在任何元宇宙開發的時候，都應該以網路與網頁瀏覽器為重點。目前已經有人在推動某些開放標

準，像是用於算繪的 OpenXR 與 WebXR、用於可執行程序的 WebAssembly，以及用 Tivoli Cloud 來提供具延續性的虛擬空間，用 WebGPU 在瀏覽器裡提供「現代 3D 圖像與運算能力」等。

蘋果常常會說，自己的平台讓使用者得以接觸整個「開放網路」，也就是網站和網路應用程式（Web App），所以不能說這個平台是封閉式的。而且嚴格來說，並沒有人逼著開發商一定要推出應用程式給 iOS 用戶使用；如果他們不同意蘋果的收費或政策，大可不要使用這個平台。蘋果也說，既然有這樣的選擇，大多數開發商卻仍然選擇在 iOS 製作應用程式，代表蘋果這整套綑綁成套提供的服務並非反競爭，而單純就是比整個網路更優秀。

但蘋果這套論點並沒有說服力。請回想我在本書開頭提過的故事，講的是祖克柏提到臉書的「最大錯誤」。有四年的時間，臉書的 iOS 應用程式其實只是一款使用 HTML 的「精簡型用戶端」，程式簡單，多半只是讀取載入臉書的網頁頁面。等到後來才「從零開始」，編寫一套專門針對行動裝置的原生程式碼，啟用不過一個月，用戶閱讀臉書動態消息的數量就翻了一倍。

如果應用程式是專門針對某項裝置，程式的編寫就會特別配合裝置的處理器、零組件等，讓效率更高、表現更佳、效能也更加一致。如果是一般網頁與網路應用程式，無法直接存取

本機的驅動程式，而是需要透過某種「轉譯器」、更為通用（通常也就更為龐大）的程式碼，才能和裝置設備的零組件對話。這樣一來，也就導致它和原生應用程式（native application）出現相反的結果，像是效率低落、表現不佳、效能不可靠（例如會當機）。

從臉書到《紐約時報》，再到 Netflix 等等內容，原生應用程式不但能讓消費者更喜歡，而且如果是豐富而需要即時算繪的 2D 與 3D 環境，原生應用程式更是不可或缺。因為這些體驗需要的運算密集程度較高，絕不只是一般照片成像、載入純文字文章或播放影片所能比擬。各種體驗如果是透過基於網頁技術連線（web-based），大致上也就等於和豐富的電玩體驗無緣，包括像是《機器磚塊》、《要塞英雄》、《薩爾達傳說》都是如此。這也是其中一個原因，讓蘋果能夠在遊戲類別訂下如此嚴格的 App 內購買規定。

更重要的是，網路得要透過網頁瀏覽器才能存取，而網頁瀏覽器也是一種應用程式。於是蘋果也會靠著對 App Store 的掌控，阻撓其他瀏覽器在 iOS 設備上形成競爭。如果你常常在 iPhone 或 iPad 上使用 Chrome，可能會覺得哪有這回事，但根據蘋果專家約翰・格魯伯（John Gruber）的說法，iOS 上的 Chrome 其實只是「（蘋果 Safari 瀏覽器）WebKit 引擎的 iOS 系統版本，再包上 Google 的瀏覽器使用者介面」，而且 iOS 上的 Chrome 應用程式無法「使用 Chrome 的算繪或 JavaScript

引擎」。我們以為在 iOS 上的 Chrome，其實就是另一種版本的蘋果 Safari 瀏覽器，只不過這個版本能夠登入 Google 的帳號系統。* 10

由於 iOS 上的所有瀏覽器都以 Safari 為基礎，蘋果對於自家 Safari 瀏覽器所做出的各種技術決策，也就左右所謂的「開放網路」究竟能不能為開發商與使用者提供什麼技術。評論者認為，蘋果利用自己的地位，將開發商與使用者引向原生應用程式，好讓自己得以收取佣金。

最具代表性的個案，便是 Safari 對於採用 WebGL 總是拖拖拉拉；WebGL 是一種 JavaScript 應用程式介面，能夠使用本地處理器，讓瀏覽器做到更複雜的 2D 與 3D 算繪。雖然使用 WebGL 仍然無法讓瀏覽器提供「類似應用程式」的遊戲體驗，但確實能夠提升效能，也讓開發過程更簡單。

然而，蘋果的行動瀏覽器通常就是只會支援 WebGL 的部分功能、而非完整功能，而且常常是等到發布多年後才會開始支援。舉例來說，要等到 WebGL 2.0 推出足足十八個月後，Mac Safari 才跟進採用，至於行動版 Safari 更是等了四年多。†

---

* 作者注：一般來說，蘋果會強制第三方瀏覽器使用比 iOS Safari 更舊版本的 WebKit 引擎，因此速度比較慢、效能也比較差。
† 作者注：雖然蘋果現在也支援 WebGL 2.0，但這已經不是重點。畢竟開發商不可能等上好幾年、眼巴巴盼望某套標準得到支援，他們也不可能拿自己的未來當賭注。

實際上，透過基於網頁技術連線的遊戲體驗本來就已經先天不足，而蘋果 iOS 的政策則讓情況更為惡化，並且把開發商和玩家推向 App Store；這樣一來，世界就難以出現一個以 HTML 為基礎的可互通「元宇宙」（就像是現在的全球資訊網）。

從蘋果如何對待「雲端」這種即時算繪的方式，也可以證明我在前文提出的假設。我在第 6 章詳細討論過這項技術；你或許還記得，雲端遊戲串流會把通常由本地設備（例如遊戲主機或平板電腦）處理的「工作」大部分轉移到遠端的資料中心來處理。這樣一來，玩家就能取得原本使用小型消費性電子產品根本不可能負擔的運算資源，而在理論上，這對玩家與開發商都會有好處。

然而，如果某些業者的商業模式就是銷售遊戲主機與平板電腦，又或是銷售在這些設備上的軟體，那麼雲端技術就會是個壞消息。因為一旦使用雲端技術，這些設備到頭來不過就是個能夠連線傳輸資料的觸控螢幕，做的就是播放影片檔而已。如果不管是 2018 年的 iPhone、還是 2022 年的 iPhone，玩起《決勝時刻》（這大概是 iPhone 跑得動最複雜的應用程式）都一樣出色流暢，又何必要再花 1,500 美元換新機呢？如果你不再需要下載有好幾 GB 大小的遊戲檔案，又何必要買一台更貴、效能也更好的大容量 iPhone 呢？

如果就蘋果與行動應用程式開發商的關係來說，雲端遊戲的威脅還更大。現在想推出一款 iPhone 遊戲，開發商必須透

過蘋果的 App Store 來銷售，也必須使用 Metal 這個蘋果的專屬應用程式介面集合。然而，如果是想推出一款雲端串流遊戲，開發者幾乎可以透過任何應用程式來銷售，無論是臉書、Google、《紐約時報》或 Spotify 都能做到。不僅如此，開發商還可以使用任何自己想要的應用程式介面集合，不論是 WebGL 或甚至是自己編寫的應用程式介面集合，也可以選擇自己喜歡的圖像處理器與作業系統，而且也仍然能用於所有的蘋果設備。

多年來，蘋果基本上就是擋掉所有形式的雲端遊戲應用程式。當初，Google 的 Stadia 與微軟的 Xbox 雖然表面推出一款應用程式，但卻無法載入遊戲，而更像是一個展示間，只是讓你看到理論上能提供什麼服務。另一個例子是，曾經有一個版本的 Netflix 應用程式，雖然能讓使用者看到有哪些電影與節目的縮圖，但就是無法點選觀看。

因為雲端遊戲串流其實就是影片串流，而且 Safari 瀏覽器也支援影片串流，所以技術上來說，iOS 設備根本就能夠支援雲端遊戲，但蘋果並不讓這些應用程式透露這一點給玩家知道。而 Safari 也刻意設下許多體驗限制，於是對於使用雲端或使用 WebGL 的遊戲開發商來說，很難透過 Safari 提供令人滿意的遊戲體驗。舉例來說，Safari 不允許網路應用程式進行後台資料同步、自動連接藍牙設備、發送諸如遊戲邀請之類的推送通知。同樣的，這些限制對於《紐約時報》或 Spotify 等應

用程式影響不大，但對於互動式應用程式的傷害就很深。

　　蘋果最初辯稱，禁止雲端遊戲是為了保護用戶。因為這樣一來，蘋果無法審查各項遊戲及其更新，玩家可能會遇上不當內容、侵犯隱私、遊戲品質不佳的情形。但如果看看蘋果對其他類別應用程式的政策，就會發現這項論點似乎說不通。像是 Netflix 或 YouTube，就是把幾千、幾億個影片也綁在一起，但蘋果並沒有要求要審查。此外，蘋果的 App Store 政策本來就不要求開發商提出完美的審核管制，只需要有積極的努力與政策即可。

　　有鑑於此，批評人士便反駁認為，蘋果政策的背後只是想要保護自己的硬體與遊戲銷售業務。畢竟對蘋果來說，從音樂串流媒體的興起就學到慘痛的教訓。2012 年，iTunes 在美國數位音樂營收的市占率接近 70％，毛利率也有近 30％。但時至今日，Apple Music 在串流音樂的市占不到三分之一，一般也相信毛利率已經是負值。市場龍頭 Spotify 可不是靠著 iTunes 才成長到這個地位。至於排名第三的 Amazon Music Unlimited，則幾乎只有亞馬遜的 Prime 會員在使用，而蘋果從中得不到任何利益。

　　2020 年夏天，蘋果終於修改政策，讓 Google Stadia 與微軟的 xCloud 等雲端遊戲服務能夠登上 iOS 成為應用程式。然而，新政策不但錯綜複雜，有許多人甚至認為根本是找消費者麻煩。其中一項很誇張的例子是，各個雲端遊戲服務想提供任

何一款遊戲，或是未來要更新遊戲的時候，都必須先提交給
App Store 審核，而且也必須在 App Store 裡為這款遊戲上架一
個獨立的應用程式。

　　這項政策有幾個影響。第一，蘋果能夠有效控制這些雲端
遊戲業者發布內容的時程。第二，蘋果能夠單方面拒絕任何遊
戲上架雲端服務，而此時雲端業者早就向遊戲開發商取得授權
許可，也無法直接修改遊戲來符合蘋果的要求。第三，使用者
評論會被分散開來，有的在串流服務應用程式，有的則在 App
Store 遊戲本身的應用程式。第四，在過程中，雲端遊戲業者
必須讓他們合作的遊戲開發商與 App Store 建立關係，有可能
被 App Store 搶走這些開發商。

　　蘋果的政策還規定，就算已經訂閱 Stadia 服務，仍然無法
直接透過 iOS 上的 Stadia 應用程式來玩 Stadia 提供的各項遊
戲。Stadia 應用程式仍然只具備像是目錄的功能，玩家選定想
玩的遊戲之後，需要各自下載專用的 Stadia 應用程式。這就像
是你已經有了 Netflix 應用程式，但這只是管理版權用的目
錄，並不提供串流影片服務；於是，你還得另外去下載《紙牌
屋》（*House of Cards*）Netflix 應用程式、《勁爆女子監獄》
（*Orange Is the New Black*）Netflix 應用程式，或是《柏捷頓家
族》（*Bridgerton*）Netflix 應用程式等。而根據外流的微軟與蘋
果電子郵件，這些應用程式每一個都需要將近 150MB 的空
間，而且一旦底層的雲端串流技術更新，這些應用程式也需要

跟著更新。

於是，雖然是由 Stadia 向玩家收取遊戲訂閱費、管理訂閱內容並負責提供遊戲，卻是由蘋果（透過 App Store）來銷售這項雲端遊戲服務，iOS 使用者也會是透過 iOS 的主畫面來連上遊戲，而非 Stadia 應用程式。蘋果的這些政策，當然也會讓消費者遇上一些莫名其妙的狀況。舉例來說，假設有多間服務商都提供某款遊戲，在 App Store 上就會出現許多看似重複的項目，例如《電馭叛客 2077—Stadia》、《電馭叛客 2077—Xbox》與《電馭叛客 2077—PlayStation Now》等。而且，只要某間服務商刪掉某款遊戲，例如 Stadia 不再提供《電馭叛客 2077》，用戶的設備上就會留下一個空有名稱但無法使用的應用程式。

蘋果也宣布，所有串流遊戲服務都需要透過 App Store 銷售；但是這和蘋果處理其他媒體的方式並不一致。以 Netflix 與 Spotify 為例，雖然他們的應用程式還是由 App Store 銷售出去，但可以選擇不要透過 iTunes 來收錢，而且他們也確實選擇了這種方式。最後蘋果還說，所有訂閱制的遊戲都必須同時在 App Store 提供單獨購買的形式。再一次，這代表蘋果對「遊戲」的政策就是和對待音樂、影片、音檔與書籍有所不同。Netflix 並不需要（也不會）特別在 iTunes 上提供單獨租借或購買《怪奇物語》（*Stranger Things*）的選項。

微軟與正準備推出雲端遊戲串流服務的臉書，很快就公開

批評蘋果新修訂的政策。在蘋果政策更新當日，微軟就表示：「這對玩家來說仍然是一項不佳的體驗。玩家會希望能夠直接從自己整理好的目錄進入遊戲，就像平常看電影或聽歌的時候那樣，而不是被逼著還得先下載一百多個應用程式，才能玩到由雲端提供的個別遊戲。」臉書 Facebook Gaming 雲端遊戲平台的副總告訴網路媒體《The Verge》：「我們和其他人得到的結論相同，那就是想在 iOS 串流雲端遊戲，目前唯一的選擇是使用網路應用程式。很多人都指出，蘋果號稱同意在 App Store 上『開放』雲端遊戲，但其實根本沒開放多少。蘋果要求每款雲端遊戲都必須有獨立頁面、要經過審核，也必須出現在搜尋列表當中，但這根本違背雲端遊戲的用意。有了這些障礙，代表玩家無法使用各種原生 iOS 應用程式來探索新遊戲、跨設備遊玩，或是立刻取得高品質遊戲。就連使用的較舊、較低階設備的人也不例外。」

阻擋區塊鏈

　　蘋果對互動式體驗設下重重限制，而其中最嚴格的一項，就是關於各種新興支付管道。

　　讓我們看看蘋果如何緊抓自家的 NFC 晶片不放。NFC 指的是近距離無線通訊協定，能讓兩具電子設備在短距離內無線共享資訊。但蘋果只開放 Apple Pay 使用 NFC 行動支付，其

他所有 iOS 應用程式與網頁一律禁止。於是，只有 Apple Pay 得以提供感應快速付款（tap-and-go）的功能，不到一秒就能完成支付，使用者連手機都不用喚醒，更別說還要打開哪個應用程式或滑到哪個子目錄。與此同時，Visa 卻得要求使用者完成這些步驟，還得請店家掃描某張虛擬信用卡或條碼。

蘋果號稱這項政策是為了保護使用者與他們的資料。但事實上並無證據顯示 Visa、Square 或亞馬遜會對使用者造成任何危險。而且，蘋果大可輕鬆推出一項政策，規定只有在嚴格監管下的銀行金融機構能夠使用 NFC 功能。又或者可以對 NFC 支付提出額外的安全要求，例如金額只能在 100 美元、甚至是 5 美元以下。畢竟，相較於用來買杯咖啡或一條牛仔褲，蘋果現在允許第三方開發商使用 NFC 晶片的用途，有些可是危險多了。舉例來說，萬豪（Marriott）能用 NFC 解鎖飯店房門，福特（Ford）也能用 NFC 解鎖車門。我們可以合理推論，這應該是因為蘋果經營的業務並不涉及飯店，也與汽車業無關。然而，NFC 支付估計確實會讓蘋果賺進每筆 Apple Pay 交易金額的 0.15％，雖然實際上 Apple Pay 還是靠使用者的 Visa 或萬事達卡來處理交易。

在今天看來，Apple Pay 的問題似乎不是什麼大問題。話雖如此，但正如我在第 9 章所討論，未來智慧型手機所提供的很有可能不只是手機功能，而是一台超級電腦，要負責推動我們身邊的種種設備，也會是我們前往各個虛擬與實體世界的通

行證。目前，蘋果的 iCloud ID 不但能用來取得多數的線上軟體，蘋果還取得美國多州的批准，負責管理各州頒發的數位身分證明，例如駕照，甚至能用來填寫各種金融表單或登機。了解這些 ID 的使用方式、有哪些開發商能在哪些條件下取得，有助於我們釐清元宇宙的本質與時機。

另一項個案研究，則是蘋果如何應對區塊鏈與加密貨幣。我會在下一章更詳細介紹這些技術的原理，以及這些技術可能為元宇宙帶來的影響，我還會談到如果各位相信區塊鏈，蘋果的政策為什麼會成為嚴重的問題。但我在這裡想先迅速討論的是，這些技術已經和 App Store 的政策與平台獎勵措施互有衝突。舉例來說，不論是蘋果或各大遊戲主機平台，都禁止使用加密貨幣挖礦，或是去中心化資料處理的應用程式。蘋果禁用的理由是，他們指稱此類應用程式「會迅速損耗電池，使設備過熱，或對設備資源造成不必要的壓力」。[11] 使用者或許會提出一種無力的辯白，認為應該只有自己（而不是蘋果或索尼）有權判斷電池是否損耗得太快、設備是否健康，以及怎樣才叫作適當使用設備資源。但不論如何，總之就是這些設備都無法參與區塊鏈經濟，也無法將閒置的運算能力透過分散式運算來提供給需要的人。

此外，除了 Epic Games Store 之外，只要某款遊戲接受加密貨幣支付，或是能夠使用基於加密貨幣的虛擬道具，也就是非同質化代幣（NFT），都無法登上這些平台。雖然有時候會

有人說這是各大平台在抗議抵制區塊鏈占用太多能源，但這種說法立場太薄弱。索尼旗下的音樂品牌既投資 NFT 新創企業，也鑄造自己的 NFT；微軟的 Azure 不但提供區塊鏈認證，企業創投部門也有大量相關創業投資。就連蘋果執行長庫克也承認自己擁有加密貨幣，認為 NFT「很有意思」。這些平台之所以抵制區塊鏈遊戲，比較可能的理由是這些遊戲就是無法符合它們的營收模式。一旦允許《決勝時刻：Mobile》連結到某個加密貨幣錢包，就像是允許玩家直接將遊戲連結到自己的銀行帳戶，而不再需要透過 App Store 來支付。至於接受 NFT，則像是電影院允許顧客攜帶各種外食；雖然還是會有人買電影院的 M&Ms，但大多數人就會從外面買進來。更重要的是，在購買或出售某個要價幾千、甚至幾百萬美元的 NFT 時，實在很難想像有什麼道理要讓平台抽走 30％的佣金；要是真的容忍這種抽成比例，只要某個 NFT 多交易幾次，所有價值都會被平台吞噬。

蘋果希望魚與熊掌兼得，既想支援加密貨幣，又想維持 App Store 的營收，於是讓情況更加複雜。舉例來說，蘋果允許用戶使用 Robinhood 或 Interactive Brokers 之類的交易應用程式買賣加密貨幣，卻又不准透過同樣的應用程式來購買 NFT。問題就在於，這兩件事嚴格來說根本沒什麼區別，頂多只能說比特幣是一種「同質化」且基於加密技術的代幣，也就是說任何一枚比特幣和其他比特幣並沒有不同；至於 NFT 藝

術品則是「非同質化」代幣，無法用其他代幣來替換。而且，如果把某個非同質化代幣的相關權利拆成同質化代幣，例如出售某件藝術品的股份，事情就會變得更加混亂複雜。這時候，這些「股份」又可以透過 iPhone 的應用程式來買賣了。無論如何，蘋果這種模稜兩可的政策造成的體驗既不利於開發者，也不利於使用者，就像是雲端串流遊戲應用程式的狀況重演。iOS 上的各種 NFT 商場應用程式，例如 OpenSea，只能作為一套目錄，使用者可以看到自己擁有的代幣，也看得到別人賣出的代幣，但是要買賣的時候，還是得回頭使用網頁瀏覽器。此外，現在也只有使用網頁瀏覽器的區塊鏈遊戲，才能在 iPhone 上面運作。就是因為這樣，我們才會在發展到 2020 年、2021 年時，幾乎所有熱門的區塊鏈遊戲都還只是收集類遊戲，像是虛擬運動卡、數位藝術品等；或者只是簡單的 2D 圖像；又或者是回合制的遊戲，例如《Axie Infinity》就像是重新打造另一款 1990 年代的熱門 GameBoy 遊戲《精靈寶可夢》（*Pokémon*）。區塊鏈遊戲不可能再做更多了。

想要「數位優先」，得要「實體優先」

　　虛擬支付管道問題的核心，其實就是兩種概念的衝突。就概念看來，元宇宙這個「下一代平台」將不再是以硬體為基礎，甚至也不是以作業系統為基礎。元宇宙就是一個由許多虛擬模

擬世界所構成、具有延續性的網路，它的存在根本和特定設備或作業系統無關。說到這兩種概念的差異，一種概念著重的是該怎樣打造一款《紐約時報》應用程式，才能在某位使用者的iPhone上順利運作；而另一種概念則認為，iPhone就只是個工具，只是用來進入某一個會不斷發展延續的《紐約時報》宇宙。如今，我們已經能夠看到證據顯示出現這樣的轉變。像是《要塞英雄》、《機器磚塊》與《當個創世神》，這些最受歡迎的虛擬世界在設計的時候就希望能夠在最多設備與作業系統上運作，在特定的設備與作業系統運作時，只需要稍微調整即可。

　　當然，沒有硬體就不可能進入元宇宙。而面對這個價值數兆美元的商機，所有硬體業者都在互相競爭，希望能夠成為其中一個支付閘道（payment gateway）*，或者甚至是唯一的支付閘道。為了贏得這場競爭，各方都會強行將自家硬體與各種應用程式介面、軟體開發套件、應用商店、支付解決方案、身分與權利管理捆綁在一起。這種做法能夠提升商店收到的費用，延緩競爭，但卻會傷害個人使用者與開發商的權利。看到業者阻撓WebGL、網頁通知、雲端遊戲、NFC、區塊鏈，一切就昭然若揭。雖然推出每項政策總會有個理由，但如果市場上就是只有兩個智慧型手機平台，技術庫又多半把所有東西都綑綁

---

* 編注：支付閘道是電子支付的重要工具，負責連結銀行專用網路與網際網路，作用為金融網路的安全屏障。

在一起，市場就無法驗證這些理由的真偽。甚至曾有國家透過法規，希望為各種獨立的服務引進更多競爭，最後還是無功而返。2021 年 8 月，韓國通過一項法案，禁止應用程式商店要求使用自家業者的支付系統；韓國認為這種要求屬於壟斷行為，對消費者與開發商都不利。而在三個月後，就在法律生效前，Google 宣布如果應用程式選擇使用其他支付方式，使用 Google Play 的費用將適用於一套新費率。是多少呢？比舊費率低 4％，幾乎就是把舊的費率減去 Visa、萬事達卡或 PayPal 所收取的費用。因此，就算開發商選擇使用其他支付管道，最後也只能省下不到 1％的費用。利潤太低，實在不值得特地改變系統，也不可能因此為消費者降價。2021 年 12 月，荷蘭政府也下令蘋果必須允許交友應用程式使用第三方支付服務；由於這項要求只針對特定類別，使這個領域的龍頭企業配對約會公司向荷蘭消費者與市場管理局（Netherlands Authority for Consumers and Markets）申訴。而因應這項法規，蘋果更新荷蘭的 App Store 政策，允許各個交友應用程式開發商推出一個僅限荷語的版本，能夠支援其他支付方式；當然，後續也就需要維護這個新應用程式。然而，這個新版本無法使用蘋果的支付解決方案，而蘋果收取的新交易費為 27％，也就是原本的 30％減去 3％。此外，這項應用程式必須顯示一項免責聲明，表示不「支援 App Store 的隱私與安全支付系統」。[12] 許多監理單位、高層主管與分析師都認為，蘋果選擇的用詞是在「嚇唬」

使用者，[13] 而且開發商還得每個月向蘋果繳交報告，列出使用其他系統進行的每一筆交易，之後會收到蘋果據以開出的費用清單，必須於四十五天內支付。

　　因為目前硬體仍然占據中心地位、影響力龐大，也就不難理解為什麼臉書如此投入要打造自家的擴增實境與虛擬實境設備，投資開發各種看來天馬行空的方案，像是腦機介面，或是配備無線晶片與攝影鏡頭的智慧手錶。在各個大型科技龍頭當中，唯獨臉書手中沒有重要的設備或作業系統，所以也就只有臉書能夠感受到，寄人籬下、在最大競爭對手的平台上營運是個多大的障礙。例如臉書的雲端遊戲服務，在每個主要的行動平台與遊戲主機平台都等於被封殺。每次臉書想把某項產品賣給使用者，自己賺到錢，幾乎就得把一樣多的錢雙手奉給敵人。與此同時，這間公司的整合型虛擬世界平台「地平線世界」受到最重大的限制，就是永遠無法為開發商提供比 iOS 或安卓更優惠的抽成比例。最令臉書痛苦的例子，或許就是蘋果在2021 年變更並推出的程式追蹤透明化（App Tracking Transparency，簡稱 ATT）政策。當時，這已經是在第一代 iPhone 推出十四年後的事，簡單來說，程式追蹤透明化要求應用程式開發商必須得到使用者明確同意「選擇加入」（opt-in），才能取用關鍵的使用者資料與設備資料，而且開發商也必須明確解釋資料蒐集的項目與原因；這些說明腳本多半出自蘋果之手，而且會讓蘋果的 App Store 團隊有權決定是否批准各種變更。蘋

果表示，這些改動都是為了使用者的利益；據稱到 2021 年 12 月，詢問是否「選擇加入」的提示有 75％～ 80％遭到使用者拒絕。[14] 而在其他人看來，則認為蘋果此舉是為了對付其他廣告對手，建立蘋果自己的廣告業務。把廣告的效果打折，就能讓更多開發商把商業模式集中在 App 內購買，蘋果因此得以笑納 15％～ 30％的費用。2022 年 2 月，祖克柏表示蘋果的政策更動將使臉書當年的營收減少 100 億美元，大約等同於臉書投資元宇宙的金額。一些報告顯示，推出程式追蹤透明化之前，所有 iOS 的應用程式安裝只有 17％來自於蘋果的廣告業務。但過了六個月，這個數字就來到將近 60％。

　　為了解決這個問題，臉書除了必須自行推出低成本、高效能的輕巧設備，還需要讓這些設備能夠獨立運行，無須依賴 iPhone 或安卓手機。換句話說，蘋果或 Google 的設備很有可能會搭配手機的運算能力或連線晶片，但臉書的設備只能自力更生。結果就是，比起由智慧型手機龍頭出品的元宇宙設備，臉書推出的設備可能更昂貴、技術上更受限制，而且還更笨重。或許就是因為這樣，才讓祖克柏說：「我們這個時代最困難的技術挑戰，或許就是把超級電腦裝到看起來普通的眼鏡鏡框裡。」而對他的競爭對手來說，他們幾乎已經把這樣的超級電腦都放在大家的口袋裡了。

　　出於類似的原因，數位時代最常見的破壞模式，也就是「推出新的運算設備」，很有可能無法再現。過去，微軟

Windows 的霸權就是被「手機」這種獨立於電腦以外的設備所打破。然而，如果未來的擴增實境與虛擬實境頭戴設備、智慧鏡頭，甚至腦機介面都同樣是由手機所支配，就無法出現新的王者。

新的支付管道

在本章中，我已經談過支付管道如何左右數位時代的「商業成本」，以及如何影響元宇宙的技術、商業與競爭發展。還沒有直接談到的是，支付管道能夠如何積極發揮影響，使整個經濟體改頭換面。而中國就是個很切題的個案。

在 2011 年騰訊推出微信的時候，中國還是主要使用現金的社會。但才過了短短幾年，這個原本只用來傳訊息的程式，已經讓中國走進數位支付與服務的時代。今日的這個景象，是因為微信掌握許多獨有的商機與選擇，而這在西方世界根本不可能發生，像是微信允許使用者直接連結自己的銀行帳戶，不需要有信用卡或數位支付網路作為中介；而各個遊戲主機龍頭公司與智慧型手機應用商店就不允許這麼做。於是，一方面沒有中介機構介入，二方面騰訊也希望建立整個社群傳訊網路，因此微信把交易手續費砍到極低，點對點轉帳只需要 0 ～ 0.1％，商業交易支付的手續費也不到 1％，而即時到款或支付確認均不會額外收費。而且，微信支付功能不只具備通用的標

準（QR codes），還內建在通訊應用程式裡，所以只要擁有智慧型手機的人，都能輕鬆使用。也是因為微信的成功，才讓騰訊得以打造中國的電玩產業，否則本來會因為信用卡在中國並不普及而大受限制。

在西方世界，這些系統如果想要發展，通常得看硬體守門員的臉色。但騰訊卻在中國發展得風風火火，迅速而且強大，就連蘋果也不得不允許微信經營自己的應用程式商店，有自己的 App 內購買，還能夠直接處理自己的 App 內支付；況且，iPhone 進入中國市場的時間，可是比微信還早了兩年。在 2021 年，微信處理的支付金額估計達到 5,000 億美元，平均每筆金額只有幾美元。

想要實現元宇宙，西方的開發商與創作者很有可能必須設法繞過那些守門員。最後，我們終於要談到下面這個問題，就是為什麼大家如此熱情擁抱區塊鏈的概念。

第 11 章

區塊鏈

　　如今有些觀察者深信，就架構而言，沒有區塊鏈就無法實現元宇宙；不過，也有人認為這是無稽之談。

　　目前我們就連區塊鏈的技術，都還存有許多疑惑不解，至於區塊鏈與元宇宙的關聯，更是如墮煙霧，因此以下先來談談區塊鏈的定義。簡單來說，區塊鏈就是：「由許多『驗證人』（validator）形成的去中心化網路所負責管理的眾多資料庫。」現今大多數的資料庫屬於集中式資料庫，也就是將紀錄保存在某個特定的數位倉庫，由單一企業負責追蹤資訊、進行管理。舉例來說，摩根大通管理一個特定的資料庫，不只追蹤存戶的戶頭裡有多少錢，也會追蹤先前各項交易的詳細紀錄，以驗證目前累積的餘額是否正確。當然，要管理像這樣的紀錄，摩根大通需要留存許多備份，而且存戶自己也可能會留存備查，所以實際上是由許多不同資料庫組成的網路，但重點在於所有的數位紀錄都是由單方所管理與擁有，在這個例子中，管理與擁有紀錄的單位是摩根大通。而在目前，不單是銀行紀錄，幾乎所有數位與虛擬資訊都採取同樣的集中管理模式。

　　至於區塊鏈的紀錄則不同於集中式資料庫，不是存放在某

個單一位置，也不是由單方所管理，甚至很多時候根本找不出來是哪群人、哪個企業在管理這些資訊。區塊鏈的「帳本」（ledger），是靠著散布在全球各地的自主電腦形成網路，由大家達成的共識來共同維護。每次區塊鏈交易都會形成加密方程式，率先解出方程式，就能驗證這條交易紀錄；而網路中的每台電腦就是這樣互相競爭，並得到報酬。這種模式有一項好處，在於資料相對難以造假。在這種去中心化的網路裡，要覆寫資料必須得到大多數成員的同意，而不像摩根大通或任何銀行說了算。因此只要網路愈大、分散而去中心化的程度愈高，就愈難覆寫資料，也愈不會出問題。

去中心化也有缺點。例如，去中心化等於是讓許多不同的電腦來執行同樣的「工作」，所以本來就會比使用標準的資料庫更昂貴、更耗能。而且，區塊鏈交易常常需要耗時幾十秒以上才能完成，因為過程當中必須先讓網路建立共識。舉例來說，為了完成眼前不到一公尺距離外的交易，可能得把相關資訊送到地球的另一端。此外，如果整個網路愈去中心化，當然「建立共識」也就通常愈困難。

出於以上因素，很多區塊鏈體驗其實還是會盡量將「資料」儲存在傳統資料庫裡，而不是真正存在區塊「鏈」上。這就像是摩根大通銀行雖然決定把存戶的帳戶餘額資訊儲存在去中心化的伺服器上，但如果只是帳戶登入資訊、銀行帳號資訊，就還是存在某個集中式的資料庫裡。批評者認為，只要沒

有完全去中心化，實際的效果仍然是傳統的集中式；以摩根大通銀行這個例子來說，存戶的資金其實還是由摩根大通來掌控與驗證。

於是有些人會認為，在技術上，去中心化的資料庫其實是走了回頭路，效率更低、速度更慢，而且仍然得依賴集中式的資料庫。此外，就算資料能夠完全去中心化，似乎好處也不大；畢竟，現在也沒有太多人擔心摩根大通銀行與集中式資料庫會搞錯存戶的帳戶餘額，或是盜取存戶資金。如果真的改成只由一群不知名的驗證人來「保護」你的財產，搞不好還讓人覺得更害怕。今天，如果是 Nike 說你擁有一雙虛擬運動鞋，也是由 Nike 來管理並追蹤紀錄，指出你是否把鞋賣給另一位線上收藏家。哪會有人因為這些紀錄都只存在 Nike 手中，就認為紀錄不值得相信，或是覺得這樣的收藏價值會打折扣呢？

所以，為什麼會有人認為未來將走向去中心化的資料庫或伺服器架構？請讓我們先放下各種關於 NFT、加密貨幣、擔心紀錄被盜之類的想法，重點在於區塊鏈是一種可程式化（programmable）的支付管道。正是因為這樣，才讓許多人認為區塊鏈是史上第一個數位原生支付管道，至於 PayPal、Venmo 與微信等支付方式，只不過是傳統支付管道的複製品。

區塊鏈、比特幣、以太坊

史上第一個進入主流的區塊鏈是比特幣區塊鏈（Bitcoin），於 2009 年問世。比特幣區塊鏈唯一的重點，就是經營自己的加密貨幣「比特幣」（bitcoin；在英文中，說到「比特幣區塊鏈」時通常字首大寫，說到「比特幣」時則通常不大寫，以作為區分），因此設計一項機制，一旦處理器協助完成比特幣交易，比特幣區塊鏈就會自動發給這些處理器一些比特幣作為報酬。這種費用稱為「礦工費」（gas fee），通常是由申請交易的使用者來支付。

當然，付錢請某個人、甚至是某些人協助完成交易，並不是什麼新鮮事。但在區塊鏈，工作與支付是自動、一併發生的；處理器尚未得到報酬，交易就無法完成。部分出於這種原因，有些人說區塊鏈是一種「無需信任」（trustless）的系統，交易的驗證人不必擔心能不能拿到錢、怎麼拿到錢、什麼時候才能拿到錢，或是各種付款條件會不會說變就變。因為這些問題的答案早就清清楚楚設計在這個支付管道裡，沒有任何隱藏費用，政策也不會突然改變。同樣的，使用者也無須擔心區塊鏈上個別的操作員（operator）偷偷儲存或分享某些不必要的資料，也不須擔心資料後續遭到濫用。相對的，現在的信用卡資訊是儲存在某個集中式的資料庫裡，如果遭外部駭客入侵、員工不當存取，都可能出問題。此外，區塊鏈也具備「無需許

可」（permissionless）的特性。以比特幣區塊鏈為例，任何人都可以成為網路驗證人，無須受邀或請求批准；任何人也都可以接受、購買或使用比特幣。

這些特性讓區塊鏈成為一種自給自足的系統，能在提升容量的同時降低成本、增加安全性。隨著礦工費換算成美元的價值增加、交易筆數也增加，就會有更多驗證人加入網路，互相競爭而使礦工費再降低。這又會回過頭來讓區塊鏈更加分散而去中心化，於是任何人都更難操弄帳本而假造共識。這就像是想在選舉的時候作票，但這時候得動手腳的不只有三個投票箱，而是三百個投票箱。

提倡區塊鏈的人也喜歡強調，區塊鏈這種無需信任、無需許可的模式，代表經營區塊鏈支付網路的「營收」與「獲利」都是由市場決定。相較之下，傳統金融服務業則是掌握在少數幾個有幾十年歷史的龍頭企業手中，少有競爭，也就沒有降價的動機。舉例來說，PayPal 交易費唯一會面對的敵手就是 Venmo 或 Square 的 Cash App，但對比特幣區塊鏈而言，任何人加入競爭，都會讓交易費降低。

比特幣區塊鏈出現後不久，儘管發明人至今仍身分不明，兩位早期使用者維塔利克・布特林（Vitalik Buterin）與蓋文・伍德（Gavin Wood）開始發展另一個新的區塊鏈「以太坊」（Ethereum），並表示以太坊是「結合去中心化的挖礦網路與軟體開發平台」。[1] 一如比特幣區塊鏈，以太坊也是用自己發行的

加密貨幣「以太幣」（Ether），為協助運作以太坊網路的人提供報酬。但布特林與伍德還打造出 Solidity 這套程式語言，讓開發商也能自己打造無需許可、無需信任的應用程式〔稱為 dapp，也就是去中心化的應用程式（decentralized app）〕，能夠自己發行類似加密貨幣的代幣（token）*，發送給貢獻者。

　　也就是說，以太坊這個去中心化的網路，在程式設計上就會自動為網路的運作員提供報酬。運作員無須另外簽署合約，而且在運作員彼此競爭這些報酬的過程中，就會讓網路的效能提升，於是吸引更多用戶，帶來更多交易。此外，人人都可以在以太坊編寫自己的應用程式，設定自動為貢獻者提供報酬，也在賺錢的時候自動回饋給底層網路的運作員。這一切的發生，都不需要某個單一決策者或是單一管理機構介入。而且事實上，也不可能出現單一的決策者或管理機構。

　　採用去中心化的治理，並不代表底層的設計就不會修改或改進，而是一切改動都由整體社群來管理，所以必須能夠說服社群，讓大家相信一切是為了整體的利益。† 舉例來說，開發

---

* 譯注：token 目前一般譯為「代幣」，但 token 的用途更廣泛，有可能代表的是持有某種權利。因此也有人主張應譯為「令牌」、「通證」，以便和比特「幣」之類的 coin 區分。

† 作者注：但也不是一切自然而然都會這樣發展。因為在設計區塊鏈的時候，雖然可以選擇將各種治理權交給代幣持有者，但一開始如何發出代幣，還是控制在該區塊鏈的創造者手中。然而相較於多半由企業所擁有的「私有區塊鏈」（private blockchain），主要的「公有區塊鏈」（public blockchain）多半還是採用去中心化、由社群治理的模式。

商與使用者不必擔心以太坊的背後有個「以太坊企業」在掌控
一切，會突然調漲以太坊的交易費用、另收新的費用、拒絕接
受新的技術或標準，或是另外推出自有服務來和最成功的去中
心化應用程式競爭。以太坊這種無需信任、無需許可的程式設
計，其實是在鼓勵開發商來與自己的核心功能「競爭」。

　　以太坊也不是全無缺點，受到的批評主要有三項：處理費
用太高、處理時間太長，以及程式語言太難。面對這些問題，
有些創業者選擇打造其他的區塊鏈來競爭，像是 Solana 與
Avalanche。但也有些創業者，選擇用以太坊為基礎〔稱為第
一層（Layer 1）區塊鏈〕，打造所謂的「第二層」（Layer 2）
區塊鏈。第二層區塊鏈的運作就像是個「迷你區塊鏈」，在交
易管理上有自己的程式設計邏輯與網路。像是有些「第二層擴
容方案」（Layer 2 scaling solution）就會將交易批次處理，而
不是個別處理。當然，這代表支付或轉帳的處理會有延遲，但
本來就不是所有交易都需要即時處理，例如繳手機費並不需要
規定時段。也有其他「擴容方案」是試著簡化驗證程序，只向
部分網路尋求驗證，而不是向整個完整的網路尋求驗證。還有
另一種方法，是讓驗證人無須證明已經解出底層的加密方程
式，便能提出交易提案（proposal）；但是如果後續其他驗證
人證明提案不實，將得到大筆賞金，而且主要會由當初不誠實
的那位原驗證人來支付。雖然最後這兩種方法會使安全性降
低，但許多人認為如果只針對小額交易，應該是利大於弊。可

以想成是買咖啡和買車的區別；星巴克不會要求你填上信用卡帳單地址，但如果是到本田汽車（Honda）經銷商那裡，不但要填地址，還得檢查信用紀錄與身分證件。與此同時，「側鏈」（sidechain）則能依需求將代幣移入或移出以太坊：側鏈就像是你放零錢現金的小抽屜，以太坊則是個嚴密上鎖的保險箱。

有人認為第二層區塊鏈只是治標不治本，開發商與使用者最好還是以提升第一層區塊鏈的效能為目標。這種說法或許也沒錯，但重點在於，開發商可以用第一層區塊鏈來開發自己的區塊鏈，並且使用、甚至打造一個第二層區塊鏈，而讓使用者、開發商與網路運作員不要直接接觸第一層。此外，由於第一層區塊鏈具備無需信任、無需許可的特性，就代表能夠「橋接」競爭對手的第一層區塊鏈，而永遠將代幣轉移到另一個區塊鏈上。

安卓的發展軌跡

相較於區塊鏈無需信任、無需許可的特性，蘋果與旗下iOS 平台的政策就形成鮮明的對比。但畢竟 iOS 從來未曾標榜是個「開放平台」，也從未號稱以社群為中心，因此這樣的比較並不公平。或許安卓會更適合作為比較的對象。

2005 年，Google 以「至少 5,000 萬美元」的價格收購安

卓作業系統，並且在安卓的發展上扮演舉足輕重的角色。但為了消除各界的顧慮，Google 在 2007 年成立「開放手機聯盟」（Open Handset Alliance，簡稱 OHA），以開源的 Linux 作業系統 Kernel 為基礎，與各方共同引導開發一套「開源行動作業系統」，強調要有「開源的技術與標準」。成立之初，開放手機聯盟有三十四個成員，包括電信龍頭中國移動與 T-Mobile、軟體開發商 Nuance 通訊公司（Nuance Communications）與 eBay、零組件製造商博通（Broadcom）與輝達，以及設備製造商 LG、宏達電、索尼、摩托羅拉與三星。想成為開放手機聯盟的一員，必須先同意不會從安卓「分支」（fork）出自己的系統，也就是不會在取得「開源」的安卓軟體之後，自行以此為基礎而進行開發；此外也得同意不會支持分支安卓軟體的業者，例如亞馬遜用來運行旗下 Fire TV 與平板電腦的 Fire 作業系統，就是安卓的一個分支。

　　第一代安卓作業系統於 2008 年推出；時至 2012 年，已經成為全球最受歡迎的作業系統。但開放手機聯盟與安卓的「開放」理念就沒那麼成功。在 2010 年，Google 開始推出自己的「Nexus」系列安卓設備，定位為「參考設備」，要「作為燈塔，讓整個產業看到會出現怎樣的可能性」。[2] 短短一年後，Google 便收購了摩托羅拉，那是當時規模數一數二的獨立安卓設備製造商。而到了 2012 年，Google 又開始將自己的許多關鍵服務，像是地圖、支付、通知、Google Play 商店等從作業系統

移到軟體層的「Google Play 服務」當中。開發商雖然已經取得使用安卓系統的授權，但如果想使用 Google Play 服務這個服務套組，還得另外接受 Google 的相關「認證」。此外，如果設備未經認證，Google 也不會允許使用安卓這個品牌。

許多分析師認為，安卓之所以逐步走向封閉，是因應三星的作業系統愈來愈成功。在 2012 年的所有安卓智慧型手機銷量當中，三星這個韓國龍頭就占將近 40％，足足是第二名華為的七倍多，並且囊括大多數高端智慧型手機銷量。此外，三星對安卓「基礎」版本的改動愈來愈大，開始生產與銷售自己的介面 TouchWiz，而且還在手機上預先安裝自己的應用程式套組，其中許多還和 Google 的應用程式打對臺，甚至加入自己的行動應用程式商店。三星能成為如此成功的安卓設備生產商，和這些投資當然有關係，但這種種舉動已經無異於從安卓系統「分支」出去。無論如何，三星的 TouchWiz 作業系統已成事實，隱隱然將導致開發商及使用者與 Google 切割開來，自己擔任真正的「參考設備」。

安卓的發展軌跡，對於我們理解元宇宙的未來至關重要。元宇宙讓我們有機會推翻當今的守門員，例如蘋果或 Google，但許多人擔心到頭來只會出現新的守門員，有可能是 Roblox Corporation 或是 Epic Games。舉例來說，雖然騰訊的微信對於現實世界的交易收費很低，但在數位支付與電玩方面，騰訊就運用自己的控制力，強收 40％～ 55％的交易費，

遠超過被騰訊擊敗的蘋果。而在很多人心中，正如區塊鏈帳本難以造假，區塊鏈也就同樣值得信賴。

去中心化應用程式

相較於各大主要區塊鏈採用完整的去中心化，許多去中心化應用程式只有部分去中心化。打造去中心化應用程式的團隊，常常會在手中留有大量的去中心化應用程式代幣，因為他們本來就相信這些去中心化應用程式會成功，因此有動機繼續持有，也因此有能力依自己的喜好來隨意改變去中心化應用程式。然而，去中心化應用程式想要成功，除了要看能不能吸引開發商、網路貢獻者、使用者，常常也要看能不能吸引到資金投入。這也就代表需要向外部團體與早期採用者出售或發送部分代幣。而且為了維持社群的支持，許多去中心化應用程式會採用所謂的「漸進式去中心化」，有時候會刻意模仿區塊鏈「無需信任」的特性。

或許有人會覺得，這其實就像傳統創業的模式。多數應用程式與平台都必須取悅開發商與使用者，特別是在剛推出的時候。而隨著時間慢慢過去，創辦人與元老員工也會看著自己的股權慢慢被稀釋。甚至如果走到上市階段，更會讓應用程式的治理正式「去中心化」，人人都無需許可就可以購買股票、成為股東。而這也正是區塊鏈的小小差異顯得最不同的地方。

　　傳統的應用程式愈來愈成功的時候，反而會想把控制權抓得愈來愈牢。Google 的安卓與蘋果的 iOS 都是如此。在許多技術專家看來，技術業務如果以營利為目標，自然就會這樣發展：隨著使用者、開發商、資料、營收等不斷增加，就會運用這股不斷成長的力量，積極鎖住開發商與使用者。正因如此，如果想從 Instagram 匯出帳號到其他地方重新開始，可不是什麼簡單的事。也是因為這個原因，在許多應用程式逐漸成長，或是面臨競爭的時候，常常會選擇關閉應用程式介面。

　　舉例來說，臉書長期以來都允許 Tinder 用戶連結臉書帳號登入 Tinder。當然，Tinder 會比較希望使用者另外建一個專屬 Tinder 的帳號；但是既然 Tinder 本來就沒有打算成為終身服務，又特別需要讓使用者覺得方便好上手，也就不會去計較太多。而且這對 Tinder 來說還有另一項好處，那就是使用者能輕鬆把他們「最棒的」臉書照片放上 Tinder，而不用另外去翻找多年來存在雲端的照片。臉書還允許使用者將社群圖譜（social graph）連接到 Tinder，查看自己和心儀對象的共同好友。有些人在約會前，基於安全的考量，會希望有機會先打聽一下約會對象。但也有些人喜歡直接去約會，得到真正的「第一印象」，所以只會選擇沒有共同好友的人「向右滑」。雖然許多 Tinder（與 Bumble）的使用者都很喜歡這項社群圖譜功能，但臉書卻在 2018 年關閉這項功能，不久後就推出自己的交友

服務，當然正是以臉書的社群圖譜與網路為基礎。*

　　大多數區塊鏈從結構上就能避免出現這樣的發展。既然紀錄都存在區塊鏈上，就能讓大家都留住自己重要的東西，像是去中心化應用程式開發商留住代幣，使用者也能保有自己的資料、身分、錢包與資產（例如自己的圖像）。簡單來說，如果有一種完全以區塊鏈技術為基礎的 Instagram 應用程式，這項服務將永遠不會儲存使用者的照片、處理使用者的帳號，或是管理使用者得到的按讚數或好友連結。†原因就在於，區塊鏈上根本無法規定資料的使用方式，更別說是控制。事實上，任何服務在區塊鏈上隨時都可能出現競爭對手，能夠使用同一批資料，進而對市場上的領導者造成壓力。出現這種區塊鏈模式並不代表應用程式本身的價值會降低，畢竟真正的 Instagram 之所以能戰勝對手，部分原因就在於效能與技術結構更佳；這種區塊鏈模式反而凸顯出，我們大致同意，真正主要的價值其

---

* 作者注：臉書仍然允許 Tinder 用戶以臉書帳號註冊登入，也能用他們在臉書上的大頭貼照作為 Tinder 個人檔案照片。臉書選擇保留這些功能但關閉存取社群圖譜的權限，其實十分合理。因為使用者將照片上傳到臉書後，很容易就能按右鍵另存新檔，也能透過「讚」數知道自己哪張大頭貼照最受歡迎，臉書根本無法阻止使用者將照片挪做他用。此外，要是臉書使用者想用 Tinder，臉書能從中得到愈多資訊當然愈好，而且至少還能向該使用者推薦運用臉書社群圖譜的臉書交友服務呢！

† 作者注：簡單來說，只有在這項服務真正需要這些資料的時候，這些資料才會「曝光」在這項服務面前，提供當下使用。

實存在於使用者的帳號、社交圖譜與資料當中。*區塊鏈能讓
這些內容盡量擺脫單一應用程式（在這個例子中，則是擺脫去
中心化應用程式）的掌控，而區塊鏈支持者相信，這樣一來就
能打斷傳統開發商的發展軌跡。

　　講到這裡，我們已經對區塊鏈的運作、功能與理念有了簡
單的概念。但到目前為止，區塊鏈技術的發展還遠遠不及我們
對它的期許。舉例來說，今天如果出現一個以區塊鏈技術為基
礎的 Instagram，很有可能幾乎所有內容還是會被儲存在區塊
鏈外，而且每張照片都得花上一、兩秒才能載入。更重要的
是，歷史上常常出現各種新興技術，彷彿即將打破當時的傳統
常規，但最後還是功敗垂成。區塊鏈會不會也是這種情況？

NFT

　　想知道區塊鏈能有多光明的未來，最好的參考指標或許就
是目前既有的成就。在 2021 年，區塊鏈上的總交易額超過 16
兆美元，足足是 PayPal、Venmo、Shopify 與 Stripe 這四個數

---

* 作者注：有些創投業者與技術專家認為，目前的網際網路屬於「瘦協定層」
（thin protocol）、「胖應用層」（fat application）的模式，但區塊鏈則剛好相
反，會呈現「胖協定層」、「瘦應用層」的模式。雖然網際網路協定套組本身
極具價值（幸好這不是一項營利產品！），但並不是由它來處理使用者的身
分、儲存使用者的資料，或是管理使用者的社群連結。是其他業者以網際網
路協定套組為基礎，打造出各種應用，再去擷取那些資訊。

位支付龍頭總和的五倍多。在第四季，以太坊處理的交易量已
經超越 Visa，而 Visa 可是全球最大的支付網路，也是全球市
值第十二大的企業。

　　這簡直是一項奇蹟，畢竟在區塊鏈的背後，並沒有中央機
構、管理負責人，甚至也沒有企業總部，只有一位又一位獨立
（有時甚至是不知名）的貢獻者。更重要的是，這些支付行為
能夠橫跨幾十種不同的錢包（不像 Venmo 或 PayPal 這樣的點
對點支付管道，只能在受到嚴格控制的網路內互相付款）、能
夠隨時進行（不像是媒體交換自動轉帳或電匯），也能在幾秒
或幾分鐘內完成（不像是媒體交換自動轉帳）。此外，發款者
與收款者都能確認交易是成功或失敗，並且不必額外支付費
用。再者，區塊鏈的交易雙方都不需要擁有銀行帳號，任何業
務都不需要和任何區塊鏈、區塊鏈處理器或錢包業者簽署長期
合約，當然也就能省下各種協商妥協的過程。我們會看到，區
塊鏈錢包也可以做到自動轉帳繳款、貸款、沖回交易等等。

　　儘管目前巨大的交易量多半反映的還是加密貨幣的投資與
交易，而不是真正用於支付，但加密貨幣的相關發展還是發揮
了推波助瀾的作用。其中最簡單的產品就是各種 NFT。當開
發商或個人將一個物件，例如某張圖片，放上區塊鏈，宣稱所
有權，這個過程就稱為「鑄造」（minting）；完成之後，這張
圖片的所有權就能比照任何加密貨幣進行交易。不同之處在
於，鑄造完成的是一枚「非同質化代幣」，獨一無二、無法互

換，而不像比特幣或美元，可以和同質的其他比特幣或美元互換。

　　區塊鏈的擁護者認為，這樣能讓購買者更真實感受自己「擁有」這項虛擬商品，進而提升商品的價值。正如一句法律上的名言：「一旦占有，在法律上就十拿九穩。」（Possession is nine-tenths of the law.）³ 如果採用傳統集中式伺服器的模式，使用者永遠無法真正擁有某項虛擬商品，因為這些商品其實是以數位紀錄的形式，存在其他人的資產（也就是伺服器）上，使用者擁有的只是存取這些紀錄的權限。就算使用者把這些資料從伺服器上轉移到自己的硬碟裡也無濟於事，因為虛擬商品的使用，必須能讓世界上其他人願意承認、接受這些資料才行。但區塊鏈從本質上就能做到這一點。

　　NFT 的另一項關鍵特性能讓人產生更強烈的「占有感」，那就是不受限的轉售權。玩家在某款遊戲裡買下一枚 NFT 之後，由於區塊鏈無需信任、無需許可的特性，也就代表遊戲製造商從此再也無法阻止這枚 NFT 的後續交易。甚至玩家在交易的時候，也不會主動通知遊戲製造商，而交易紀錄是位於公共帳本上。出於類似的理由，任何開發商都無法將以區塊鏈技術為基礎的資產「鎖」在他們的虛擬世界裡。由於在區塊鏈上的所有權無需許可，而且代幣完全是由擁有者來控制，因此從遊戲 A 買來的 NFT 就能自由帶到遊戲 B、C、D 等當中。最後，從 NFT 的結構就可以看出，即使這項虛擬商品又被鑄造

成另一枚複製版 NFT，當初的 NFT 仍然是獨一無二的「原始正本」。這就像是一幅畫作上有畫家簽名、寫下畫作日期，還標示出是唯一一幅。

在 2021 年，NFT 的交易額來到大約 450 億美元，橫跨許多產業類別。[4] 其中包括 Dapper Labs 推出的「NBA 頂尖好球」（NBA Top Shots），把 NBA 在 2020 ～ 2021 與 2021 ～ 2022 賽季的精彩片段鑄造成可收藏、類似球員卡的 NFT；Larva Labs 推出「加密龐克」（Cryptopunks），這是一系列共一萬個以演算法生成的 24×24 像素 2D 虛擬化身，通常作為個人檔案圖片；《Axie Infinity》的內容基本上就像是區塊鏈版的寶可夢遊戲，供玩家收集、養育、交易與戰鬥；還有區塊鏈賽馬遊戲《Zed Run》，推出 3D 賽馬，能用來參加虛擬賽馬競賽；至於「無聊猿」（Bored Apes），除了同樣是個人檔案照片的 NFT 系列，也是讓人加入「無聊猿遊艇俱樂部」（Bored Ape Yacht Club）的會員卡。

看到 450 億美元這個驚人的數字，就連虛擬的眼鏡也讓人跌破一地；但是，相較之下，目前由傳統資料庫管理的虛擬電玩內容，在 2021 年的相關消費就有將近 1,000 億美元，只是我們很難說這兩者應該如何比較。目前，如果有人花 100 美元買進一枚「加密龐克」的 NFT，再以 200 美元售出，看起來交易總額達到 300 美元，但以淨額結算其實只有 100 美元的支出。相對的，過去傳統的虛擬商品買賣只是單向交易，買來之

後無法轉售或交換，每一筆交易都已經是「淨額」。這也就代表著，在 2022 年，傳統電玩可能繼續迎來 1,000 億美元的玩家消費支出，但 NFT 就算交易總額翻倍，真正的淨支出也可能只有 100 億美元左右。突然間，「NFT 創造的營收來到電玩產業的一半」的論點，似乎是被誇大了十倍。如果想要比較得更準確，或許應該比較的是每年在傳統虛擬資產上的消費，以及 NFT 的總市值。時至 2021 年底，以 NFT 的地板價（floor price）* 計算，前百大 NFT 作品集的市值約為 200 億美元；大約只有交易總額的一半，但仍然已經來到傳統電玩產業市值的四分之一。然而，以地板價來計算總市值，代表我們認定的是這些作品集裡的所有 NFT，都會以作品集當中 NFT 的最低價售出。雖然這樣的分析有助於比較各個作品集的成長，卻不見得真的能反映市場價值。

　　有些批評者認為，NFT 的價值多半是基於投機因素，也就是為了獲利，而不具有真正的實用性，就像在《要塞英雄》裡面的各種裝扮造型一樣。但是，如果要這麼說，就無法做任何比較了。同一時間，全球藝術品市場 2021 年的交易總額為 501 億美元；而且明明藝術品的買賣也有投機的因素，卻很少人批評藝術品缺乏實用性。正因為這兩種類別的關係如此緊密，以此思考 NFT 市場的規模再適合不過。此外，正是因為

---

* 編注：指市場最低入手價格。

NFT 可以轉售,才讓區塊鏈支持者認為使用者將會更看重 NFT。而且,NFT 甚至能夠出借給其他玩家或遊戲,並且設定在其他玩家使用或產生收益的時候,自動向擁有人支付「租金」。

不論我們應不應該比較,人們在 NFT 上以及在電玩物品與內容上的支出又該如何比較,兩者的成長率就是截然不同,未來可預見的成長潛力也大有差異。NFT 的整體支出在 2020 年只有約 3 億 5,000 萬到 5 億美元,但到了 2021 年卻足足成長超過九十倍;而 2020 年也比 2019 年成長超過五倍。相較之下,傳統虛擬物品銷售額的平均複合成長率大約只有 15%。此外,由於目前大多數電玩還不支援 NFT,可以說 NFT 的實用性還受到嚴重限制。而且,現在各大電玩主機平台或行動應用程式商店,都尚未支援購買區塊鏈遊戲,因此多半只能透過網頁瀏覽器來遊玩支援使用 NFT 物品的遊戲,無論在圖像表現或遊玩體驗上都比較不成熟。部分出於這個原因,目前許多最成功的 NFT 體驗都屬於收集類,而非動作類。也是因此,大多數最受歡迎的電玩遊戲、電玩系列、跨媒體連鎖、品牌與公司都還沒有發行 NFT。到目前為止,一般曾經購買 NFT 的人只有幾百萬人,但曾經在電玩遊戲內購買各種物品的玩家則有數十億人。隨著 NFT 的實用性慢慢提升,品牌與參與者數量增加,價值當然也會水漲船高,成長空間肯定還不小。

如果能實現 NFT 的互通性,或許就能成為推動成長最大

的助力。區塊鏈社群常常聲稱，區塊鏈 NFT 本質上就具備互通性，但事實並非如此。我在前面已經提過，想要使用某項虛擬商品有兩項條件：能夠存取相關資料，並且擁有能夠理解這項商品的程式碼。然而，目前大多數的區塊鏈體驗與遊戲都還沒有這樣的程式碼。事實上，如今大多數的 NFT 只有把虛擬產品的相關權利放在區塊鏈上，至於虛擬產品本身的資料，則還是儲存在集中式的伺服器上。因此，即使是 NFT 的擁有人，也必須先向儲存這項 NFT 的集中式伺服器取得許可，否則無法將商品的資料匯出用於另一項體驗。出於類似的原因，目前的區塊鏈體驗幾乎沒有哪一項真正做到去中心化，就連那些發行 NFT 的體驗也不例外。舉例來說，目前的遊戲開發商或許無法收回對 NFT 的所有權，但還是能夠改變讓 NFT 得以發揮用途的程式碼，又或者刪除玩家的遊戲帳號。

這些「去中心化」的資產，其實還是需要依賴「集中式」的機制，這就可能讓人得出兩種結論。第一，NFT 根本沒用，只是各種詐騙、投機與誤解炒作下的產物。我們在 2021 年常常看到這種狀況，而且在未來幾年也很可能仍然如此。第二，NFT 有巨大的潛力，只是仍待開發；等到區塊鏈遊戲與產品開始發揮實用，大家也能夠真正參與，就能讓潛力得以實現。

第二種結論點出區塊鏈對元宇宙的重要性。舉例來說，區塊鏈除了能為虛擬商品建立通用又獨立的紀錄，還有可能解決

虛擬商品互通性的最大障礙，那就是營收流失。

　　許多玩家都會想把購買的資產與權利，拿到各款電玩遊戲當中使用。但就業者的觀點而言，許多開發商的營收多半正是靠著銷售「僅限在自家遊戲使用」的道具。一旦允許玩家「在別處購買，在此處使用」，就會危及開發商的商業模式。而且等到玩家意識到手上有太多虛擬商品，以後可能就覺得沒有再買的必要。又或者，玩家可能從 A 遊戲購買各種造型，卻全部拿到 B 遊戲裡使用，於是負擔大部分成本的業者或許只能賺到少部分的錢。事實上，很有可能會有一群專業的虛擬商品賣家應運而生，這些人不必負擔任何遊戲的初始或營運成本，也能以遠遠較低的價格提供在遊戲裡的各種道具。

　　許多遊戲開發商擔心，這種「開放道具」的經濟所創造出的價值，多半進不了自己的口袋。A 開發商為了 A 遊戲打造 A 造型之後，有可能也無法帶動 A 遊戲的銷量，反而直接成為 B 開發商某款長青遊戲裡熱門且高價的造型。在這種時候，A 開發商有可能明明是想打敗 B 開發商，卻反而等於為對方創造內容、提供彈藥！又或者，有可能 A 開發商推出的各種道具變得極具代表性、價值連城，於是某位玩家靠著轉售 A 開發商的各種道具，賺的錢反而比當初 A 開發商賣出這些道具時更多；更慘的是，有可能 A 開發商當初賣掉道具之後，就再也沒有後續獲利。

　　當然，貿易本來就是個錯綜複雜的過程，就算對整體經濟

有正面影響，也可能出現個別的輸家。然而，如果能參考現實世界，設計類似的所得稅或關稅機制，應該就有助於互通性的發展。以 NFT 為例，目前大多數機制都會設計成在交易或轉售時，自動向原創者支付一筆佣金。而未來在各個虛擬世界之中，也可以設計成在進出口「外國」商品時收取費用。也有人建議，應該設計讓虛擬商品也有降解退化的機制，類似某種「使用成本」，讓商品慢慢失去價值，就能推動消費者再次購買。總結來說，想用區塊鏈來避免可能的營收流失問題，光靠區塊鏈還不夠，還需要相關系統與獎勵措施「完美」搭配；只不過，從全球化帶給我們的教訓，就可以看出這絕無可能。但如果能透過無需信任、無需許可、自動提供報酬的模式，許多人相信區塊鏈仍然能夠打造出一個更具有互通性的世界。

區塊鏈上的電玩遊戲

　　不論各位對於 NFT 的長期展望抱持怎樣的看法，以區塊鏈為基礎的虛擬世界與社群還有其他更有趣的面向。我在前面提過，每個去中心化的應用程式都能夠向使用者與所屬網路發行類似加密貨幣的代幣，而且這種代幣並不需要像比特幣與以太坊那樣，一定要用運算資源來換取，而能在有人貢獻時間、介紹新用戶、輸入資料、提供智財權、提供資金等資產、提供頻寬、行為良好（例如積極參與社群）以及協助管理等等的時

候作為獎勵。這些代幣可以附帶遊戲的管理權，而且當然也能隨著遊戲一起升值。此外，每位使用者，也就是玩家，通常也能購買遊戲發行的代幣；這樣一來，當所愛的遊戲大發利市的時候，玩家就能像個股東一樣共享成就。

　　開發商相信，運用這種模式，能夠減少對投資人資金的需求、加深遊戲與社群的關係，並且顯著提高玩家的參與度。例如，假設我們本來就很喜歡《要塞英雄》或 Instagram，如果還有機會從中獲利或協助管理，甚至兩者兼具，當然就會想要投資這些項目，也會玩得更勤、用得更凶。畢竟如果看看過去的例子，農場遊戲《FarmVille》不會提供玩家收入，玩家不是遊戲的股東、更不會得到農場，就已經讓幾百萬人花費幾十億個小時，在遊戲裡耕田種菜不亦樂乎。一如往常，雖然這些遊戲在技術上不一定需要使用區塊鏈，但許多人相信，如果能帶入區塊鏈無需信任、無需許可、無摩擦（frictionless）*的特性，這些遊戲就更有可能大獲成功，而且最重要的是得以永續。這樣的永續性，除了來自玩家的參與度增加，並覺得這款遊戲自己也有一份，此外也來自區塊鏈讓遊戲難以背叛玩家的信任，反而必須去贏得玩家的信任。

　　要解釋這種去中心化的應用程式與使用者之間的互動，Uniswap 與 Sushiswap 這兩款應用程式的競爭會是很好的例

---

* 編注：指的是由於網路技術發展而讓生產、交易或中介成本逼近零元。

子。Uniswap 是最早一批大受歡迎的以太坊去中心化應用程式，開創自動造市商（Automated Market Maker，簡稱 AMM）機制，讓使用者能夠透過集中交易所把 A 代幣換成 B 代幣。Uniswap 的原始碼大部分屬於開源，因此技術也被競爭對手 Sushiswap 複製而形成分支。為了招攬用戶，Sushiswap 決定向使用者發送代幣。於是，Sushiswap 的使用者能夠擁有和 Uniswap 使用者完全相同的功能，而且還等於得到 Sushiswap 的股份。整起事件發展到最後，逼得 Uniswap 也得發送自己的代幣，而且還得回溯獎勵過去所有的使用者。像這種有利於使用者的「軍備競賽」已經屢見不鮮。在數位時代，使用者身分、資料與數位財產等資料經常受到嚴密保護，但到了區塊鏈上，這些資料並不是由去中心化應用程式本身來維護，而是交給區塊鏈處理，也就說，幾乎不可能阻止有人將既有去中心化應用程式改善後推出新的版本。

　　區塊鏈除了能用於去中心化應用程式的運作與帳號服務，也能用來作為運算相關的遊戲基礎。我在第 6 章曾經強調，我們永遠會需要更多的運算資源，而且長期以來也相信，如果要實現元宇宙，就必須讓那些平常只是閒置的幾十億顆中央處理器與圖像處理器派上用場。因此，有幾間區塊鏈新創企業正以此為目標，而且看來成功在望。雲端算繪企業 Otoy 就是其中之一，用以太坊為基礎，推出 RNDR 網路（RNDR Network）與 RNDR 幣（RNDR Token）；使用者需要圖像處理器資源處

理任務的時候，不必求助於要價高昂的亞馬遜或 Google 等雲端業者，而能夠取得在 RNDR 網路上閒置的電腦資源。靠著 RNDR 網路的協定，各方在幾秒內就能完成協商與約定，沒有任何一方會知道其他人的身分或任務的細節，所有交易也都使用 RNDR 加密貨幣來處理。

另一個例子則是 Helium，《紐約時報》對它的描述是：「一個由加密貨幣推動、用於『物聯網』設備的去中心化無線網路。」[5]Helium 使用的熱點設備要價 500 美元，可以讓使用者安全的轉播（rebroadcast）家用網路連線，速度比傳統家用 Wi-Fi 設備快上兩百倍。透過 Helium 的熱點設備，就能為一般消費者或是各種基礎設施，提供網際網路連線服務；讓一般使用者用來看臉書，或是讓停車收費器處理信用卡交易。目前，共享電動車公司 Lime 是 Helium 最大的客戶；Lime 旗下有超過十萬台電動自行車、機車、滑板車與汽車，常常會遇到行動網路死角的問題。[6]而只要是提供 Helium 熱點的使用者，就能夠依據用量取得 Helium 發行的 HNT 幣作為報酬。截至 2022 年 3 月 5 日，Helium 已經有超過六十二萬五千個熱點，遍布全球一百六十五國，將近五萬個城市；但在 2021 年還只有不到兩萬五千個熱點。[7]Helium 發行的 HNT 幣，總值也已經超過 50 億美元。[8]值得注意的是，Helium 成立於 2013 年，原本只是一個傳統（無償）點對點網路服務，但一直無法打入市場，直到轉型使用加密貨幣為貢獻者提供直接報酬，才終於

有所發展。目前無法確定 Helium 能否撐得下去，或是又有多少潛力；多數網際網路服務供應商其實並不允許使用者轉播連線，只是在連線沒有用於營利，或是總用量也不高的時候選擇睜一眼閉一眼，但是這並無法保證未來他們會繼續容忍 Helium 或類似的服務。不論如何，Helium 目前也讓我們再次看到去中心化支付模式的潛力，而且這間公司目前也已經開始直接和網際網路服務供應商進行協商。

在 2021 年，由於加密遊戲相對還處於草創初期，每位玩家能得到巨額收入，因此發展蓬勃，無論規模與多元性都不斷激增。一位全球知名的遊戲投資人告訴我，除非是已經任職於世界知名的電玩工作室，否則幾乎所有她認識有才華的遊戲開發者，現在都把心思投在開發區塊鏈遊戲。整體而言，區塊鏈遊戲與遊戲平台已經取得超過 40 億美元創投資金，[9] 區塊鏈企業與專案取得的總創投資金約為 300 億美元；有些人推測，各個創投業者已經募集或預計投入的金額還有 1,000 億～ 2,000 億美元。[10]

人才湧入、資金暴增與實驗大量出現，迅速催生良性循環，讓更多人開始使用加密錢包、玩區塊鏈遊戲、購買 NFT，也提升各種區塊鏈產品的價值與實用性，於是吸引更多開發商加入，進而又吸引更多使用者。最後會把我們帶向的未來，只會留下少數可交換的加密貨幣，用來推動無數種不同遊戲所構成的經濟體，而不像目前這樣有 Minecoins、V-Buck、

Robux 等加密貨幣百家爭鳴。而且在這樣的未來，所有虛擬商品都會希望至少具備部分的互通性。

等到有了足夠的規模，就算是某些前區塊鏈時代最成功的遊戲開發商，例如動視暴雪、Ubisoft 與美商藝電等，也都會發現這些區塊鏈技術能帶來無法抗拒的財務與競爭優勢。而且另一項有利於轉變的因素在於，這種做法並不是要把經濟與帳號系統拱手讓給平台競爭對手如 Valve 與 Epic Games，而是開放給整體電玩社群。

去中心化的自治組織

然而，數位原生「可程式化」支付管道最顛覆現狀的一點在於，能夠推動更大規模的獨立協作，也能更輕鬆為新專案取得資金。雖然這點和前面的討論有部分重疊，但我還是希望能從更全面的背景來加以探討。

為此，我想從自動販賣機談起。最早的自動販賣機出現在兩千年前，大約西元 50 年，當時投入硬幣就能得到聖水。而到了 19 世紀末，自動販賣機已經販賣各式各樣不同的商品，除了水，還有口香糖、香菸、郵票等。不需要店主或律師供貨、收款與檢查，而是遵照一項固定的規則：「做 A，就會得到 B。」而且人人都信任這套系統。

我們現在可以把區塊鏈想成一台虛擬自動販賣機，而且更

聰明。例如,區塊鏈能夠追蹤多位不同的貢獻者,設定不同的價值。這就像是當 A 先生手上只有 0.75 美元,但想在自動販量機買一條 1 美元的能量棒,於是向路人 B 開口借 0.25 美元。而路人 B 雖然同意,但條件是能量棒得對半分給路人 B,而不是按比例只分四分之一。如果是「區塊鏈自動販賣機」,就能將 A、B 兩人的協議寫成一份「智慧合約」,並且在取得兩人的款項之後,自動(而且無法造假的)將適當的量(對半)提供給適當的對象。與此同時,區塊鏈自動販賣機還可以自動把錢分給這條能量棒背後的各方廠商,例如把 5 美分給負責補貨的物流、7 美分給販賣機的擁有者,以及 2 美分給販賣機的製造商等。

像這樣的智慧合約只要幾分鐘就能編寫完成,而且幾乎可以用於任何目的;可以是簡短的臨時合約,也可以是龐大的長期合約。例如獨立作者與記者,就可以使用智慧合約為自己的研究、調查與寫作籌措資金,相當於是對未來成果的預付款,只不過付錢的人不是企業,而是社群。等到完成作品,就能在區塊鏈上鑄造並出售,又或者放在使用加密貨幣的付費牆後,收益則分享給當初的出資人。另一種做法,則是可以有一群作者共同發行代幣,為某本進行中的新雜誌募資,發行後必須持有代幣才能閱讀。又或者,作者也可以運用智慧合約,將得到的小費自動分享給過去曾經提供協助或靈感的人。而這些都不需要提供信用卡號、不用輸入媒體交換自動轉帳詳細資訊、無

須開立發票，甚至也花不了太多時間，一切就只是一個使用加密貨幣的加密錢包罷了。

有些人認為智慧合約就像是元宇宙時代的有限公司、或是美國的 501(c)(3) 組織（非營利組織），能讓人在寫成之後立刻得到資金，而無須要求參與者簽署文件、完成信用檢查、確認完成付款、提供銀行帳戶存取權限、聘請律師，甚至連參與者的身分都無須得知。更重要的是，智慧合約能透過「無需信任」的方式，持續為組織管理大部分的行政工作，包括指派所有權、計算關於企業章程規定的投票結果，以及分配支付款項等。這些組織通常稱為「去中心化自治組織」（Decentralized Autonomous Organization，簡稱 DAO）。

事實上，例如許多目前最貴的 NFT，背後的買家其實並非個人，而是去中心化自治組織；這些去中心化自治組織集結幾十名、有時候甚至是幾千名匿名的加密貨幣使用者，要不是集合眾人之力，這些人永遠無法個別買下那些 NFT。而且，只要運用去中心化自治組織的代幣機制，他們就能夠共同決定要將 NFT 售出的時機與最低價格，也能處理賣出後的款項分配問題。這種去中心化自治組織最著名的例子就是「憲法去中心化自治組織」（ConstitutionDAO）。當時，全世界現存十三份《美國憲法》第一版，有一份會在 2021 年 11 月 18 日的蘇富比拍賣會上拍賣，憲法去中心化自治組織於是在 11 月 11 日組成，準備加入競標。雖然缺少事先計畫，也沒有「傳統」的

銀行帳戶，憲法去中心化自治組織仍然迅速募得超過 4,700 萬美元的資金，遠超過蘇富比原本預估 1,500 萬至 2,000 萬美元的拍賣價。只不過最後憲法去中心化自治組織功敗垂成，這份《美國憲法》由身價超過 10 億美元的避險基金創辦人肯‧格里芬（Ken Griffin）標下。但彭博的報導點出這件事：「展現憲法去中心化自治組織的力量……（憲法去中心化自治組織）有可能改變民眾購買物品、成立企業、共享資源，以及經營非營利組織的方式。」[11]

　　與此同時，憲法去中心化自治組織的例子也讓我們看到以太坊區塊鏈的許多問題。舉例來說，在憲法去中心化自治組織的集資過程中，估計光是交易手續費就花掉 100 萬到 120 萬美元。雖然這只占贊助總金額的 2.1％，還在各種傳統支付管道的平均範圍內，但這次贊助金額的中位數估計為 217 美元，其中「礦工費」就占將近 50 美元。此外，交易取消而需要退回款項的時候，以太坊區塊鏈並無法「免除」手續費。所以等到競標失敗，大多數贊助者選擇收回贊助款項，卻也等於來回就必須支付兩次手續費。還有許多款項，因為退款的手續費將超過款項本身，於是至今留在憲法去中心化自治組織手中。這些問題有許多都是因為當初的智慧合約程式寫得太粗心大意，如果用的是另一套區塊鏈或第二層解決方案，應該就能避免。

　　雖然在《美國憲法》一役最後是由「傳統金融」的成員打敗「去中心化金融」社群，但那些高端金融界（high finance）

的人，其實也會使用去中心化自治組織進行投資。以「Komorebi Collective」為例，目標是為「傑出的女性與非二元性別加密貨幣創辦人」提供創投資金，成員包括知名的創投業者、科技業高階主管、記者與人權工作者。2021 年底，大約五千名熱愛戶外運動的民眾也組成去中心化自治組織，在美國懷俄明州黃石國家公園附近買下一塊 40 英畝的土地；這個州在當年稍早才剛通過立法，承認去中心化自治組織的合法性。這個名為「CityDAO」的組織並沒有正式實際上的領導者，主要是透過 Discord 而組成，以太坊的共同創辦人維塔利克・布特林也是成員，所有重大決策均以投票決定，成員也能夠隨時售出自己的會員代幣。CityDAO 有一位成員擔任名義上的領導者，而他就向《金融時報》表示，希望懷俄明州承認去中心化自治組織的做法能夠「成為數位資產、加密貨幣與實體世界之間重要的基本連結」。[12] 以下的資訊值得參考，懷俄明州也是美國最早允許創立有限公司的州，在 1977 年便通過相關立法，比全美早了大約 19 年。

　　至於「Friends with Benefits」實際上就是一個以去中心化自治組織為基礎的會員制社群，持有代幣的人才能進入私人的 Discord 頻道，參與活動、取得資訊。有些人認為 Friends with Benefits 要求必須購買代幣才能加入，其實只是複製早就流傳幾百年歷史的「會員費」模式，但又搭上現代「加密貨幣」的炒作熱潮。然而，這種論點忽略 Friends with Benefits 代幣機

制的效果，因為會員並不是支付年度「會費」，而是需要先購買一定數量的 Friends with Benefits 代幣才能加入，為了維持會員身分，還得持續持有代幣。如此一來，每位會員都可以算是 Friends with Benefits 的股東，也隨時能夠賣掉手中的代幣而離開社群。這個社群愈成功、愈受歡迎，代幣的價值就會水漲船高，因此每位成員都有動機為社群投注自己的時間、想法與資源。而且一般來說，線上社群平台愈流行，就愈可能湧入大批酸民，然而隨著代幣價值上升，要加入 Friends with Benefits 作亂就愈來愈不划算。而且代幣升值，也代表整個社群需要更努力，才能繼續贏得成員的支持。舉例來說，要是你原本花 1,000 美元購買代幣加入社群，這時價值已經變成四倍，社群可得多努力把你留住，否則如果你決定將代幣脫手離場，就會讓其他代幣的市值下滑。最後一點，有許多社群去中心化自治組織會使用智慧合約發行代幣，提供給個別成員，以表彰他們對去中心化自治組織的貢獻，又或者是發送給一些財力不足以加入社群、但成員認為值得邀請加入的人。

至於 Nouns DAO 組織，其實就像是結合 Friends with Benefits 與加密龐克，每天都會拍賣一個新的 Noun（一個點陣圖可愛化身的 NFT），淨收益 100％交給 Nouns DAO 的金庫，專門用來提升 Nouns NFT 的價值。這個金庫的具體做法為何？其實就是可以讓這些 NFT 擁有者提出相關提案，若投票表決通過，就由金庫提供資金來執行。實際上這就是一個會不斷成

長的投資基金,而管理者就是一個會不斷變大的理事會。

　　有些人認為,目前大規模線上社群網路常常充斥著針對性的騷擾與惡意行為,而社群去中心化自治組織與代幣可能是一種解決辦法。例如,讓我們假設有一種模式,當推特使用者只要舉報不良行為,就能得到價值不菲的推特幣;審查其他人舉報的推文也能得到推特幣;至於違反規定則會失去推特幣。同時,如果想在推特上賺到收益,除了透過小額贊助(donate)與業配,超級使用者與在網路上具有影響力的人也可以靠著舉辦活動而獲得代幣。時至 2021 年底,Kickstarter、Reddit 與 Discord 都已經公開提出計畫,表示將轉向基於區塊鏈的代幣經營模式。

區塊鏈的障礙

　　對於可能出現的區塊鏈革命,目前仍有諸多障礙。最值得提的一點,就在於區塊鏈還太過昂貴、太過緩慢,於是大多數「區塊鏈遊戲」與「區塊鏈體驗」主要還是在非區塊鏈的資料庫上運作,結果就是無法達到真正的去中心化。

　　由於大規模即時算繪 3D 虛擬世界的運算要求極高,又必須達到超低延遲的標準,有些專家認為我們或許永遠無法真正讓這種體驗走向去中心化,而元宇宙就更不用提了。換句話說,如果運算資源本來就已經十分匱乏,光速也早已成為挑

戰,現在還說要把同樣的「工作」做個無數次、等著全球網路達到共識,怎麼可能會是個合理的選擇?而且就算能夠做到,過程中需要使用的能源難道不會讓地球熱到融化嗎?

或許有人覺得這些討論只是在耍嘴皮,但各方的想法其實很不一致。很多人相信,那些關鍵技術問題總有一天能夠解決。例如以太坊正不斷改良驗證的過程,減少網路參與者需要執行的工作,而且重點在於減少重複的工作,目前每筆交易使用的能源已經不到比特幣區塊鏈每筆交易的十分之一。市面上也出現愈來愈多的第二層與側鏈應用方案,能夠解決以太坊的許多不足;至於像 Solana 這種較新的第一層方案,也能在維持程式靈活性的前提下,使效能大幅提升。根據 Solana 基金會(Solana Foundation)的說法,目前單筆交易需要的能源,大約就只像是做兩次 Google 搜尋一樣。

在大多數國家與美國多數州,去中心化自治組織與智慧合約尚未得到法律承認。雖然情況正在改變,但光是得到法律承認還算不上是個完整的解決方案。有句俗話說「區塊鏈不會說謊」,或是說「區塊鏈無法說謊」。雖然區塊鏈可能真的不會說謊,但使用者卻可能對區塊鏈說謊。舉例來說,歌手如果將歌曲版權代幣化(tokenize),就能用智慧合約執行所有付款。但真正要收版稅的時候,可能不是一切都「在區塊鏈上」,而是唱片公司得把款項電匯到這位歌手的某個集中式資料庫,再由歌手將適當的金額放進適當的錢包。另外,目前有許多 NFT

在鑄造的時候，鑄造者根本不是底層作品權利的所有人。所以換句話說，區塊鏈並無法讓一切都「無需信任」，就像是合約並無法讓所有不當行為都消失。

另外還有應用程式商店的問題：要是蘋果與 Google 就是不讓區塊鏈遊戲或交易上架，還有什麼意義？區塊鏈至上主義者（blockchain maximalist）會說，這股經濟力量將會勢不可當，不但能改變電玩製造商與電玩界的規約，就連全球最強大的企業也不得不改變。

對區塊鏈與元宇宙的觀點

在我看來，就元宇宙與社會整體而言，講到區塊鏈的重要性，可以分成五種觀點。第一，區塊鏈就是一種浪費大家時間心力的技術，只是詐騙和炒作出來的產物；區塊鏈之所以受到關注，並不是真的有什麼優點，而是因為短期投機。

第二，區塊鏈實際上並不如其他大多數（甚至是全部的）資料庫、合約與運算框架，但在使用者與開發商權利、虛擬世界的互通性，以及開源軟體支持者的報酬等方面，仍然可能帶來文化上的變革。我們有可能本來就會走向這些方向，但區塊鏈能讓過程更快、更民主。

第三，我們也更想看到的則是，區塊鏈雖然不會成為資料儲存、運算、支付、有限公司與非營利組織等用途的主要方

式，但會成為許多體驗、應用程式與商業模式的關鍵。輝達的黃仁勳就認為：「區塊鏈會帶來長時間的影響，成為一種重要的全新運算形式。」[13] 而全球支付龍頭 Visa 也已經成立加密貨幣支付部門，部門首頁就寫道：「加密貨幣得到廣大的接受程度與投資水準，為企業、政府與消費者打開一個充滿各種可能的世界。」[14] 第 8 章曾提過，你可能在 Epic Games 的《要塞英雄》買了一個化身，想帶到動視的《決勝時刻》去使用；A 虛擬世界想與 B 虛擬世界「共享」某項資產的時候，就會遇上許多問題。像是這項資產不使用的時候，應該存在哪裡？是 Epic Games 的伺服器、動視的伺服器、兩邊都存，還是其他地方？負責存放的業者，該如何得到報酬？如果這項物品被改動或出售，誰有權利完成改動並加以記錄？這些解決方法又要怎樣才能擴充應用，適用於幾百、甚至幾十億個不同的虛擬世界？就算區塊鏈只是能夠提供一套獨立系統，部分解決其中少部分的問題，對許多人來說也已經足以掀起一場虛擬文化、商業與權利的革命。

第四種觀點則認為，區塊鏈不但會是未來的關鍵技術，也會是顛覆現今平台典範的關鍵。讓我們先回想一下，為什麼現在常常是由封閉式的平台勝出。幾十年來，我們一直都有各種免費、開源、由社群經營的技術，而且這些技術常常向開發商與使用者承諾，會帶來一個更加公平、也更加繁榮的未來，卻仍然不敵各種付費、封閉、私有的其他方案。原因就在於，這

些方案背後的企業，有能力砸下鉅額投資，研發各種競爭服務與工具、吸引工程人才、招攬使用者（例如讓主機售價低於成本），以及開發獨家內容。這些投資就能吸引使用者，為開發商創造一個有利可圖的市場，於是吸引更多開發商、又吸引更多使用者，就這樣不斷循環。慢慢的，在背後管理這些開發商與使用者的企業，就能運用這樣的獨占力量與不斷擴大的利潤池，鎖住開發商與使用者，讓對手難以競爭。

　　區塊鏈能夠如何改變這種局勢？原因就在於區塊鏈能夠提供一種關鍵機制，輕鬆整合各種重要而多元的資源，例如資金、基礎設施或時間等，規模足以和最強大的民間企業抗衡。換句話說，想抓住一個上兆美元商機的時候，唯一能匹敵規模上兆美元龍頭企業的方法，可能就是找來幾十億人、募得再高出幾兆美元的資金。此外，區塊鏈也等於是內建一個成熟的經濟模型，能夠向有貢獻或承擔基本運作的人員提供報酬，而不是像大部分的開源專案，只能依靠領導者的善意與良心。而且，至少到目前為止，區塊鏈專案似乎能為開發商帶來比封閉遊戲平台更高的利潤。而同樣重要的是，相較於過去使用傳統資料庫與系統的企業，區塊鏈平台與企業高層對開發商與使用者的控制明顯少得多，無法強行將使用者的身分、資料、支付、內容與服務等項目都綑綁在一起。安霍創投（Andreessen Horowitz）的克里斯・狄克生（Chris Dixon）一直很注意加密貨幣，而在他看來，如果說 Web 2.0 的基本信條是「不作惡」

（這曾是 Google 在各種意義上極為知名的非官方座右銘），那麼（以區塊鏈技術為基礎的）Web3 基本信條就是「無法作惡」。

　　然而，未來所有資料都移到區塊鏈上的機會應該不大，也就代表很少有體驗能夠真正「去中心化」，多半實質上仍然屬於集中式，或者至少由某一方強力控制。此外，所謂的控制指的除了擁有資料，還包括擁有專屬程式碼，或是擁有智慧產權。舉例來說，由於 Uniswap 主要是開源程式，要複製使用相對並不困難；但是就算以後有了區塊鏈版本的《決勝時刻》，並不代表其他開發商就有權複製使用。一款迪士尼的區塊鏈遊戲，或許會為玩家提供迪士尼 NFT 的無限權利，但仍然不代表其他開發商可以使用迪士尼的智慧產權來打造另一款類似的遊戲。換句話說，小孩可以拿著黑武士與米老鼠的模型玩偶，在浴缸講故事講得興高采烈，但並不代表孩之寶買下這些玩偶之後，能夠用來打造一款迪士尼樂園的桌遊。另一種「鎖住」開發商與使用者的方法，則是靠習慣的力量。舉例來說，現在 Bing 搜尋引擎的搜尋結果可能比 Google 更精準、廣告也更少，但是想到要使用這個搜尋引擎的人卻很少。而且就算產品或服務確實「更好」，得有多大的差異，才能說服使用者改變行為，或是超越 Google 搜尋引擎與瀏覽器搭配形成的協同效應？雖然狄克生的說法是誇張了一點，但從上面的例子就能看出來，這裡該討論的是獨立開發商與創造者如何建立權力，而

不是以太坊等底層平台如何打造或保護自身的權力。而社會一般都會認為，如果想要有健全的經濟，前者的權利應該會比後者的權利更為重要。

　　關於區塊鏈的第五個觀點認為，區塊鏈基本上就是元宇宙必要的條件，至少是那種符合我們崇高想像、想要生活在其中的元宇宙。提姆・斯維尼在 2017 年就表示，我們總有一天會意識到：「區塊鏈就是運作程式、儲存資料、執行各種可驗證交易的通用機制。對於一切存在於運算的事物，區塊鏈就是它們的母集（superset），我們最後會認為區塊鏈就像一台去中心化的電腦，運算速度比我們的桌機快上十億倍，因為這正是所有個人電腦的組合。」[15] 如果我們希望能夠產生豐富、即時算繪、具延續性的世界級模擬，就必須設法運用全世界所有的運算、儲存與網路基礎設施；不過這些並不需要使用區塊鏈技術。

　　2021 年 1 月，在元宇宙與 NFT 掀起熱潮前不久，斯維尼曾在推特上提到：「以區塊鏈作為開放式元宇宙的基礎。這是最合理的一條路，能實現最終的長期開放框架，讓每個人都能控制自己的存在，無須守門員把關。」但在一條後續推文裡，斯維尼又提出兩項免責聲明：「一、目前最先進的技術，還遠遠無法達到以 60 赫茲的更新率提供交易媒介，滿足在即時 3D 模擬裡一億名使用者同時上線。二、這不是對加密貨幣投資的背書；這些投資是一場瘋狂、投機的亂局……但這項技術本身大有可為。」[16]

　　時間來到 2021 年 9 月，斯維尼仍然對區塊鏈的潛力十分樂觀，但似乎也對相關濫用有點氣餒，曾表示：「（Epic Games 目前不打算）碰 NFT 這一塊，是因為目前整個領域充斥著麻煩的騙局，各種有趣的去中心化技術基礎、還有騙局。」[17]隔月，Steam 禁止使用區塊鏈技術的遊戲，但也促使斯維尼宣布：「Epic Games Store 歡迎使用區塊鏈技術的遊戲，但前提是遊戲必須遵守相關法律、揭露相關條款，並由適當團體完成年齡分級。雖然 Epic Games 的遊戲並不使用加密貨幣，但我們歡迎技術與金融領域的創新。」[18]斯維尼的批評點出一項區塊鏈支持者常忽視的問題：這些人常常只以為去中心化能夠保護財富，卻沒發現這也可能讓人失去財富。在沒有中介機構、監理機構或身分驗證的情況下，加密空間已經充斥各種侵犯版權、洗錢、盜竊與謊言的猖獗行徑。許多 NFT 與區塊鏈遊戲雖然炒得火熱，但玩家根本搞不清楚自己買了什麼、有什麼用途、未來又可能會怎樣；而且只要價格上升，許多人也根本不在乎）。

　　區塊鏈熱潮究竟有多少是出於炒作，多少又基於（潛在的）現實，目前還很難說，就像元宇宙的情況一樣。然而，運算時代給我們的一項核心教訓，就是平台只要能為開發商與使用者提供最佳服務，總有一天會勝出。區塊鏈還有很長的路要走，但在許多人看來，還是需要依賴區塊鏈「無法更改」與「透明」的兩大特性，才能在元宇宙經濟不斷成長的時候，依然不忘對這兩種理想的追求。

第三部

元宇宙將如何
徹底改變一切

第 12 章

元宇宙何時到來？

　　第二部談到需要哪些條件，才能完整實現我所定義的元宇宙。到了第三部的第一章，當然也就無法避免這個問題：元宇宙何時會來到？另外也要預測這會對各種產業有哪些影響。

　　關於元宇宙將在何時來到，就算是每年為了這個網際網路「準繼承國」砸下數百億美元的人，目前的意見也極為分歧。微軟執行長薩蒂亞・納德拉曾說元宇宙「已然來到」，微軟創辦人比爾・蓋茲則說：「在接下來兩、三年內，我預測大多數的虛擬會議會從 2D 鏡頭圖像網格轉移到元宇宙裡。」[1] 臉書執行長馬克・祖克柏說：「在未來五到十年間，許多（元宇宙）將成為主流。」[2] 而 Oculus 前任科技長暨現任顧問科技長約翰・卡馬克所預測的時間則甚至更晚。Epic Games 執行長提姆・斯維尼與輝達執行長黃仁勳則多半不提明確的時間表，只說元宇宙會在未來幾十年間出現。至於 Google 執行長桑德・皮蔡也只說沉浸式運算是我們的「未來」。騰訊集團高級副總裁馬曉軼負責騰訊大多數的遊戲業務，並在 2021 年 5 月公開介紹騰訊的「超數位實境」願景；而他就警告表示，雖然「元宇宙終將來到，但還不是今天⋯⋯我們今日所見，雖然和幾年前相

比確實是飛躍性的發展，但仍然十分原始初階、屬於實驗性質。」[3]

如果要預測網際網路與運算的未來，不妨先回顧一下兩者交織而密不可分的過往。各位請想一下，行動網路時代是從什麼時候開始的？對某些人來說，或許會認為這段歷史是從出現第一部手機開始。也有人會覺得應該從 2G 技術正式商用起算，畢竟這才是第一個真正的數位無線網路。又或者，真正開始的時間點是 1999 年無線應用通訊協定（Wireless Application Protocol，簡稱 WAP）上路，我們從此能夠使用各種無線應用通訊協定瀏覽器，以過去的「智障型手機」（dumbphone）訪問大多數的網站；而當時的網站多半都還相當原始。還是說，應該等到黑莓機的 6000、7000、8000 系列推出，才能算是行動網路時代？畢竟要說誰才是第一款專為行動無線資料所設計的主流行動裝置，候選者肯定就在這幾款黑莓機系列之中。但如果要問大多數人的想法，答案應該都和 iPhone 脫不了關係。iPhone 上市的時間，已經是在無線應用通訊協定和第一代黑莓機問世將近十年後，比 2G 網路晚了將近二十年，更比第一次手機通話晚了三十四年。但在上市之後，iPhone 儼然定義許多行動網路時代的視覺設計原則、經濟學與商業實務。

事實上，並沒有哪個明確的時刻，像是打開電燈開關一樣「打開」行動網路時代。雖然我們能夠明確知道某項技術是在什麼時候出現、測試或實際上路，卻說不準一個時代究竟是何

時開始、何時結束。轉型是一個不斷反覆而進展的過程，是許許多多不同改變的逐漸匯聚。

　　以電氣化的進程為例，我們會說這段過程從 19 世紀晚期開始，一直持續到 20 世紀中葉；觀察的重點是這段時期逐漸接受並採用電力，但也等於不去談人類是在這之前的幾個世紀之間，先是理解電力、進而能夠捕捉儲存電力，接著才能夠輸送電力。而且，電氣化並不是在這段時間內一直穩定成長，也不是所有相關產品都廣為民眾接受，而是有前後兩波在技術、工業與流程上的轉型浪潮。

　　第一波浪潮大約從 1881 年開始，愛迪生分別在曼哈頓與倫敦建起第一批發電廠。雖然愛迪生將電力商業化的動作迅速，畢竟他在短短兩年前才剛打造出第一個能實際使用的白熾燈泡，然而民間對這種資源的需求並不高。時間就這樣又過了四分之一個世紀，在美國的機器估計仍然只有 5 ～ 10% 是以電力推動，而且三分之二是在地方發電，而不是透過電網傳輸。但接著突然之間，第二波浪潮開始了。在 1910 ～ 1920 年間，機器以電力推動的比例翻了五倍，達到超過 50%，其中將近三分之二來自獨立的電力公司。到了 1929 年，比例又來到 78%。[4]

　　第一波與第二波之間的差別，並不是美國又多出哪些用電的產業，而是產業內用電的程度提升，以及開始出現以用電為主軸的設計。[5]

　　工廠剛開始用電的時候，通常只用來照明，以及代替過去

工廠裡的動力來源；通常被取代的是蒸氣動力。如果想讓電力
能夠傳遍全廠發揮作用，得要換掉整個工廠沿襲下來的基礎設
備，對業主來說根本是天方夜譚。於是他們繼續使用笨重的齒
輪模組，不但混亂、吵雜、危險，也難以升級或更換。而且，
所有設備只有「全開」或「全關」的選項，因此無論想開機的
是單一機台或是整座工廠，都得使用全部的動力，而且還會遇
上數都數不清的「單點故障」（single point of failure）[*]，很難從
事專業化的工作。

　　但最後，業主終於了解各項新技術，也培養出新的觀念，
有能力與理由重新徹底翻新工廠、改用電力。齒輪換成電線，
機台也各依功能改裝各種專用電動馬達，處理縫紉、切割、壓
製、焊接等工作。

　　電力的優點十分廣泛。現在工廠內的空間更大、光線更
亮、空氣更好，也減少許多可能威脅生命安全的設備。更重要
的是，每個機台能夠個別啟動，因此安全性提高，同時成本降
低、停機時間也減少。此外，工廠也能開始使用更著重特定功
能的設備，例如電動套筒扳手。

　　於是，工廠業主不再受限於過去龐大笨重的動力設備，能
夠依照生產流程的邏輯來配置生產區域，甚至還能定期重新調
整配置。這樣一來，有更多產業能夠擁有組裝生產線（首見於

---

* 編注：指的是系統中某一個物理節點故障，因而導致整個系統癱瘓的現象。

18 世紀晚期），至於已經擁有生產線的產業則能夠更進一步擴充，並提升效率。1913 年，亨利・福特（Henry Ford）打造出第一條流水式生產線（moving assembly line），使用電力與輸送帶，將每輛汽車的組裝時間從十二個半小時減少到只需要九十三分鐘，而且還能減少用電。歷史學者大衛・奈伊（David Nye）認為，福特著名的高地公園（Highland Park）工廠，是「以電燈與電力隨處可得為前提而興建」。[6]

只要有少數工廠開始電力轉型，整個市場就會被迫跟進，於是刺激更多投資與創新投入電力基礎設施、設備與流程。第一條流水式生產線啟用一年後，福特製造的汽車數量已經超過所有對手的總和。福特生產出第一千萬輛汽車的時候，路上的汽車有超過一半都是福特製造。

帶動「第二波」產業電氣化的原因，並不是因為出現某個深具遠見的人，在愛迪生的核心成就上又推動飛躍的進步，也不只是因為有愈來愈多的工業發電廠。而是因為有許多創新環環相扣，整體累積達到關鍵多數。這些創新包括電力管理、硬體製造與生產理論等，有些創新小到能放在工廠經理的手掌上，有些則大到得有整個房間才放得下，甚至還有些根本是一座城市的規模，而一切都要靠人、都要講流程。總體來說，正是這些創新促成所謂「咆哮的二〇年代」（Roaring Twenties），見證百年以來勞動與資本生產率最高的平均年增率，也推動第二次工業革命（Second Industrial Revolution）。

2008 年的蘋果能做出 iPhone12 嗎？

　　從電氣化的例子，可以讓我們更了解行動時代將如何來到。我們可能「感覺」iPhone 是行動時代的起點，因為它整合我們認知的「行動網際網路」一切事物，像是觸控螢幕、應用程式商店、高速資料傳送與即時通訊等，還變成我們能夠握在手中、天天使用的物品。然而，真正創造、推動行動網路的因素絕不僅如此。

　　要等到 2008 年第二代 iPhone 上市，iPhone 平台才真正起飛；第二代 iPhone 的銷量足足比前一代增加近 300％，這項紀錄在之後 11 代也未能打破。第二代 iPhone 率先開始使用 3G 網路，讓人開始能夠使用行動裝置瀏覽網頁。而且蘋果也推出 App Store，於是無線網路與智慧型手機實用性大增。

　　事實上，3G 與 App Store 都不是蘋果獨有的創新。iPhone 之所以能夠使用 3G 網路，是靠著英飛凌（Infineon）製造的晶片，也受惠於國際電信聯盟（International Telecommunication Union，簡稱 ITU）與無線產業 GSM 協會（Groupe Speciale Mobile Association，簡稱 GSMA）等組織推動各種標準。後來，AT&T 等無線網路業者接受這些標準，於是在冠城（Crown Castle）與美國電塔（American Tower）等無線基礎建設公司所擁有的基地台上，以協議的標準發送 3G 訊號。

　　雖然是 iPhone 拋出「肯定有個應用程式能搞定」的口號，

但真正製作這些應用程式的人，其實是背後幾百萬個開發商。反過來說，這些應用程式也是以各種不同的標準為基礎（從 KDE 到 Java、HTML、Unity），而這些標準同樣是由外部各方建立與維護；實際上，有些公司或組織還和蘋果在部分關鍵領域上為敵。App Store 的支付模式之所以能上路，也是靠著各大銀行建立好的數位支付系統與管道。除此之外，iPhone 還得依賴無數技術，像是三星的中央處理器，而三星也是從安謀公司（ARM）取得授權；意法半導體（STMicroelectronics）的加速度計；康寧（Corning）的大猩猩玻璃；以及來自博通、歐勝（Wolfson）、國家半導體（National Semiconductor）等公司的零組件。這一切創造與貢獻，才共同打造出 iPhone，也形塑 iPhone 的改進路徑。

這一點在 2020 年上市的 iPhone 12 清楚可見，這是蘋果第一款 5G 設備。不管賈伯斯再天才、蘋果再怎麼富有，都不可能在 2008 年就推出 iPhone 12 這樣的產品。就算蘋果當時已經能夠設計出 5G 網路晶片，市場上也沒有能夠搭配的 5G 網路，沒有能和 5G 網路通訊的 5G 無線標準，也沒有能夠發揮 5G 網路低延遲、高頻寬特性的應用程式。此外，就算蘋果能夠比安謀公司早個十幾年，在 2008 年就製造出類似的圖像處理器，當時遊戲開發商所使用的遊戲引擎，也沒辦法好好運用這些高性能技術；這些遊戲開發商可是為 App Store 帶來 70％的營收。

　　蘋果現在之所以能夠走到推出 iPhone 12 這一步,雖然核心的動力來自蘋果日進斗金的 iOS 平台,但真正還是靠著整個生態系統的創新與投資,而這些創新與投資多半並不在蘋果的掌握之中。威訊(Verizon)的 4G 網路以及美國電塔的無線基地台建設之所以能夠成功,是因為消費者與企業用到 Spotify、Netflix 與 Snapchat 等應用程式,開始需要更快、更好的無線網路。要不是有這些應用程式,4G 的「殺手級應用程式」可能就只是……稍微快一點的電子郵件。與此同時,市面上也開始出現更好的遊戲,需要更好的圖像處理器;當 Instagram 這樣的照片分享服務問世,也需要更好的相機。這些硬體提升之後,就刺激使用者的參與度,為這些公司帶來更多成長、更多獲利,進而推動更好的產品、應用與服務。

　　我在第 9 章提過,消費者的習慣之所以改變,不只是因為技術能力的提升而促進軟硬體的改善。從 iPhone 推出之後,蘋果等了超過十年,才有信心可以移除實體 Home 鍵,開始讓使用者以觸控螢幕「向上滑」的方式回到主頁與管理多工處理功能。這樣的新設計為 iPhone 提供更多內部空間,能夠放進更複雜的感測器與運算元件,有助於蘋果(與開發商)引進更複雜、以軟體為基礎的互動模式。舉例來說,許多影片應用程式開始使用手勢來控制音量大小,像是以兩根手指在螢幕向上滑或向下滑,不再需要使用者暫停影片,或是讓多餘的按鈕占據螢幕空間。

條件因素到達關鍵多數

回想過去電氣化與行動網路的發展，我們應該可以自信的說元宇宙並不會突然來到。不會有明確「元宇宙之前」或「元宇宙之後」的時間點；只有等到事後回顧歷史，才會發現生活在某個時機點後就不同了。有些企業高層認為我們已經越過元宇宙的門檻，但這種論點感覺起來還是言之過早。如今，每十四個人只有不到一個人常常接觸虛擬世界，而且幾乎僅限於遊戲，也幾乎或完全沒有任何有意義的互相連結，對整體社會的影響少之又少。

然而，「有些事情」正在風起雲湧。出於某種原因，就算是祖克柏、斯維尼、黃仁勳等企業高層認為元宇宙還在未來遠方，也相信必須在此刻公開承諾要推動元宇宙成為（虛擬）現實。正如斯維尼所言，Epic Games「抱著對元宇宙的期望已經有很長、很長一段時間。一開始只是和由三百個多邊形構成圖像的陌生人進行即時 3D 文字聊天。但要到最近幾年，各項條件才開始迅速集結，並到達關鍵多數。」

其中一項條件包括愈來愈多價錢合理的行動式電腦，配備高畫質觸控顯示器，以及全球十二歲以上人口有三分之二的人手邊就有它的存在。此外，這些設備配備的中央處理器與圖像處理器功能強大，能夠完成複雜的即時環境算繪，允許數十位使用者同時上線，控制自己的虛擬化身進入環境，執行各種操

作。4G 行動晶片組與無線網路也令這項功能如虎添翼，使用者無論身在何處，都能進入這些環境。與此同時，可程式化的區塊鏈也已經出現，讓我們有希望、也有方法能夠結合全球所有人與所有電腦的力量與資源，不但能夠打造元宇宙，更能打造一個去中心化、體質健全的元宇宙。

另一項條件因素則是「跨平台遊戲」，讓玩家就算使用不同的作業系統也可以共同遊玩（跨平台連線），能在任何平台上購買虛擬商品與貨幣，帶到另一個平台上使用（跨平台購買），也能將儲存資料與遊戲的歷史紀錄帶到其他平台（跨平台進度）。像這樣的體驗，將近二十年前的技術就已經能做到，但一直要到 2018 年，各大遊戲平台才肯開放，其中 PlayStation 的例子最有名。

跨平台如此重要，有三個理由。第一，如果說元宇宙就是個存在於雲端、虛擬而具有延續性的模擬環境，就不應該還要受到設備的限制。如果根據使用者的作業系統，就會改變「元宇宙」內的所見或所為，甚至讓人進不了元宇宙，這就稱不上是「元宇宙」或平行存在平面；只能說是使用者設備上的某套軟體，讓他們能夠看到某個虛擬實境。第二，如果能夠使用任何設備和其他使用者互動，就會讓參與度飆升；想像一下，如果使用臉書的時候，在電腦或手機上還得分別使用不同的帳號、交不同的朋友、上傳不同的照片，而且傳訊息的時候還只能傳給使用相同設備的人，這樣用起來多沒勁。如果數位時代

是由網路效應與梅特卡夫定律來定義，那麼只要允許跨平台連線遊戲，讓那些分支的網路連結在一起，這些虛擬世界馬上都變得更有價值。第三，能夠提升參與度，對於打造虛擬世界的開發商會帶來莫大的好處。舉例來說，要在《機器磚塊》上打造遊戲、虛擬化身或道具，幾乎所有成本都屬於前置成本。因此對於獨立開發商來說，只要玩家願意多花一點錢，就能讓開發商的獲利大幅提升，並且有能力再投資於更好或更多的遊戲、化身與道具。

我們還可以觀察到一些文化上的改變。《要塞英雄》從 2017 年推出到 2021 年底，總共創造大約 200 億美元的營收，其中多半來自銷售各種虛擬化身、背包，以及舞蹈動作（也稱為「造型」）。《要塞英雄》讓 Epic Games 成為全世界數一數二的時尚業者，業績超越 Dolce & Gabbana、Prada、Balenciaga 等龍頭企業，也讓人看到，就連射擊類遊戲也可以不只是「遊戲」而已。與此同時，NFT 在 2021 年逐漸崛起，也讓人開始習慣即使是純虛擬物件也能要價數百萬美元。

另外該談的一點，則是「把時間花在虛擬世界」這件事逐漸洗刷汙名，以及新冠肺炎全球大流行如何加速這項過程。幾十年來，早就有許多「玩家」製造出「假的」化身，在數位世界消磨空閒時間，做一些乍看之下不像玩遊戲的事，例如在《第二人生》設計一間房間，而不是在《絕對武力》裡擊斃恐怖分子。過去，社會上會有一大部分的人覺得這種事就是很奇

怪、很浪費、很反社會，甚至更糟糕。像是有些男性明明已經成年，卻寧可獨自躲在地下室組火車模型，所以現在有些人會說，虛擬世界宛如現代版的地下室。自從 1990 年代以來，我們常常聽說有人舉辦虛擬婚禮與葬禮，但大多數人都覺得這太過荒謬；不像是真的在思念回憶，而比較像是矯揉造作。

　　但來到 2020 年與 2021 年，大家被新冠疫情的封城措施困在家裡，對虛擬世界的看法也迅速轉變，我想這就是最有說服力的原因了。有幾百萬人過去對虛擬世界心有懷疑，但現在則為了找事做、為了參加原本應該在現實世界做的活動，或者是要消磨和孩子一起在家裡的時光，於是走進各種虛擬世界與活動，像是《集合啦！動物森友會》、《要塞英雄》與《機器磚塊》等，卻都樂在其中。這些經歷不但有助於洗刷虛擬生活在整體社會心中的汙名，甚至能讓另一個（年紀較大的）世代也來參與元宇宙。*

　　人們待在家裡兩年形成不斷加成的深遠影響。光是針對最

---

* 作者注：在我看來，這和在網路上購買生鮮蔬果的發展很類似。有幾百萬名消費者雖然早就知道有這種服務，甚至也常常在網路上買衣服、買衛生紙，但就是不願意嘗試訂購生鮮蔬果。他們一心認為，如果是別人挑的生鮮蔬果，送到的時候肯定都爛掉或腐敗了，就是有一股說不上來的「不對勁」。而不論廠商砸下多少行銷資金、找來多少代言人，也無法克服這種猶豫。然而，新冠肺炎全球大流行讓許多人終於首次使用生鮮蔬果配送的服務，開始體會到在網路上買生鮮蔬果並沒什麼大不了，不但簡單方便、還很令人滿意。未來肯定還是有些人會再回到老路，親自去挑選購買生鮮蔬果，但這種人不會是全部，也不會永遠都拒絕使用這個服務。

簡單的層面而言，虛擬世界開發商賺進更高的營收，於是投入更多投資、推出更好的產品，進而吸引更多使用者、提高使用率，接著又會帶來更高的營收，就這樣循環下去。然而，隨著虛擬世界去汙名化，大家開始發現所謂的「玩家」不只有十三到三十四歲的單身男性，而是人人都有可能是客群，於是許多全球大品牌也開始紛紛湧進虛擬世界，讓虛擬世界更加廣為接受，也變得更為多元多樣。2021 年底，汽車龍頭如福特、健身品牌如 Nike、非營利組織如無國界記者、歌手如小賈斯汀、運動明星如內馬爾、拍賣行如佳士得、時尚品牌如 LV，以及系列影視作品如漫威等，都把元宇宙視為業務關鍵，甚至是成長策略的核心。

下一波成長的推動因素

　　接下來還有什麼「關鍵的條件因素」，可能讓元宇宙的營收或接受度大增？其中一個答案或許是政府出手整肅蘋果與 Google 等企業，要求他們不得繼續綑綁作業系統、軟體商店、支付方案與相關服務，而是開放各方在各個領域都能單獨競爭。另一個常有人提到的答案則是，市場上出現某款擴增實境或虛擬實境頭戴設備，像 iPhone 一樣讓幾億名消費者、成千上萬個開發商眼睛一亮，讓整個設備類別的產業活起來。至於其他答案，還包括以區塊鏈為基礎的去中心化運算、低延遲

雲端運算，以及出現通用而廣為接受的 3D 物件標準。時間最後會讓我們知道真相，但在可預見的未來，應該可以把賭注押在三大推動因素上。

第一，元宇宙所需的各項底層技術每年都在進步。網路連線服務更普及、迅速，延遲也較低。運算能力同樣變得更隨處可得、效能強大、成本也更低。至於遊戲引擎與整合型虛擬世界平台，同樣也變得更容易就能上手、更便宜就能運用，並且具備更強大的功能。標準化與互通性雖然是一條漫漫長路，但也已經開始前行；背後的推力有一部分在於整合型虛擬世界平台與加密貨幣表現亮眼，也有一部分是靠著經濟上的誘因。至於各種支付系統，也因為政府措施、訴訟與區塊鏈等種種因素而逐漸開放。請記住，斯維尼所謂「各項條件到達關鍵多數」並非靜態的，而是會不斷「集結」起來。

第二項推動因素，則是目前正在進行中的世代變化。我在本書一開頭，就討論過這個「iPad 原生世代」與《機器磚塊》崛起的相關性。這個世代從小就期待世界是互動的，會因為自己的觸碰與選擇受到影響；而目前他們已經來到具有消費能力的年紀，前幾代的人也能看到他們的行為與偏好與自己差異多大。當然，過去也有類似的情形。根據每個人所屬的世代不同，你的成長過程可能是和朋友互寄明信片，或是每天放學後打電話聊上好幾小時，又或者是用即時通訊軟體聊天，再或者是把照片放到線上的社群網路。整個發展軌跡清清楚楚。而說

到打電動，我們知道 Y 世代比 X 世代打得更凶，Z 世代超過 Y 世代，Alpha 世代又超過 Z 世代。美國小孩有超過 75％都在《機器磚塊》這個平台上享受電玩。換句話說，今天世界上出生的所有小孩，幾乎都會是遊戲玩家。也就是說，每年全球有一億四千萬名新的遊戲玩家誕生。

　　第三項推動因素則是前兩項因素結合的成果。到最後，仍然會是因為出現相關的體驗，而讓我們終於迎向元宇宙的到來。要創造出動態而即時算繪的虛擬世界，靠的不是智慧型手機、圖像處理器與 4G 網路本身創造魔法，而是要靠開發商與他們的想像力。別忘了，隨著「iPad 原生世代」慢慢長大，會有更多人從虛擬世界的消費者或業餘愛好者搖身一變，成為虛擬世界的專業開發商與商業領袖。

第 13 章

元宇宙產業

　　各方開發商可能在不久後推出什麼產品呢？我在整本書一直不去談像是「2030 年的元宇宙」，也避免去預測元宇宙到來之後的整體社會面貌，是因為這種大範圍的預測很容易失準。畢竟從現在到那個時候之間，還會不斷互相影響、形成回饋循環。有可能到了 2023 或 2024 年，就創造出某種沒人想過的新技術，帶動各種新發明、引發使用者的新行為，又或者這項新技術還會有新的用法，而帶來另一波創新、變化與應用等。然而，至少在短期內可以預測，有一些領域可能會被元宇宙以某種方式改變，吸引百萬、千萬、甚至是數億的使用者與金流。了解以上前提與考量之後，就值得來看看這些轉型可能會是什麼模樣。

教育產業

　　要說轉型就在眼前的產業，或許是教育領域。教育對社會與經濟無比重要，而目前教育資源不但匱乏，還嚴重分配不均。教育界也是「鮑莫爾成本病」（Baumol's Cost Disease）的

代表範例，這指的是：「雖然某些工作的勞動生產力並未上升，或者上升幅度很小，卻因為其他工作生產力提升而帶動薪酬上漲，而讓這些工作的薪酬也跟著上升。」[1]

這並不是要批評教師，只是要反映一項事實：過去幾十年來，由於許多新的數位技術與發展，大多數工作在經濟上都變得更「有生產力」。舉例來說，有了電腦化的資料庫，以及像是微軟 Office 等軟體，現在會計師的工作效率比過往高出一大截，相較於 1950 年代的會計師，每單位時間能完成的「工作」更多、同樣時間能服務的客戶也更多。清潔業與保全業也是如此，能夠運用現代更強力的電動清潔工具來完成打掃，以及用數位監視器、感測器與通訊設備來監控整座設施。還有健康照護產業，雖然還是十分仰賴人力，但各項診斷、治療與生命維持技術不斷進步，至少有助於抵消人口老化造成的許多相關成本。

但相較於其他產業，教學產業的生產力提升相對有限。從各項指標看來，到了 2022 年，教師在不影響教育品質的前提下，能教的學生人數並不比幾十年前來得更多，也沒有什麼方法能教得更快。然而，一個人如果不當老師，或許就會想當會計師、軟體工程師或是遊戲設計師，於是這些工作的薪酬會彼此競爭，而且也得因應經濟成長帶動生活成本上升而調漲。此外，除了教師花費的時間，不論從學校的規模、設施的品質、供給的品質來看，教育都是個資源密集程度高到令人難以置信

的產業。事實上，部分也是因為有了更新、更昂貴的技術，像是高畫質攝影機與投影機、iPad 等，於是推高這些資源的成本。

　　相對於教育成本的增加幅度，就可以看出教育生產力的成長有多麼疲弱。美國勞動統計局（Bureau of Labor Statistics）估計，從 1980 年 1 月到 2020 年 1 月，平均商品價格成長超過 260％，但大學學雜費價格卻成長 1,200％。[2] 排名第二的是醫療照護與服務業，成長 600％。

　　雖然長期以來，西方教育業的生產力成長總是落後，但科技技術專家正期許教育業的成長能夠一舉超越大多數產業。預計透過遠距學習，就能徹底重組、取代現有的中學、大學，特別是職業學校。未來許多（甚至是大多數）學生無須待在課堂，而是只要透過根據需求提供的影片、直播課程與 AI 提供的多種選擇，就能完成遠距學習。然而，新冠疫情讓我們學到的主要教訓當中，有一項就是這種「Zoom 學校」的效果十分糟糕。透過螢幕學習本來就不容易，但重點在於，我們因此失去的可能比得到的或省下的更多。

　　遠距學習最明顯失去的一點，在於「臨場存在感」（presence）。教室就是讓學生處在教育環境，會有主體性、有沉浸感，完全不同於只能透過鏡頭看著一個碰不著的學校場景。我們沒辦法在這裡深入討論臨場存在感的重要性，但教學相關的研究確實指出，讓學生實地參訪、而不是只看影片，讓

學生實際到校、而不是在家聽錄音，以及鼓勵學生盡可能「動手」學習，都會有明顯的好處。失去臨場存在感，代表失去和老師的眼神交流，失去受到老師審視的機會，失去與朋友共同學習的能力，失去對環境的觸覺認知，以及失去各種能力，像是不知道如何用針筒製作液壓機器人，不知道如何使用本生燈，也不知道如何動手解剖青蛙、豬胚胎或野貓。

　　實在很難想像，在家教學或遠距教學如何才能完全取代現場面對面的教育。但目前兩者的落差正在縮小，靠的主要就是以元宇宙為中心的各種新技術，像是 3D 顯示、虛擬實境與擴增實境頭戴設備、觸覺介面設備、眼動追蹤鏡頭。

　　有了即時算繪的 3D 技術，教育工作者就能把教室與同學帶到任何地點；再加上即將來到的豐富虛擬模擬，學習過程將會如虎添翼。一開始講到要把虛擬實境應用在課堂上，大家想到的可能只是能用來造訪古羅馬等功能，但未來的學生是要「用一個學期造出羅馬」，並且從實做中學習，實際了解羅馬的輸水道如何運作；說巧不巧，長久以來眾人一直以為「造訪」羅馬會是虛擬實境頭戴設備的「殺手級應用程式」，但結果十分令人失望。

　　從幾十年前到今日，每每教到重力，美國學生就是先看老師同時丟下一根羽毛與一把鐵錘，接著再看一部影片，內容是阿波羅 15 號的指揮官大衛‧史考特（David Scott）在月球上做同樣一件事（劇透警告：羽毛與鐵錘會以同樣的速度落下）。

像這樣的教法還是可以保留，但可以再多一點輔助教材，像是在虛擬世界打造一部精心設計的魯布戈德堡機器，讓學生模擬在地球重力、火星重力，甚至觀察金星上層大氣的硫酸雨中，會是什麼樣的狀況。學生不用再拿醋與小蘇打來模擬火山爆發，而是彷彿能夠親身進到火山口裡，攪動火山的岩漿池，跟著岩漿一起噴發到天空中。

換句話說，兒童讀物《魔法校車》（*The Magic School Bus*）裡面想像描繪的一切，都能在虛擬世界化為可能，而且規模更浩大。這些課程不同於實體課堂體驗，能夠在世界任何地點隨著需求提供，而且就算學生身體不方便或是有社交障礙，仍然完全能夠學習這些課程，要客製化也更便利。有些課程是先由專業教師現場授課，再透過動作捕捉與錄音的方式製作成資料。這樣一來，這些內容不會再產生邊際成本，也就是說，無論放映多少次，都不需要教師再多花時間，也不會有教材用完耗盡的問題。因此，相較於實際在課堂教學所需的成本，就能讓課程的定價大大降低。此外，以後也不用再擔心學生家裡是否富裕，或是當地學校經費是否充足，每位學生都能親自完成虛擬解剖課程。學生甚至不用真的去上學；而且只要願意，除了能解剖動物的各種器官，還能把身體縮小，在動物體內「悠遊」，親眼見證實際狀況。

重要的是，這些虛擬課程仍然可以再搭配一位專屬的現場教師，作為教學輔助。想像一下，我們一方面把「真實」的珍

古德（Jane Goodall）複製到虛擬環境裡，帶領學生穿越坦尚尼亞（Tanzania）的貢貝溪國家公園（Gombe Stream National Park），但同時有一位「導師」加入陪伴這些學生，讓教學更符合學生的個人需求。像這樣的教學，需要的成本只會是實地參訪的零頭金額，卻有可能得到比實地參訪更多的收穫；特別是如果和真的前往坦尚尼亞相比，教學成本就差更多。

　　我並不是要暗示虛擬實境與虛擬世界的教學有多容易。教學本來就是一門藝術，而學習效果又難以衡量。但我們不難想像如何運用虛擬體驗來強化學習，除了能為更多人提供教育教學，還能降低成本。未來，現場教學與遠距教學的落差將會縮小，預錄課程與現場指導老師的市場將會競爭激烈，而優秀的教師與他們的教學成品能夠傳播的範圍則會大幅擴張。

　　細心的讀者會發現，這些體驗其實並不會構成元宇宙，也不需要元宇宙才能實現。就算沒有元宇宙，仍然可能出現以教育為重點且令人讚賞的即時 3D 算繪世界。然而，如果這樣的世界能夠和其他虛擬世界或是現實世界互通，會有很明顯的好處。要是學生可以把自己的虛擬化身帶到各個世界，就更有可能頻繁使用那些化身。而如果學生的學習歷程能先「在學校裡」寫好，再帶到其他地方供人參考，並且仔細分析研究，就更有可能讓學生持續學習，促使學習體驗更豐富、也更個人化。

生活風格產業

　　市面上各種以社交為主的體驗當中，有許多都會被元宇宙推動轉型。如今，像派樂騰（Peloton）這樣的數位服務每天帶著數百萬人運動健身，有現場隨著需求提供的飛輪車課程，搭配遊戲化的排行榜與高分追蹤功能；而露露樂蒙（Lululemon）的子公司 Mirror，則號稱提供更多元的健身計畫，由一位半透明的教練在類似全身鏡的設備中，為使用者提供指導。目前，派樂騰的業務已經擴展到即時算繪虛擬遊戲，像是推出《Lanebreak》這款遊戲，讓玩家一邊踩著飛輪車，一邊控制一枚輪胎，在恍若科幻夢境中的賽道上滾動，獲得積分、躲避障礙。從這個跡象，就能預見未來的情形；或許不久之後，我們每天早上的例行公事就是透過臉書的虛擬實境頭戴設備，連結派樂騰的應用程式，再用《機器磚塊》虛擬化身，踩著飛輪車，越過《星際大戰》裡面白雪皚皚的霍斯（Hoth）行星，過程中還能不斷和朋友聊天。

　　正念、冥想、物理治療與心理治療也可能因為元宇宙而大為改觀，整合各種肌電感測器、3D 全像投影、沉浸式頭戴設備、投影與追蹤攝影機，提供前所未有的支援、刺激與模擬。

　　講到元宇宙的影響，交友應用也是個耐人尋味的領域。在 Tinder 推出之前，大家覺得線上交友不就是那麼一回事？填寫幾十個到幾百個選擇題，最後導出一組神祕的配對分數，為未

來的小情侶搭起愛情橋梁。然而，無論是這種信念，或是那些以這種信念所建立的公司，都被 Tinder 的照片模式給狠狠顛覆。Tinder 的使用者會不斷透過「向右滑」或「向左滑」來確認是否彼此都有興趣想聊天，每次選擇平均只花 3 ～ 7 秒。[3]近年來，交友應用程式又為配對成功的情侶添加新功能，像是各種休閒遊戲與小測驗、語音留言，或是分享自己最愛的 Spotify 或 Apple Music 播放清單。在未來，交友應用程式也能為準情侶提供各種沉浸式的虛擬世界，讓他們在這些環境裡更加了解彼此。這些情侶可能是透過模擬實境「在巴黎共進晚餐」，或是透過幻想的場景「在月球上的巴黎共進晚餐」；約會時看的現場表演則是將真正的表演者透過動作捕捉，以化身的形式呈現*，就像是墨西哥街頭樂隊在桌邊表演，或是身在亞特蘭大卻能以數位孿生的形式觀賞倫敦皇家芭蕾舞團的節目；甚至也可能體驗經典交友節目《愛情乒乓球》（*The Dating Game*）那種遊戲與節目交織的形式。此外，這些應用程式也很可能整合到一些第三方虛擬世界裡（畢竟這可是元宇宙），例如在配對成功後，就能一起去派樂騰的虛擬世界踩飛輪，或是一起去 Headspace 的虛擬世界來場冥想。

---

* 作者注：尼爾・史蒂文森曾在《鑽石年代》（*The Diamond Age*）描述過這樣的科技與體驗；《鑽石年代》出版於 1995 年，比《潰雪》晚三年。他把這種產品稱為互動書籍（interactive book，簡稱ractive），表演者則稱為互動演員（interactive actor，簡稱ractor）。

娛樂

我們愈來愈常聽到有人認為，目前電影與電視節目這種「線性媒體」的未來會走向虛擬實境與擴增實境。如果想看《冰與火之歌：權力遊戲》（*Game of Thrones*），或是金州勇士隊大戰克里夫蘭騎士隊，與其坐在沙發上看著 65 吋的平面電視，以後會變成戴上虛擬實境頭戴設備，看著等同於 IMAX 螢幕大小的模擬視野，或是彷彿人就在球場邊，還能感覺朋友也坐在身旁。另一種方式則是透過擴增實境眼鏡來觀看，就像是客廳裡還是有一大台電視。而且，電影與電視節目當然也會做到 360 度沉浸式拍攝。像是當《計程車司機》（*Taxi Driver*）的角色崔維斯・畢可（Travis Bickle）說出那句經典台詞「你在跟我說話嗎？」的時候，你能夠站在他眼前，甚至是繞去他的身後。

這些預測提醒了我，許多人過去也曾預測，《紐約時報》等報章雜誌會因為網際網路而變得大大不同。[4] 1990 年代，有些人認為「未來」的《紐約時報》會每天把 PDF 傳到訂戶的印表機裡，印表機會在主人起床之前就乖乖印好；於是，再也不需要使用成本高昂的印刷機器，也可以捨棄繁複耗工的送報體系。甚至有些更大膽的理論家認為，讀者還能選擇拿掉 PDF 檔上沒興趣閱讀的欄位，省紙又省墨。現在時間經過幾十年，《紐約時報》確實提供這個選項，但使用者少之又少。現在訂

戶取得的是會持續改變、幾乎從來不會印成紙本的《紐約時報》線上版，各個新聞版面之間沒有明確劃分，基本上也沒辦法「從頭版讀到最後一版」。而且，大多數新聞讀者甚至已經不閱讀特定報紙，而是透過 Apple News 等聚合服務與社群媒體上的動態消息來接收新聞；動態消息交雜呈現不同新聞機構推出的無數報導，很可能就散落在你朋友或家人的照片之間。

　　未來的娛樂產業也可能會出現類似的交雜狀況。電影與電視並不會消失，就像是口述故事、各種連載作品、小說與廣播節目都在問世之後好幾個世紀持續存在；但是，可以想見未來的影視作品應該會有各種豐富的互動體驗，或者說是廣義的「遊戲」體驗。而且，目前拍片愈來愈常使用 Unity 引擎與虛幻引擎等即時算繪引擎，更進一步加速這種轉型。

　　在過去，《哈利波特》(*Harry Potter*)或《星際大戰》等電影都曾經使用非即時算繪的技術。當時，在製作過程當中，並沒有必要在幾毫秒內就完成一個影格的成像，大可投入更多時間，可能是再多 1 毫秒、也可能是花上好幾天，好讓畫面看起來更逼真、細節更豐富。此外，當時整個電腦繪圖部門需要做的事，只是虛擬產生某個已知的影像，也就是情節需要的那個影像。如果只是為了《復仇者聯盟》的一個場景，製作人並不需要特別打造整個曼哈頓，甚至也不用完整打造西村(West Village)的任何一條街；更別說是要有一條街來模擬「真實的紐約」，呈現出薩諾斯入侵搶奪無限寶石時可能的情形了。

　　但在過去五年裡，好萊塢也愈來愈常在拍片過程當中應用即時算繪引擎，通常是使用 Unity 引擎與虛幻引擎。像是 2019 年的《獅子王》(*The Lion King*)，雖然是一部純粹的電腦合成影像電影，但希望效果能如同實境一般。導演強・法夫洛(Jon Favreau)在拍攝過程就會以 Unity 引擎進行再創作，讓自己沉浸進入每個場景（通常是戴著虛擬實境頭戴設備），也就能用一般「現實世界」電影拍攝的觀點來看每個虛擬場景。他表示這項過程對各個層面都大有助益，從判斷拍攝的位置與角度，到鏡頭如何跟上虛擬主角的動作，再到整個環境的光影與成色等。至於最後的成像，還是回到使用 Maya 軟體，這是一款由 Autodesk 發行的非即時動畫軟體。

　　法夫洛根據他在《獅子王》的心得，協助率先打造所謂「虛擬製片」(virtual production)所用的虛擬攝影棚「volume」。這種攝影棚是一個巨大的圓形房間，以高密度 LED 布滿牆壁與天花板，能根據虛幻引擎的即時算繪而點亮形成影像。這項創新做法有許多好處，其中最直接的一點是，只要進到這樣的攝影棚，不必頭戴設備，人人都能感受到法夫洛當初透過虛擬實境取得的感受。另外，這也代表我們可以把「真人」放進這個環境，讓所有人看到真人的動作，而不只是預先準備好的《彭彭丁滿歷險記》(*Timon & Pumbaa*)動畫。此外，演員也能和虛擬攝影棚的 LED 互動，直接讓虛擬太陽光照在演員身上，就能呈現出準確的光影，而不需要等到後製階段再加上光

影或做調整校正。在這樣的虛擬攝影棚裡，全年都可以有完美的日落，而且就算事隔多年，也能在幾秒內就複製出完全相同的場景。

　　光影魔幻工業正是虛擬實境拍片的佼佼者，這間視覺特效公司是由《星際大戰》創作者喬治‧盧卡斯創立，目前在迪士尼旗下。光影魔幻工業估計，如果使用 LED 虛擬攝影棚來拍電影或影集，比起交替在「現實世界」與「綠幕」場景之間混合拍攝，速度可以加快 30％～ 50％，而且後製成本也更低。光影魔幻工業以熱門的《星際大戰》影集《曼達洛人》(*The Mandalorian*) 為例，這部由法夫洛創作並擔任製片的影集，每分鐘成本大約只要一般《星際大戰》電影的四分之一；而且得到的評論回饋與觀眾反應也更好。而在影集的第一季，雖然劇中地點包含無名的冰雪世界、沙漠星球納瓦羅 (Nevarro)、森林沼澤星球索岡 (Sorgan)、深遠的外太空，而且每個地點都還有幾十個小場景，但是實際拍攝地點幾乎全部都在加州曼哈頓海灘 (Manhattan Beach) 的一個虛擬實境攝影棚。

　　除了使用類似的引擎與虛擬世界，虛擬製片和元宇宙還有什麼關係？答案是這兩者的連結從「虛擬後場」(virtual backlot) 開始。如果你參觀迪士尼片廠的實體後場，會看到四處有美國隊長的舊戲服、死星 (Death Star) 的縮小模型，還有《摩登家庭》(*Modern Family*)、《俏妞報到》(*New Girl*)、《追愛總動員》(*How I Met Your Mother*) 裡面出現的真實客廳。至

於虛擬後場，則是在迪士尼的伺服器裡放滿各種虛擬版本的3D 道具、材質、服裝、環境、建築、臉部掃描，以及迪士尼做出的各種虛擬物品。有了這些，不但能夠更輕鬆拍攝續集，要製作各種衍生作品也更為容易。舉例來說，要是派樂騰希望飛輪課程可以用死星或復仇者聯盟的基地當場景，就能重新利用（也就是付費取得授權）迪士尼已經製作的大部分內容。如果 Tinder 想設計一個在《星際大戰》穆斯塔法星（Mustafar）的約會場景選項，道理也完全相同。另外，如果想玩二十一點，與其弄出一個只是用動畫呈現的「i 賭場」（iCasino），如果能直接來到《星際大戰》的坎托拜城（Canto Bight），不是更有感覺嗎？迪士尼並不會直接將《星際大戰》整合到《要塞英雄》裡面，而是會用已經打造出的物件，到《要塞英雄創意模式》打造自己的小小世界。

這些商機，並不只來自於讓人得以親身體驗《星際大戰》的世界，而是會成為整個說故事體驗的核心。每個星期等待下一集《曼達洛人》或《蝙蝠俠》（*Bat Man*）的時候，粉絲就能和那些英雄一起參與各種官方活動與支線任務。例如漫威可能在星期三晚上 9 點，在推特上發文表示復仇者聯盟「需要我們的幫助」，由小勞勃道尼（Robert Downey Jr.）現場扮演東尼・史塔克（Tony Stark），帶領粉絲完成各種活動；但也有可能根本不是由小勞勃道尼本人親自上陣，只是由另一個人來操縱虛擬化身。又或者，粉絲也有機會親身體驗自己看過的電視或電

影場景。像是在 2015 年發行的《復仇者聯盟 2：奧創紀元》（*Avengers: Age of Ultron*）中，結局場景是一大塊陸地飛上了天空，眾家英雄就在這裡和一群邪惡的機器人作戰。等到 2030 年，有可能玩家就能親自體驗這種感覺。

運動賽事迷也會有類似的機會。我們或許會使用虛擬實境設備，坐在虛擬的場邊；但更有可能的是，到時候每場比賽都會透過即時捕捉，幾乎立刻重製成為「電玩比賽」。例如假設你到時候買下《NBA 2K27》，實際的比賽才剛結束沒幾分鐘，你或許就能立刻投身這場比賽，看看怎樣能夠勝出，或者至少可以把剛才某位球星沒投進的那球給補進。目前與運動賽事相關的活動，包括看比賽、打運動電玩、玩夢幻體育（fantasy sports）、玩線上博奕、或是購買 NFT 等，但這些活動都還處於彼此獨立的狀態。不過到了未來，這些就很有可能會互相融合，創造出新的體驗。

博奕產業也會受到元宇宙的影響。目前已經有幾千萬人會在網路下注，用 Zoom 連線到賭場，又或者享受某些遊戲裡的賭場活動，例如在《俠盜獵車手》裡就有「Be Lucky: Los Santos」這間賭場。而到了未來，很多人或許就會進到元宇宙賭場，裡面有透過即時動作捕捉所呈現的數位荷官來發牌，也有透過即時動作捕捉所呈現的現場音樂表演。又或者，還記得第 11 章提過的賽馬遊戲《Zed Run》嗎？目前這款虛擬賽馬遊戲每週都能吸引幾十萬美元投注，遊戲中的虛擬賽馬有許多身

價已高達數百萬美元。《Zed Run》的經濟能夠如此蓬勃，是因為程式設計採用區塊鏈為基礎，讓投注者相信比賽沒有造假，賽馬主人也相信自己虛擬馬匹的「基因」會依程式設計而傳給下一代。

　　有些人則是從更抽象的層面來重新想像娛樂。從 2020 年 12 月到 2021 年 3 月，軟體開發商 Genvid Technologies 在臉書的影音平台「Facebook Watch」推出一檔「大規模互動式即時活動」（Massively Interactive Live Event，簡稱 MILE）的互動實境遊戲節目名為《Rival Peak》，可以說是《美國偶像》（*American Idol*）、《老大哥》（*Big Brother*）、《Lost 檔案》（*Lost*）等節目的虛擬混搭版。節目中共有十三名 AI 參賽者，困在太平洋西北部偏遠地區，在為期十三週的節目期間，幾十台攝影機二十四小時不停運轉，讓觀眾看著這些參賽者互動、為生存而戰、解開各種謎團。雖然觀眾無法直接控制任何一個角色，卻能即時影響這些模擬，像是解開謎題就能幫助某位角色、或是為壞人製造障礙、參與討論 AI 角色的選擇，或是投票決定誰會被趕出島嶼。《Rival Peak》的視覺效果簡單，創意也很基礎，卻能讓我們一窺即時互動娛樂未來的可能樣貌。這種娛樂不是呈現線性的故事，而是讓所有玩家共同製作一套互動故事。2022 年，Genvid Technologies 推出《陰屍路》互動遊戲《*The Walking Dead: Last Mile*》（剛好又出現「MILE」這個詞），和《陰屍路》漫畫系列原作羅伯特・柯克曼（Robert

Kirkman）與他的公司 Skybound Entertainment 合作。在這款遊戲當中，觀眾將第一次能夠決定《陰屍路》角色誰生誰死，也能引導裡面互相為敵的各個人類派系是要走向衝突、或是遠離衝突。而且觀眾也能夠設計自己的虛擬化身，放進這個世界、融入情節。接下來還可能會有什麼呢？這個嘛，對我們大多數人來說，大概都不會想參加真實的《飢餓遊戲》（*Hunger Games*），但如果是高擬真即時算繪版本的體驗，由自己最愛的演員、體育明星、甚至政治人物以化身參與，應該會滿有意思。

性與性工作

　　元宇宙對性產業造成的改變，很有可能比好萊塢感受到的更為深遠，也讓色情與賣淫的界線變得更模糊。在 2022 年，我們已經能夠付錢請性工作者提供私人線上表演，甚至控制對方的智慧型性玩具，又或者是讓對方控制自己的性玩具。隨著連結網路的觸覺設備愈來愈多，即時算繪不斷改進，又有各種讓人沉浸式身歷其境的擴增實境與虛擬實境頭戴設備，以及能夠提供多人同時上線的圖像處理器，性產業會有怎樣的未來？有些結果相對容易想像，像是「性，但以虛擬實境呈現！」，但也有些比較難以預料。第 9 章提過 CTRL-labs 的臂帶能夠靠著肌電圖來精準重現使用者細微的手指動作，也能將手指動作

時的肌肉動作映射到另一種完全不同的動作，例如控制像是螃蟹的機器人四處走動。我們先記著這件事，另一方面也可以來想想，如果透過超音波力場，會有怎樣的性體驗？又或者，如果有五個、一百個、甚至一萬個「同時上線的使用者」聯合起來，不是要辦演唱會或玩大逃殺遊戲，而是要打造一種即時算繪、混合實境的性愛派對，又會是什麼局面？

　　當然，這種用法遭到濫用的可能性會大大提升（後面會深入討論），而且也會牽涉到平台權力的問題。目前所有的主要行動運算平台或遊戲主機運算平台，都不允許各種性或色情方面的應用程式。這些被 iOS 和安卓禁止進入的名單包括 PornHub.com，通常在全球最熱門網站排名第七十到八十名；Chaturbate，排名前五十名；OnlyFans，排名前五百名，但營收超越配對約會公司（旗下品牌包括 Tinder、Match.com、Hinge、PlentyofFish、OkCupid 等）。它們被禁的理由各有不同。賈伯斯曾告訴一位使用者，蘋果確實「相信我們有道德責任，要讓色情內容遠離 iPhone」，但也有人懷疑蘋果的政策只是想要避免向性工作收取佣金，免得惹上法律責任、影響外界觀感。這樣的結果無疑對於個別的性工作者來說是種傷害（我在整本書常常提到，無論在使用上或獲利上，應用程式的效果都遠遠優於網頁程式），只不過色情產業的發展仍然蓬勃。畢竟，就算使用的只是行動版網頁瀏覽器，影片與照片的效果仍然不差，而且整體而言，消費者並沒有因為只能使用網頁瀏覽

器就打退堂鼓。

然而，如我們所見，如果只透過行動版網頁瀏覽器，基本上就不可能提供算繪效果豐富的虛擬實境與擴增實境體驗。所以可以說，蘋果、亞馬遜、Google、PlayStation 等公司的政策，基本上就是阻礙整個產業類別的發展。或許有人會覺得這是件好事，但也可以說這就剝奪性工作者取得更高收入、得到更多保障安全的機會。

時尚與廣告

過去六十年間，廣告主與時尚產業多半對虛擬世界視若無睹。像是現在，電玩產業只有不到 5％的營收來自廣告，但其他大多數主要媒體類別，像是電視、新聞、聽覺媒體如音樂、談話廣播、Podcast 等，營收則有 50％以上是來自廣告主，而非觀眾與聽眾。而且，雖然每年早有數以億計的民眾在虛擬世界尋找歡樂，但還是要到 2021 年，adidas、Moncler、Balenciaga、Gucci、Prada 等品牌才第一次覺得虛擬空間值得認真以對。這種情況需要改變。

廣告主之所以覺得在虛擬空間難有發揮，有幾項原因。第一，遊戲產業一開始幾十年都是「離線」的，而且每款遊戲也都需要好幾年的製作時間，所以廣告放到遊戲裡之後無法更新，也代表任何廣告都會迅速過時。出於相同原因，我們也很

少在書籍裡面看到廣告，除非是為了宣傳同一位作者的其他作品，即使過去的報紙與雜誌也曾經需要在書裡打廣告。畢竟，福特可不希望讀者看到的廣告是在吹捧自家某台舊車的「最新規格」，這種過時的印象甚至可能造成反效果。儘管目前的電玩形式，已經能夠透過網際網路更新，不再受到以往的限制，但過去的文化依然餘波蕩漾。除了《糖果傳奇》等休閒手遊之外，整個遊戲社群基本上還是不熟悉、甚至可以說是抗拒遊戲內廣告的形式。相較之下，雖然電視、廣播、紙本雜誌、報紙的閱聽大眾多半也不喜歡充斥在這些媒體上的廣告，但廣告一向都是這種體驗的一部分。

這裡更大的問題，或許是要找出在一個即時算繪的 3D 虛擬世界裡，究竟廣告的本質是什麼？或者廣告的本質應該是什麼？又該如何訂價與銷售？在 20 世紀，廣告多半是個別去談、也是個別投放。換句話說，就是某個寶僑（Procter & Gamble）的員工會和 CBS 的某個員工聯絡，談好要以怎樣的價錢，在晚上 9 點 CBS 播放《我愛露西》(*I Love Lucy*)的時候，在第二個廣告時段的第一則播放象牙香皂（Ivory Soap）的廣告。如今的數位廣告，則大多是事先就做好程式設定。像是廣告主能指定瞄準哪些客群、使用哪種廣告，例如橫幅圖片、社群媒體贊助貼文、贊助搜尋結果等，並且指定投放廣告直到每次點擊成本（cost-per-click）累積到達一定金額、或是超過一定時間為止。

　　想在 3D 成像的虛擬世界找到核心的「廣告單元」（ad unit）並不容易。許多電玩都有遊戲內廣告看板的設計，像是在 PlayStation 4 上的《漫威蜘蛛人》，場景設計在曼哈頓，就會有街頭看板；跨平台熱門遊戲《要塞英雄》也有類似安排。然而，這些廣告看板在實務上還有許多不同細節。例如看板在不同螢幕上顯示的大小可能差了好幾倍，也就代表可能需要使用不同的影像；相較之下，Google 投放的廣告不論在哪種螢幕大小都能適用。而且，各個玩家在遊戲裡經過這些看板的時候，可能會有不同的速度、不同的距離、不同的情境，可能是在悠閒散步，也可能是在激烈交火。因此，也就讓人更難判斷這些看板該如何計價，更別說要事先寫好相關規則規定，好讓買賣自動完成了。此外，虛擬世界還有許多可能採用的廣告單元，像是在遊戲裡開車的時候播放廣播廣告，把遊戲裡的飲料罐做得像是某個現實品牌等，但這些就更難設計、也更難計價了。再者，如果是一群人的同步電玩體驗，該如何插進個人化的廣告也會碰到技術上的複雜問題。像是組隊殺敵的時候，大家一起看到下一部《復仇者聯盟》的電影廣告大概沒什麼問題，但如果是一起看到某種藥膏的廣告，就不見得那麼適當。

　　說到擴增實境廣告，因為是要把廣告疊加在現實世界，而不是放進各種虛擬世界，所以在概念上比較容易，但在執行上卻有可能更困難。如果使用者覺得老是看到一堆不請自來、突兀刺眼的廣告覆蓋在現實世界上，就很有可能會想換掉現在的

頭戴設備。而且這些廣告造成事故意外的風險也很高。

在這一個多世紀以來，除去兩次世界大戰期間，美國的廣告支出大約占國內生產毛額的 0.9%～ 1.1%。如果元宇宙將會成為一股龐大的經濟力量，廣告主就必須設法讓自己在其中占有一席之地；廣告科技業也總有一天要搞清楚，既然元宇宙有著無窮無盡的虛擬世界與虛擬物件，怎麼做才能設計出具有明確規則的適當廣告，能夠提供給廣告主選擇，並且有清楚的衡量標準。

但還是有些人認為，元宇宙需要重新從根本上思考，到底該「如何為特定產品打廣告」。

2019 年，Nike 就使用 Air Jordan 品牌，在《要塞英雄創意模式》裡打造一個沉浸式世界，名為「Downtown Drop」。玩家穿著火箭動力鞋，在一個想像的城市街道穿梭跳躍，展現各種技巧，收集比其他玩家更多的金幣以贏得比賽。雖然玩家可以在這種「期間限定」的遊戲中購買並解鎖專屬的 Air Jordan 化身與道具，但 Downtown Drop 真正的目標是要展現 Nike Air Jordan 系列的精神，讓玩家知道這個品牌是什麼「感覺」，而且這些體驗和玩家使用哪種平台或媒體無關。2021 年 9 月，提姆・斯維尼向《華盛頓郵報》表示：「車商要在虛擬世界追求曝光度的時候，不會透過投放廣告的方式，而是會把自家車款即時丟到這個（虛擬）世界裡，讓玩家可以開著這款車到處晃晃。而且，車商也會和許多橫跨不同遊戲的內容創作

者合作，確保自家車款在各種不同遊戲裡都能上路，也都得到應有的關注。」[5]

　　不用說，如果要做汽車廣告，相較於購買搜尋關鍵字來顯示行銷文案、在商業廣告裡用 30 秒或 2 分鐘講個動人的故事，又 或 是 找 一 位 YouTuber 來 打 造「原 生 廣 告」（native advertisement），把一輛新上市、可駕駛的汽車放進虛擬世界裡可是麻煩多了。像這樣提供的體驗與虛擬產品，必須足以讓玩家願意放下他們當初所追求的娛樂效果，主動選擇與參與。但目前的廣告商與行銷部門，幾乎都不具備打造這類體驗所需的基本技能。雖然如此，有鑑於在元宇宙打好廣告就可能帶來豐厚的利潤，各個品牌確實需要差異化，再加上大家在消費網路時代學到的教訓，因此未來幾年內應該還是能看到各個業者努力嘗試。

　　過 去 有 一 段 時 間，Casper、Quip、Ro、Warby Parker、Allbirds 與 Dollar Shave Club 這些新創品牌之所以能從老牌龍頭企業手中搶下市占率，除了運用直接面向消費者的電子商務模式，也會透過新穎的行銷技術，例如搜尋引擎最佳化、A/B 測試、推薦碼，並發展出獨特的社群媒體身分。但時間到了 2022 年，這些策略已經不再新穎，而且還過於常見、人盡皆知、無聊乏味，無論新舊品牌，都無法再透過這些策略找到新的受眾或一枝獨秀。然而在這個時候，虛擬世界卻仍然是個未被征服、商機無限的領域。

　　出於同樣的原因，今日的時尚品牌也需要「走進元宇宙」。隨著愈來愈多人轉進虛擬世界，使用者也需要新的方式來表達自我、展現特色。這一點在《要塞英雄》便清楚可見，只花了幾年，這款遊戲就創造出遊戲史上最高的營收，而且主要還是靠著銷售遊戲中的各種造型物件；我在前文也提過，這些虛擬物件的銷售額甚至超過許多頂級時尚品牌。同樣的，NFT 也讓我們再次見到這一點。最成功的 NFT 系列並非虛擬商品或球員卡，而是用於表達身分、面向社群的「個人資料圖片」，像是加密龐克或無聊猿。

　　要是今日的各個品牌無法滿足使用者的需求，就會出現新的品牌來取代。除此之外，元宇宙對於 LV、Balenciaga 等精品品牌的實體銷售也會造成壓力。要是以後的工作與休閒有更多部分移至虛擬空間，大家就不會需要買那麼多精品包包，就算購買也可能調低預算。但因應這種情形，這些品牌也可能會用實體銷售來帶動、提升他們的數位品牌價值。舉例來說，只要消費者購買一件實體的布魯克林籃網隊球衣、或是一個 Prada 的包包，就贈送一件相關虛擬商品或 NFT，或是提供購買這些虛擬商品的折扣。又或者，把購買機制設計成只有買到「對的商品」的人，才能得到數位副本。也有些時候，先買下數位商品後，也可能會讓人想買個實體版本。畢竟，我們所謂的身分，並不是單純的一刀切分成線上或現實、精神或實體，而是會像元宇宙一樣，具有延續性的存在。

工業

我在第 4 章就曾經解釋，元宇宙將會先從消費者休閒開始，再慢慢走向工業與企業，而不同於先前運算與網路連線的發展方向。而且，這種向工業拓展的腳步並不會太快。工業上對於模擬擬真度與靈活度的技術要求，將會遠高於電玩與電影的要求。工業現有員工過去接受的軟體解決方案與業務流程訓練都已經過時，這些人的再教育能否成功，將會是元宇宙應用於工業能否成功的關鍵。而且，目前的「元宇宙投資」多半只是基於假設，而缺少既有的最佳實務作為參考，也就代表投資有限、獲利也往往令人失望。但到頭來，就目前的網際網路環境而言，未來的元宇宙將如何應用於工業、又能帶來多大的營收，並不會攤在一般消費者的眼前。

以佛羅里達州坦帕市（Tampa）的「水街」（Water Street）為例，這是一項包含二十棟建物、占地將近 23 公頃、耗資數十億美元的重建案。這項專案的一部分，就是由「策略發展合夥人」（Strategic Development Partners，簡稱 SDP）這間企業製造出坦帕市的模組化城市模型，直徑約 5.2 公尺，以 3D 列印方式製作；接著再使用十二台 5K 雷射攝影機，將 2,500 萬個像素投射在這座模型上，呈現坦帕市的天氣、交通、人口密度等資料。這一切都透過虛幻引擎的即時算繪模擬來運作，透過觸控螢幕或虛擬實境頭戴設備就能觀看。

　　這種模擬的優點難以用文字描述，策略發展合夥人也是因為這層背後的因素，才在一開始就決定要既有實體模型、也有 3D 數位孿生。成果證明，這樣就能讓整座城市、未來可能的租戶、投資人與建築合作夥伴透過一種獨特的觀點來了解這項專案，並安排後續規劃。於是，策略發展合夥人讓人得以明確了解，當時的坦帕市會如何受到施工過程的影響，而完工後又會是什麼模樣。如果安排施工期為五年，將會如何影響當地交通？改成六年的話是否會有所不同？如果把某棟建築改成公園會如何？或者把樓層從十五樓改為只有十一樓，又會怎樣？這個地區其他建築與公園的視野，會如何受到這項開發案的影響？又或者，在一整年的某一天、或是某一天的某一個時段，又會如何受到反射的光線、輻射散發的熱能所影響？這些建物會怎樣影響當地的緊急救援時間？需要增加警察局、消防局或救護站嗎？防火梯又該放在建物的哪一邊？

　　如今，這樣的模擬主要是在打造建物或建案的時候，用來提出設計或是了解設計背後的道理。等到建物或建案完工，建物或進駐的企業也能用這樣的模擬來協助運作。舉例來說，某間星巴克店內無論是實體、數位或虛擬的各項標示，都能依據即時追蹤店內顧客的類型、當時的時段、店內庫存的狀況而選定與調整。至於這間星巴克所在的商場，也能參考當時排隊的狀況、其他臨近的選擇（例如另一間星巴克），決定要引導顧客前往或避開這間星巴克。此外，這間商場也會再連結到整個

城市底層的基礎設施系統，讓 AI 紅綠燈系統能夠取得更多、更好的資訊，並且讓消防與警務等市政服務更能應對緊急情況。

雖然以上這些例子主要偏重於 AEC 產業（Architecture, Engineering, and Construction，即「建築、工程、營造」），但背後的概念也很容易應用於其他領域。多年來，世界各國的軍隊早已開始運用 3D 模擬，而且如同第 9 章〈硬體〉提到，美國陸軍已經向微軟開出一份超過 200 億美元的合約，採購 HoloLens 頭戴設備與軟體。而在航太與國防產業，也可以明顯看到數位孿生的應用（或許這又比軍隊運用虛擬實境技術更令人心驚）。

比較讓人覺得樂觀的應用方式，則是醫藥與健康照護產業。學生可以用 3D 模擬來探索人體，醫師也自然能夠善用相關功能。在 2021 年，約翰霍普金斯醫院（Johns Hopkins）一位神經外科醫生就對患者進行這間醫院首例的擴增實境手術。執刀醫師提摩西・威瑟姆（Timothy Witham）也是這間醫院脊柱融合實驗室（Spinal Fusion Laboratory）的主任，他表示：「這像是你眼前自然就有一套全球定位系統導航，不用再到另一個單獨的螢幕觀看病人的電腦斷層掃描。」[6]

威瑟姆醫師這項導航系統的比喻，可以讓我們了解所謂商用擴增實境與虛擬實境最小可行產品（minimum viable product）和消費者休閒產品之間有什麼關鍵的不同。如果是

針對一般消費者的虛擬實境與擴增實境頭戴設備，想賣得更好，該做的是提供比其他替代產品，例如電玩主機遊戲、智慧型手機傳訊應用程式，更具吸引力、功能更強大的體驗。如果能透過混合實境設備提供沉浸感，確實會是一大賣點，但如同第 9 章提到，目前還有許多缺點需要克服。舉例來說，現在《要塞英雄》幾乎通用於所有設備，也就代表玩家可以和所有認識的人同樂。但如果想玩臉書推出的《Population：One》，能夠遊玩的族群基本上就只剩下擁有虛擬實境頭戴設備的人。此外，比起《Population：One》，《要塞英雄》還可以有更好的畫質、更高的擬真度、更高的影格率、更多的同時上線玩家，還不用擔心暈眩噁心的風險。對於許多遊戲玩家來說，現在的虛擬實境遊戲就是還不夠好，無法和電玩主機、個人電腦或智慧型手機上的遊戲競爭。然而，如果要談的是「有擴增實境的手術」與「沒有擴增實境的手術」，就像是要比較開車時有沒有全球定位系統。畢竟，不論有沒有這項技術，都必須開這趟車，而要不要使用這項技術，就要看這能否對結果產生有意義的影響，例如能夠更快抵達。就手術而言，也就是要看看能不能有更高的成功率、更短的恢復時間，又或是更低的成本。而雖然目前擴增實境與虛擬實境設備還有種種技術限制，絕對不利於它們對手術的貢獻，但說到救人這件事，只要能稍有改善，成本絕對很划算。

元宇宙的贏家與輸家

　　如果說運算與網路連線走過行動時代與雲端時代，終究將來到元宇宙這個「準繼承國」，改變幾乎所有的產業、影響地球上幾乎每一個人，我們肯定就得面對幾個非常廣泛的問題：新的「元宇宙經濟」價值何在？會由誰來領導？元宇宙對社會又有什麼意義？

元宇宙的經濟價值

　　雖然各企業高層對於元宇宙的定義與到來的時機尚未形成共識，但大多數人都相信，元宇宙代表數兆美元的商機。輝達的黃仁勳就預測，元宇宙的經濟價值總有一天會「超越」實體世界的經濟價值。

　　想要預測元宇宙經濟的規模，一方面很有趣，但另一方面也會讓人覺得困難重重。有可能等到元宇宙已經成真，我們都還沒能對元宇宙的經濟價值達成共識。畢竟，我們已經進入行動網際網路時代至少十五年，進入網際網路時代將近四十年，進入數位運算時代超過四分之三個世紀，但要說到「行動經

濟」、「網際網路經濟」或「數位經濟」規模多大，也仍然沒有共識。或者說，事實上根本很少有人會試著去算。* 大部分分析師與記者的做法，就只是針對這些定義也不嚴謹的類別，找出哪些企業的主要業務與這些類別相關，再計算出這些企業的市值預估或營收總和。想計算這些經濟的規模，難處在於這些經濟也並非真正的「經濟體」，而是許多技術的集合，與「傳統經濟」緊密交織，甚至是相當依賴傳統經濟。如此一來，要想判斷這些經濟的價值究竟多高，與其說是一門關於計量、觀察的科學，還不如說是一門關於如何分配利益的藝術。

想想各位現在讀的這本書。你很有可能是從網路上購買，但這樣一來，雖然它是實體生產、實體運送、實體使用，但該不該算是一種「數位營收」？裡面是不是有某些比例屬於數位營收？如果是，比例該是多少？原因為何？如果你讀的是電子書版本，比例又該如何變化？要是你已經要登機了，但是擔心在機上無聊，於是臨時用 iPhone 下載獨立販售的有聲書，這會讓比例改變嗎？如果你只是從某篇臉書貼文了解這本書，又該怎麼算？如果我在寫這本書的時候，都是用雲端文字處理器，而不是使用離線的文字處理器、甚至是手寫，這有沒有關係？

---

* 作者注：如果你覺得似乎有不少人算過，很有可能是因為我在書裡不斷提到幾個相關預測的數字。

　　如果我們還想討論某些數位營收的附屬類別，例如網際網路的營收、行動網路的營收，這兩者的計算方式很有可能會和「元宇宙經濟」的計算方式極為類似，也就會讓問題變得更複雜。像是 Netflix 這個網際網路影片服務，是否也包含部分的行動網路營收？ Netflix 的訂閱方案允許訂戶跨裝置觀看影片，但就算我們針對那些只用行動裝置觀看的訂戶，把他們的費用獨立計算為「行動網路營收」，還是無法解決部分訂戶偶爾才用、而不是每次都用行動裝置觀看 Netflix 的計算問題。難道還得去計算「行動觀看」在訂戶觀看時數所占的比例，推算這種費用又該在每月訂閱費占多少比例？但這是否又代表，訂戶認為「在家裡客廳用 65 吋電視來看電影」的價值會和「在捷運上用 5 吋 × 5 吋的手機螢幕來看電影」的價值相同？另外，一台只有 Wi-Fi 連線功能、永遠也不會帶離家裡的 iPad，算是「行動」裝置嗎？如果是的話，那為什麼放在家裡、連結 Wi-Fi 的智慧電視不算行動裝置？再者，目前所謂的「行動寬頻」，大多數資料仍然需要透過固網電纜傳輸，這樣真的能說是行動網路的營收嗎？同樣道理，如今我們之所以會購買那些「數位設備」，多半難道不是為了那些網際網路功能嗎？特斯拉透過網際網路更新汽車軟體，或是提高電池壽命、充電效率的時候，這樣的價值到底該算是誰的？又該如何衡量？

　　可以想見，這些議題到未來還可能變得更複雜。如果你換掉一台用了三年的 iPad，升級成更新的 iPad Pro，就是想要有

更好的圖像處理器，可以參與更多人同時上線的即時算繪 3D
虛擬世界；那麼，這件事有多少比例該算是元宇宙的經濟？要
是 Nike 賣球鞋的時候搭配綑綁 NFT、或是推出《要塞英雄》
聯名款，這算是元宇宙的營收嗎？又占多少比例？各種的虛擬
商品，是不是要有一定程度以上的互通性才能算是元宇宙商
品，而不只是某款電玩裡的道具？用美元來賭區塊鏈的賽馬，
或者用加密貨幣來賭真正的賽馬，兩者是否有區別？如果如同
比爾・蓋茲的想像，Microsoft Teams 上的視訊會議未來都走進
即時算繪的 3D 環境，訂閱費用又有多少要屬於元宇宙？如果
某棟建物的管理是透過數位孿生來完成，管理費該有多少屬於
元宇宙？把寬頻基礎設施換成更高容量、即時傳輸的設施時，
算是「元宇宙投資」嗎？至少在今日，這些技術上的飛躍能帶
來的用途與好處，實際的應用幾乎都和元宇宙還沒有什麼關
係。少數真正是因為元宇宙才推動的投資，在於低延遲的網路
連線，目的是打造同步即時算繪的虛擬世界、擴增實境，以及
雲端遊戲串流。

　　以上的問題是很好的思考練習，但也都沒有唯一正確的答
案。而且只要談到元宇宙，就會變得更有挑戰，因為元宇宙如
今還不存在、也不會有明確的開始日期。考慮到這一點，想要
判斷「元宇宙經濟」規模的時候，更實際的辦法反而是要從更
哲學的角度出發。

　　在過去將近八十年間，數位經濟占全球經濟的比例不斷上

升。現有的少數估算認為，目前全球經濟大約有 20％屬於數位經濟，在 2021 年換算約為 19 兆美元。從 1990 年代到 2000 年代初期，數位經濟的成長有一大部分是出自於個人電腦與網際網路服務的普及，至於之後的二十年，則主要來自於行動網路與雲端運算。靠著行動網路與雲端運算，各種數位業務、內容與服務就能夠嘉惠更多使用者，用在更多地點，用得更頻繁、更輕鬆，也能有新的用法。行動網路與雲端運算這兩大浪潮光芒耀眼，經常讓人忽略先前的發展，但事實上，這些「數位營收」常常只是承襲過往的業務。舉例來說，在網際網路出現之前，交友服務產業的規模根本微不足道，但是到了行動時代，就呈現數量級的成長。至於唱片業，先是因為數位 CD 而翻倍成長，但到了網路音樂的時代，又大跌 75％。

元宇宙的發展軌跡會十分類似。整體而言，元宇宙有助於刺激全球經濟，會讓數位經濟在全球經濟的占比提升，也會讓元宇宙在數位經濟的占比提升；不過，元宇宙也會讓部分經濟萎縮，例如商業房地產就有可能受到影響。

在這個假設之下，我們就能試著打造一些計算的模型。例如，假設到了 2032 年，元宇宙會占數位經濟的 10％，而數位經濟占全球經濟的比例也從 20％成長到 25％，至於全球經濟的年成長率又一直維持在平均 2.5％，這樣算來，2032 年的元宇宙經濟就會是年產值 3 兆 6,500 億美元。這個數字也代表，元宇宙將從 2022 年以後占數位經濟成長的四分之一、同期

實際國內生產毛額成長的將近 10％；其餘成長則大部分會來自於人口成長與消費習慣轉變，例如買更多車、用更多水等。而如果元宇宙占數位經濟的比例不是 10％、而是 15％，年產值就會高達 5 兆 4,500 億美元，占數位經濟成長的三分之一、全球經濟成長的 13％。要是來到 20％，更會達到 7 兆 2,500 億美元、數位經濟成長的一半、全球經濟成長的六分之一。而且，甚至有人認為元宇宙到了 2032 年，有可能會占數位經濟的 30％。

雖然這些數字都只是推測，但以上這些計算能讓我們看出經濟將會如何改變。元宇宙的先行者會受到年輕人無比的關注，成長速度突破「數位」或「實體」經濟中的龍頭企業，並且重新定義我們的商業模式、行為與文化。而反過來說，創投與公開市場投資人對這些企業也會有更高的市值預估，為這些企業的創業者、員工與投資人帶來數兆美元的財富。

在這些企業當中，只會有一些珍貴的極少數能夠脫穎而出，成為消費者、企業與政府之間的重要中介者，而這些極少數企業的價值將上看數兆美元。說到這裡，可能有些人會覺得難以想像，不是說數位經濟只會占全球經濟的 20％嗎？但不論我們前面用的計算方式多麼合理，這個 20％的結論都忽略一項事實：那剩下的 80％，一大部分也都需要有數位來推動或當作基礎。也正是因此，我們認為五大科技龍頭企業掌握極龐大的權力，絕不只有表面的營收數字那麼簡單。在 2021

年，Google、蘋果、臉書、亞馬遜與微軟的帳上營收總額只有
1 兆 4,000 億美元，還不到數位消費總額的 10％，也只占全球
經濟的 1.6％。但這些公司其實有太多不能透過資產負債表看
出來的巨大影響力，例如透過亞馬遜的資料中心或是 Google
的廣告產生影響，有時候還能制定專屬的技術標準與商業模
式。

各個科技龍頭目前的處境為何？

　　哪些企業會成為元宇宙時代的領導者？且讓我們以史為
鑑。

　　我們可以把企業分成五類，研究他們發展軌跡。首先，元
宇宙將發展出無數全新的企業、產品與服務，總有一天會影響
幾乎所有的國家、消費者與產業。有些新企業會取代目前的龍
頭企業，讓過去風光的領袖只能退場，或是再也無關緊要，像
是 AOL、ICQ、雅虎（Yahoo!）、Palm、百視達就是如此（第
二類）。但也有些龍頭企業雖然被趕下王座，卻因為數位經濟
整體大幅成長，因此業績還是能夠繼續擴張。以外還有一類如
IBM 與微軟，雖然在電腦的市占率來到史上新低，但公司市
值卻比過去鼎盛時期來得更高。至於第五類公司，則能夠繼續
穩坐王座、無懼顛覆，讓核心業務持續成長。所以，要說到轉
進元宇宙，究竟該以誰為例？

相較於跌跌撞撞的 MySpace，臉書可說是成功過渡進入行動網路時代。但臉書現在必須再次轉型，而且政府已經不太可能再次支持臉書像當初那樣收購 Instagram 與 WhatsApp（讓臉書得以轉進行動時代），或是收購 Oculus VR 與 CTRL-labs（為臉書的元宇宙計畫奠定基礎）。此外，臉書還受到服務所在硬體平台的策略性阻礙，而且聲望也不巧來到史上新低。然而，如果這樣就小看臉書，會是一大錯誤。這個社群網路龍頭的每月使用人數高達三十億人，每日使用人數也有二十億人，目前是全球最普及的線上身分系統。臉書每年在元宇宙相關計畫砸下 120 億美元，而且在每年將近千億美元的營收中，能有超過 500 億美元的現金流；他們生產虛擬實境硬體的經驗比別人領先數年，而且仍然大權在握的創辦人也和其他企業高層同樣相信元宇宙。

然而，我們不能光指望臉書，因為只靠著肯砸錢和有信心不保證一定會成功。各種顛覆的過程並非線性，而是反反覆覆，而且難以預測。我們也已經看到，關於元宇宙還有許多疑惑以及尚未解決的問題。究竟何時才會發展出關鍵的技術？這些技術怎樣才會有最好的發揮？怎樣才能帶來理想的獲利？又會有哪些新的使用方式、帶來哪些新的行為？在 1990 年代，微軟同樣相信行動網路與網際網路的未來，也擁有各項產品、技術與資源，能夠做到後來 Google、蘋果、臉書與亞馬遜所做的事情。但事實證明，微軟就是做了一連串錯誤的決定，從

應用程式商店與智慧型手機該扮演的角色，再到觸控螢幕對一般消費者的重要性，幾乎是步步皆錯；而且因為過去 Windows 作業系統大獲成功，又整合 Microsoft Exchange、Server 與 Office 等產品，微軟也不得不撥出大量心力繼續維護。時至今日，微軟還能夠如此有價值，也是因為終於放下對過去技術庫與套裝產品的依戀，轉而支援顧客真正的喜好。

在許多領域，微軟已經被 Google 後來居上。目前 Google 手中擁有全世界最流行的作業系統（安卓，而不是 Windows）、瀏覽器（Chrome，而不是 IE），以及線上服務（Gmail，而不是 Hotmail 或 Windows Live）。然而，Google 到了元宇宙又將扮演什麼角色？ Google 訂下的使命，是要「組織世界上的資訊，使人人皆可存取並從中受益」，但如果是存在於虛擬世界裡的資訊，Google 就難以存取、更別說要發揮其效益了。而且，Google 手中並沒有任何自己的虛擬世界、虛擬世界平台、虛擬世界引擎或類似的服務。值得一提的是，Niantic 本來屬於 Google 旗下，但在 2015 年拆分出來。時隔兩年，Google 也把手中的衛星成像事業轉售給行星實驗室。Google 從 2016 年開始打造自家的 Stadia 雲端串流遊戲服務，並於 2019 年底推出。該年稍早，Google 甚至也成立 Stadia 遊戲與娛樂（Stadia Games and Entertainmen）部門，這是一個「雲端原生」的電玩內容工作室。但到 2021 年初，工作室宣布關閉。接下來幾個月內，包括總經理在內的許多 Stadia 高層轉到

Google 的其他部門，又或者完全離開了 Google。

目前我們已經看到像是 Epic Games、Unity、Roblox Corporation 這些公司帶來新的破壞。雖然這些企業的市值、營收與營運規模都還遠遠不及五大科技龍頭（GAFAM）＊，但他們掌握玩家網路、開發商網路、虛擬世界以及虛擬世界金流或資訊流等「虛擬管道系統」，有可能因此成為元宇宙真正的領導者。除此之外，這些企業的歷史、文化與技能，都和目前世界上的科技巨擘大不相同（雖然大家同樣相信元宇宙是我們的未來）。過去十五年間，五大科技龍頭多半把賭注下在其他領域，像是串流媒體電視、社群與直播影片、雲端文字處理器，以及雲端資料中心。關注這些項目並沒錯，但相對也就忽略電玩領域，特別是沒有想到如果想熟悉元宇宙，最好的方式就是透過大逃殺遊戲、兒童的虛擬遊樂場，甚至就只是遊戲引擎。看到這些科技龍頭對於電玩相對無視，就能看出他們對於新時代轉型的準備（以及預測）會遇上多大的挑戰。

祖克柏在 2012 年以 10 億美元收購 Instagram，沒過多久，大家就認定這可說是數位時代最漂亮的一次出手。當時 Instagram 的每月活躍使用人數只有兩千五百萬人，員工只有十幾名，而且根本還沒賺到錢。時間過了十年，Instagram 的

＊ 編注：指的是 Google、蘋果（Apple）、臉書（Facebook）、亞馬遜（Amazon）與微軟（Microsoft）。

市值預估超過 5,000 億美元。臉書買下 Instagram 兩年後，又以 200 億美元收購當時有七億用戶的 WhatsApp，情況也十分類似。而時至今日，大家一方面同意這兩椿收購出手精準漂亮，但另一方面也認為，出於反壟斷的理由，政府當時應該擋下這兩筆交易。

儘管祖克柏的收購紀錄廣受推崇，但無論臉書或其競爭對手都沒有出手買下 Epic Games、Unity 或 Roblox；雖然在過去十年裡，這些企業的市值預估多半只有不到幾十億美元，很多時候還不到五大科技龍頭一週的獲利。* 他們為什麼不想出手？原因在於這些公司的角色與潛力當時都還難以預料。在過去講到電玩領域，說得好聽是利基市場，而說得難聽就是邊緣市場。如果回想一下，就連尼爾・史蒂文森，最初也並不認為電玩是通往元宇宙的唯一管道；但到了 2011 年，他已經有這種想法，而且西方幾乎所有科技業高層都至少聽過、甚至是玩過《魔獸世界》與《第二人生》。

不過，應該誇獎祖克柏的一點是，根據流出的備忘錄顯示，他曾在 2015 年向董事會提議收購當時尚未成為獨角獸企業的 Unity。然而，雖然當初臉書有可能便宜買下 Unity，後續卻沒有看到任何官方出價的報告；Unity 的市值預估是到

---

* 作者注：許多好萊塢大公司會放馬後炮，說自己「差點就買了 Netflix」，或是「想過要買 Instagram」，因此值得一提的是，要是當時哪一家公司真的收購 Epic Games、Roblox 或 Unity，現在的價值可能已經超越母公司。

2020 年才超過百億美元。臉書確實出手的是，在 2014 年買下 Oculus VR，但這個平台至今的終身使用者人數還不及 Epic Games、Unity 與 Roblox 在接下來 24 小時內的使用者人數。不過，這並不代表買下 Oculus 是個錯誤，有可能只是尚未發光發熱、足以讓一切改觀，而且臉書進行的收購並不只有這一樁；事實上，臉書已經完成數十次收購案。此外，從表面看來，臉書的元宇宙策略核心也不在於 Oculus 或虛擬實境、擴增實境，而在於類似《機器磚塊》或《要塞英雄》的「地平線世界」整合型虛擬世界平台，並以 Unity 為基礎而打造。此外，《機器磚塊》所擁有的消費者，也正是那些可能威脅到臉書未來的人，因為這些人並不是打算離開社群網路，而是根本從未使用社群網路。

如果說臉書是元宇宙最積極的投資人，而 Google 又處於最不利的地位，亞馬遜大概就位於中間位置。亞馬遜雲端服務在目前的雲端基礎設施市場市占率高達三分之一，而且正如本書不斷提到，元宇宙需要前所未有的運算能力、資料儲存，以及即時不斷更新的服務。換句話說，就算其他雲端供應商在未來的成長中搶下更高的市占率，亞馬遜雲端服務仍然能夠從中受益。然而，亞馬遜雖然也嘗試為元宇宙打造專屬內容與服務，至今多半成績差強人意，而且亞馬遜發展的重心也不在於元宇宙，而在於比較傳統的市場，例如音樂、podcast、影片、快時尚與數位助理。根據報導，雖然亞馬遜每年在亞馬遜

遊戲工作室（Amazon Game Studios，簡稱 AGS）* 投入數億美元，希望依創辦人傑夫・貝佐斯的想法，製作「在運算上很誇張的遊戲」，但到頭來，絕大多數遊戲尚未推出就已經夭折，而且光是開發階段的預算就超過大多數熱門遊戲的總預算。2021 年 9 月亞馬遜所推出的《美洲新世界》（*New World*）一度評價相當優秀，也曾在一開始令玩家心癢難耐，甚至用光所有可用的亞馬遜雲端服務伺服器，簡直難以置信，但是每月玩家人數估計也只有幾百萬人。另一個值得討論的例子則是《失落的方舟》（*Lost Ark*），在 2022 年 2 月推出，廣獲好評。成功的滋味總是美好，但《失落的方舟》並非亞馬遜遊戲部門製作，只是代理上市。這款遊戲原本是由韓國 Smilegate RPG 公司開發，並於 2019 年在韓國推出；一年後再與亞馬遜敲定合作，於英語國家推出。雖然亞馬遜未來還可能推出更多熱門大作，但亞馬遜每年在亞馬遜音樂（Amazon Music）與亞馬遜 Prime Video（Amazon Prime Video）砸下數十億美元，更以 85 億美元收購好萊塢米高梅電影公司（Metro-Goldwyn-Mayer，簡稱 MGM），可以看出這間公司對這些領域的態度截然不同。根據部分報導，亞馬遜光是為了一季的《魔戒》影集（*Lord of the Rings*），投入的製作成本就超過亞馬遜遊戲部門的全年預算。另一個類似的例子則是亞馬遜的雲端串流遊戲服務 Luna，於

---

* 譯注：現已更名為亞馬遜遊戲（Amazon Games）。

2020 年 10 月推出，但打下的市場規模甚至還不如 Google 的 Stadia，而且幾乎沒有為訂閱者提供任何免費內容，亞馬遜又一次出現不同於他們在其他內容領域的表現。Luna 上市四個月後，部門主管就跳槽上任 Unity 引擎的總經理。此外，雖然亞馬遜旗下的電玩直播平台 Twitch 依然強勢維持領域內的龍頭地位，Prime 會員服務也跨足遊戲領域，但至今仍然比不上 Steam。

　　亞馬遜最值得一提的電玩計畫始於 2015 年，據稱投下 5,000 萬～ 7,000 萬美元，取得 CryEngine 的使用授權；這是一套效能普通的獨立遊戲引擎，背後是遊戲《極地戰嚎》（*Far Cry*）的發行商 CryTek。在接下來幾年間，亞馬遜又投資數億美元，將 CryEngine 發展為 Lumberyard 引擎，劍指虛幻引擎與 Unity 引擎，並特別針對亞馬遜雲端服務進行最佳化。然而，Lumberyard 引擎在市場上的接受度一直不高。Linux 基金會（Linux Foundation）在 2021 年初接手開發，改名為「Open 3D Engine」（O3DE），成為免費開源遊戲引擎。儘管亞馬遜可能會在擴增實境或虛擬實境硬體得到較好的結果，但到目前為止，在即時算繪、遊戲製作與發行等方面，幾乎都是鎩羽而歸。

　　我在〈硬體〉與〈支付管道〉這兩章討論過，元宇宙必然會為蘋果帶來好處。就算各國政府要求蘋果拆分旗下的服務，蘋果光靠著硬體、作業系統與應用程式平台，仍然會是通往虛

擬世界的關鍵門戶，帶來數十億美元的高額利潤，也進一步擴大蘋果對於各項技術標準及商業模式的影響力。此外，蘋果現在也占據比其他企業更好的戰略位置，有利於推出輕量、高性能、容易使用的擴增實境與虛擬實境頭戴設備與穿戴式設備，部分原因就在於蘋果能讓這些設備與 iPhone 高度整合、左右逢源。然而，蘋果並沒有開發像是《機器磚塊》那樣的整合型虛擬世界平台，也就難以透過這樣的中介、接觸到各個虛擬世界的使用者與開發者。蘋果在遊戲方面的專業並不豐富，重心也多半放在硬體上的優勢，而非著重在軟體或網路，所以要打造出一流的整合型虛擬世界平台並不容易。

　　要說元宇宙時代最耐人尋味的五大科技龍頭公司，大概就是微軟了。過去說到進入行動時代跌落神壇，微軟一直是重要的個案案例，而從 2001 年微軟發表第一代 Xbox 之後，投資人甚至公司高層都在思考，究竟遊戲部門對微軟來說是不可或缺的重點、還是食之無味的雞肋。薩蒂亞・納德拉從史蒂夫・鮑爾默手中接下執行長職位才三個月，公司創辦人暨董事長比爾・蓋茲就說，如果納德拉想把 Xbox 拆分出去，他「絕對」支持，他也說：「但我們需要有整體的遊戲策略，所以事情沒有大家想像的那麼簡單。」納德拉上任後第一次出手的數十億美元收購案，就是買下《當個創世神》。而且他還做了一個事後看來很明顯、但當時很違反常理的決定，那就是不限定這款遊戲必須綁定 Xbox 或 Windows 平台，甚至也不特別針對這兩

個平台進行最佳化。自收購以來,《當個創世神》的玩家人數已經成長超過 500%,每月玩家人數從兩千五百萬人成長到一億五千萬人,成為全球排名第二的即時算繪 3D 虛擬世界。

如我們所知,遊戲目前正是元宇宙產業發展的前端,而微軟也在這個產業當中。前面提過,《微軟模擬飛行》在技術與協作這兩方面都令人讚嘆。雖然遊戲的開發與發行是由 Xbox 遊戲工作室(Xbox Game Studios)負責,但打造的過程與 Bing Maps 合作,運用協作、免費的線上地理資料庫 OpenStreetMaps 的資料,再以 Azure 的人工智慧整合資料、完成 3D 成像,能夠展現即時的天氣,也支援雲端資料串流。另外,Xbox 部門還擁有自己的硬體組合,有全球最受歡迎的雲端遊戲串流服務,有自己的遊戲工作室,以及幾個專屬引擎。雖然 HoloLens 目前是由 Azure AI 部門來運作,但這項產品顯然與遊戲只有一線之隔。在 2022 年 1 月,微軟同意以 750 億美元收購動視暴雪,成為五大科技龍頭公司史上金額最高的收購案。動視暴雪是中國以外最大的遊戲發行商,而微軟宣布這筆交易時便表示:「(動視暴雪)將加速微軟遊戲業務在行動、PC、遊戲主機與雲端領域的成長,也將成為元宇宙的基本構件。」[1]

在許多方面,納德拉對《當個創世神》的做法,正反映著微軟在他手中的整體轉型。微軟現在推出的各項產品不再只針對自己的作業系統、硬體、技術庫或服務,甚至也不會為了這

第 14 章　元宇宙的贏家與輸家　421

些項目特別設計或最佳化，而是希望能夠擺脫平台限制，盡量支援最多平台。微軟正是靠著這種方式，儘管失去在運算作業系統的霸權，卻還是能夠繼續成長；雖然微軟的市占率縮小，但數位世界成長的幅度更大。而同樣的理念，將能讓微軟在元宇宙取得有利的立足點。

　　成立於 1946 年的索尼，則是另一個值得一談的企業集團。就營收而言，索尼互動娛樂（Sony Interactive Entertainment，簡稱 SIE）會是全球最大的遊戲公司，業務範圍除了專屬硬體與遊戲，也包含第三方發行與分銷。此外，索尼互動娛樂旗下還有全球第二大付費遊戲網路 PlayStation Network、第三大雲端串流遊戲訂閱服務 PSNow，以及許多套高擬真遊戲引擎。在索尼互動娛樂手中的各種原創遊戲包括《最後生還者》（*The Last of Us*）、《戰神》（*God of War*）、《地平線：期待黎明》，都是電玩史上公認最生動、也最具創意的優秀作品。而且，PlayStation 也是第五、六、八、九代最暢銷的遊戲主機，更將在 2022 年推出 PS VR2 平台。與此同時，索尼影業（Sony Pictures）是營收最高的電影片廠，也是整體規模最大的獨立電視暨電影廠。索尼旗下的半導體部門，在影像感測器這一塊領先全球，擁有近 50％市占率（蘋果也是他們的大客戶），而且旗下 Imageworks 部門也是全球頂尖的視覺效果與電腦動畫工作室。索尼的電腦視覺系統「鷹眼」（Hawk-Eye）廣獲全球職業體育聯盟採用，以 3D 模擬與回放功能提供裁判輔助；曼

城足球俱樂部也使用這項技術，在比賽途中打造整座球場、所有球員與球迷的數位孿生。而索尼音樂則是全球第二大音樂品牌，崔維斯・史考特正是索尼音樂旗下歌手。此外，Crunchyroll 網站與 Funimation 集團也讓索尼擁有全球最大的動漫串流媒體服務。隨著元宇宙出現，看到索尼手中握有如此的資產與創意能力，只能說是潛力無窮。不過，索尼也面對諸多挑戰。

索尼擁有的各款遊戲幾乎永遠僅限在 PlayStation 上運作，而索尼互動娛樂打造手遊、跨平台或多人遊戲的成績又差強人意。雖然索尼的遊戲硬體與內容十分強大，但講到線上服務卻總讓人覺得落後一截，而且在運算、網路連線基礎設施、虛擬實景拍片方面也並不突出。此外，雖然日本擁有雄厚的半導體實力，但在這個領域卻沒能培養出重要的龍頭企業；也就是說，未來索尼想走向元宇宙，可能還是得仰賴五大科技龍頭公司的服務與產品。*

2020 年，索尼推出《夢想大創造》（*Dreams*）這款遊戲，

---

* 作者注：2019 年 5 月，索尼宣布與微軟建立「策略合作關係」，將 Azure 資料中心用於雲端遊戲及其他內容串流服務。而到 2020 年 2 月，Xbox 的負責人表示：「如果說到任天堂與索尼，我們對他們非常尊重，但我們認為亞馬遜與 Google 才是未來的主要競爭對手。這不是不尊重任天堂與索尼，而是傳統遊戲公司目前就是站錯位置。我猜他們也可以試著自己從頭打造 Azure，但畢竟我們這些年來已經在雲端投資幾百億美元。」摘錄自 Seth Schiesel," Why Big Tech Is Betting Big on Gaming in 2020," Protocol, February 5,2020, https://www.protocol.com/tech-gaming-amazon-facebook-microsoft。

就是一個強大的整合型虛擬世界平台；索尼在裡面放進許多專業製作的遊戲，卻未能吸引許多玩家與開發商。許多評論認為，《夢想大創造》本來就注定會失敗，反映的是索尼在使用者生成內容平台方面的經驗不足。舉例來說，大多數整合型虛擬世界平台都會採取免費提供的形式，但《夢想大創造》卻還要價 40 美元。此外，其他的整合型虛擬世界平台競爭對手可以在全球幾十億台設備上運行，但這款遊戲非但沒有向開發商提供任何分潤，還僅限使用 PlayStation 主機。*

　　相較於五大科技龍頭公司，索尼能接觸到的使用者數量落於人後，工程師的人力不充裕，年度研發預算也是在幾個月、甚至幾週內就已經超支。有幾十年的時間，索尼一直就是「錯過商機」的商場研究案例。雖然索尼曾經靠著推出 Walkman 隨身聽而成為攜帶式音樂設備的全球市場龍頭，旗下也擁有第二大音樂品牌，但真正用數位音樂徹底顛覆音樂市場的卻是蘋果。雖然索尼在消費電子、智慧型手機與遊戲領域實力強勁，但到頭來卻被擠出手機市場，而且也完全無法搶進連網電視這個產品類別。此外，在各大好萊塢龍頭當中，當初只有索尼沒有自家的傳統電視業務需要保護，甚至也曾在 Netflix 由 DVD

---

* 作者注：《夢想大創造》在技術上能夠那麼強大，有部分原因也是因為遊戲僅限 PlayStation 主機使用，畢竟行動設備顯然運算效能就是落後一截。然而，索尼這樣從一開始就把整個整合型虛擬世界平台的架構限制在自家的高端設備，也就讓這款遊戲更難以拓展到其他平台。

業務轉型的同一年，推出串流媒體服務 Crackle，卻還是讓機會白白溜走。想要在元宇宙領先，索尼不但需要大量創新，還需要前所未有的跨部門合作，這些工作困難的程度，連目前整合度最高的公司也會咋舌。與此同時，索尼還不能繼續只待在自家緊密整合的生態系統裡（例如 PlayStation），而需要和第三方平台連結。

　　下一個要談的是輝達，這間公司從三十多年前成立以來，就一直專心為了圖像運算時代而努力。輝達就像是英特爾、AMD 等各大處理器與晶片企業，只要市場對運算還有進一步的需求，就能從中得利。而無論是目前各種設備裡的高端圖像處理器與中央處理器，又或是亞馬遜、Google 與微軟的資料中心，都需要這些供應商的產品。然而，輝達放眼的目標還不僅止於此。舉例來說，輝達的 GeForce Now 雲端串流遊戲服務目前在全球的人氣排名第二，規模足足是索尼的數倍，更比亞馬遜的 Luna 或 Google 的 Stadia 大了好幾個數量級，並且已經是市場龍頭微軟的一半規模。與此同時，輝達的 Omniverse 平台也是 3D 標準的領頭羊，正在推動各種引擎、物件與模擬的互通性，有可能成為另一個像《機器磚塊》那樣的平台，作為現實世界的「數位孿生」。或許我們永遠不會看到輝達自家推出的頭戴設備、也不會玩到輝達所推出的遊戲，但至少在 2022 年，似乎在現在的元宇宙裡，有一大部分都是靠著輝達來推動。

　　想要評估今日的龍頭對於明日的準備如何，會很危險，因為他們表面上看起來似乎總是準備得不錯，而且某種層面來說確實也如此，畢竟他們確實握有現金、技術、使用者、工程師、專利、關係等。但我們很清楚，這些企業有些最後會失敗收場，而且常常是因為部分的優勢反而成為負擔。隨著情勢發展，我們也可能發現未來有許多元宇宙的龍頭企業並未在本書提及，可能是因為目前規模還太小而不值一提，也可能是作者還未得知這些企業。畢竟可能有些根本還尚未成立，就不用談有沒有想到的問題了。目前，一整個《機器磚塊》原生世代才剛要成年，而未來很有可能就是他們（而非矽谷）打造出第一款能夠有數千、甚至數萬名同時上線玩家的優秀遊戲，又或是以區塊鏈為基礎的整合型虛擬世界平台。這些未來的創業者，無論是受到 Web3 原則的激勵、為了元宇宙提供的數兆美元商機而心動、又或者只是因為法規阻攔而無法出售給五大科技龍頭公司，應該總會替代掉這現有五大龍頭的至少一名。

為何「信任」變得比過去任何時候都更重要

　　不管未來將由哪間企業主導，最有可能的結局就是由少數做好垂直與水平整合的平台，搶下元宇宙一大塊的總時間、內容、資料與營收。這不代表他們能夠占有這些資源的半數以上，別忘了，五大科技龍頭公司現在（2021 年）也只占全球

數位營收不到 10％。但是，這些平台如果同心協力，就足以一同塑造元宇宙的經濟與使用者行為，進而影響現實世界的經濟與公民。

所有企業、特別是軟體企業，都想看到良性循環，因為有更多資料就能有更好的推薦，有更多的使用者就代表會有黏著度更高的使用者與更多廣告主，有更高的營收就能取得更多授權，有更高的投資預算就能吸引更多人才。這一點到了區塊鏈的未來並不會改變，就像是在 1990 年代，雖然那時候早就已經有數百萬個網站，但使用者仍然會集中在少數網站與入口網站，例如雅虎與 AOL。「習慣」就能帶來黏著度，所以雖然相較於 Web 2.0 時代，區塊鏈去中心化應用程式對使用者或對資料的影響力大不如前，但創投業者仍然願意對區塊鏈去中心化應用程式給出數十億美元的市值預估。

然而，對許多人來說，元宇宙真正的戰爭並不是發生在大公司之間，也不是發生在大公司與意圖取而代之的新創企業之間，而是發生在「集中化」與「去中心化」之間。但這種想法不能說是完美，因為這場戰爭並沒有哪方可能「獲勝」。重要的是，在這個光譜的兩端之間，元宇宙究竟處在哪個位置？是出於什麼原因？這個位置又會如何隨時間變化？蘋果在 2007年決定採用封閉的行動生態系統時，等於是決定把賭注下在和傳統相對的那一方。蘋果贏了這一把，無疑打造出一個更大、更成熟的數位經濟，特別是行動經濟領域，同時也創造出史上

最有價值、最賺錢的公司與產品。然而十五年後，蘋果在美國個人電腦市場的市占率從不到 2％上升到超過三分之二，軟體銷售則占將近四分之三，卻也因為蘋果讓開發商與消費者幾乎沒有其他選擇，導致整個產業難以繼續成長。蘋果遭到 Epic Games 控告之後，執行長庫克就曾在作證時向法官表示，就算只是允許開發商在應用程式內放上一個連結、讓使用者連到外部的支付方案，也代表著「基本上就是（放棄）我們智慧產權的總報酬」。[2] 下一代的網際網路不該受到這些企業政策的限制。但到目前為止，《機器磚塊》這個最受歡迎的「元宇宙原型」之所以能大發利市，許多原因和蘋果的 iOS 如出一轍，像是對這款遊戲盡可能嚴格管控，包括將內容、分銷、支付、帳號系統與虛擬道具等都強制綑綁在一起。

考慮到這一點，我們就得承認，元宇宙也像現實世界一樣，如果想要成長，去中心化與集中化兩者都不可或缺。而且也像現實世界一樣，兩者之間所謂的「中間點」並不是個定點、甚至根本找不出來，更不用說要如何讓各方達成共識。話雖如此，只要大多數企業、開發商與使用者願意接受某些必然的基本原則，還是能找出一些清楚的政策方向。

以 Epic Games 向開發商提供的虛幻引擎授權條款為例。開發商取得授權之後，就可以無限期使用當時版本的虛幻引擎。而 Epic Games 則是在推出後續與更新版本時（例如從 4.12 版來到 4.13 版，又或者是大改版而推出 5.0 版或 6.0 版），可

以對新版本採用新的授權條件；要是放棄這種權利，Epic Games 的財務肯定無以為繼，最後對開發商也不見得有益。依這種方式，開發商無須擔心一旦使用虛幻引擎就會從此被綁死、得要接受 Epic Games 的各種衝動、要求與領導，畢竟元宇宙沒有什麼房租管委會，也沒有上訴法院，開發商幾乎可以自由自在進行任何客製化，以及和第三方整合。即使未來有 4.13 版、4.14 版甚至是 5.0 版以上，開發商也可以根據新增內容而自行打造，不一定要被迫更新。

2021 年，虛幻引擎的授權條款又有一項重要修訂：Epic Games 放棄自行中止授權的權利。也就是說，就算今天開發商有款項未付、甚至完全違反合約，Epic Games 也不能中止授權，而是必須將開發商告上法院，要求強制付款，或是在取得法院命令後才能中止支援。這樣一來，雖然 Epic Games 想執行各項相關規定就會變得更難、更慢、成本也更高，但希望可以藉此與開發商建立互信、合作愉快。想像一下，如果今天只要房東說你違反租賃契約，或是你晚了一天或兩個月才付租金，就能把你鎖在門外，這種事不但不利於你的心理健康，也會讓人覺得不想租房，甚至不想住在城市裡。而在元宇宙的情況下，「租戶」確實有可能無緣無故就被鎖在門外，甚至永遠無法再進到屋裡，所有財產一夕成空。面對這種問題，科技自由主義會說解決的辦法是透過去中心化機制，或許就是靠著區塊鏈。但另一個同樣可行又互不相斥的辦法，則是將「現實世

界」的法律體系延伸到元宇宙，讓這些虛擬的事物具體化。提姆·斯維尼認為，如果允許強大的企業「成為法官、陪審團與創子手」，能夠阻止其他企業「製造產品」、「分銷產品」或維護「客戶關係」，最後沒有人能夠從中受益。

我對元宇宙的遠大期許，是希望元宇宙能夠帶出一場「信任比賽」。各大平台為了吸引開發商，正砸下數十億美元的資金，希望讓人能夠更輕鬆、更便宜、更快速打造出品質更好、獲利更豐碩的虛擬商品、空間與世界。然而這些平台也展現出一種新的態度，他們希望用政策證明自己是優秀的合作夥伴，而不只是發行商或平台。這一向都是個很好的商業策略，而且現在更因為元宇宙所需的資金無比龐大，也亟需得到開發商的信任，因此這種策略更顯得首要而且位居中心的地位。

2021 年 4 月，微軟宣布如果遊戲透過個人電腦的 Windows Store* 販售，只要支付 12％的佣金，而非一般的 30％（但 Xbox 的佣金仍然維持 30％），而且 Xbox 用戶無須訂閱 Xbox Live 服務，就能玩各項免費遊戲。過了兩個月，這項政策再次修訂，非遊戲應用程式可以選擇不要透過微軟付費，於是只需要根據其他付費方式的底層支付管道（例如 Visa 或 PayPal），支付 2％～ 3％的手續費。時至 9 月，Xbox 又宣布微軟的 Edge 瀏覽器已經更新到符合「現代網路標準」，玩

---

* 譯注：Windows Store 已經在 2021 年 6 月改名為 Microsoft Store。

家無須使用微軟的商店或持續更新型服務，只要透過 Edge 瀏覽器，就能使用 Xbox 各競爭對手的雲端串流遊戲服務，例如 Google 的 Stadia 以及輝達的 GeForce Now。

　　微軟最重大的政策改變是在 2022 年 2 月，宣布為 Windows 作業系統與「（微軟）為遊戲所打造的下一代市集」推出 14 點原則，承諾將支援第三方支付方案與應用商店，而且不會對採用第三方服務的開發商有所不利，並允許使用者將這些替代方式設為預設，也讓開發商能夠直接與終端使用者溝通；微軟的風險是，開發商有可能透過這個機會請使用者刪除微軟的商店或服務套組，而提供更優惠的價格或服務。但另一個重點在於，微軟也表示這些原則並不會「立刻全部適用於目前的 Xbox 主機市集」，原因在於 Xbox 硬體原本的設計是先賠本銷售、再透過微軟專屬市集賣出的軟體來累積回收利潤。不過微軟也表示：「我們了解，Xbox 的主機市集商業模式也需要調整。我們承諾會隨著時間演進，不斷縮小剩餘未適用原則的落差。」[3]

　　祖克柏在 2021 年 10 月公布臉書元宇宙策略的時候，曾明確指出需要「讓元宇宙的經濟最大化」，以及支持各個開發商。因此他也做出一系列的政策承諾，表示至少會根據目前其他軟體平台的做法，盡量不讓臉書虛擬實境設備與（即將推出的）擴增實境設備的功能與利潤影響到其他開發商。例如他說，雖然臉書推出的設備仍然會以打平成本或賠本的價格出售（類似

遊戲主機，但不同於智慧型手機），但臉書會允許使用者直接
從開發商那裡、甚至透過對手的應用程式商店下載各種應用程
式。祖克柏也宣布，Oculus 設備將不再要求使用臉書帳號，
這項政策已經於 2020 年 8 月落實；會繼續使用 WebXR，這是
一套開源的應用程式介面集合，適用於瀏覽器擴增實境與虛擬
實境應用程式；而且不會另外推出、也就更不會強制要求使用
臉書的專屬應用程式介面集合。如果我們回想一下第 10 章提
過的情況，其他運算平台多半要不是直接封鎖以瀏覽器為基礎
的豐富算繪功能，就是要求使用他們專屬的應用程式介面集
合。

　　在接下來幾週，臉書開始啟用一些應用程式介面，也整合
幾個曾經支援、但後來就封鎖多年的對手平台。其中最值得注
意的例子之一就是，使用者能夠直接將 Instagram 的連結貼到
推特，讓 Instagram 的照片顯示在推文裡。Instagram 在 2010
年推出後不久曾經提供這項功能，但等到公司在 2012 年被臉
書收購，才過了短短八個月就將這個應用程式介面刪除。

　　說到微軟、臉書與其他 Web 2.0 龍頭企業的策略，大家常
常認為這些企業都不安好心。2020 年 5 月，微軟總裁布萊德・
史密斯（Brad Smith）表示，講到開源軟體，微軟「在歷史上
站錯了邊」；時至 2022 年 2 月，他也公開支持美國參議院通
過的一項法案，這項法案要求蘋果與 Google，必須向第三方
應用程式商店與支付服務開放行動作業系統。史密斯表示，這

項「重要的」法案「將會促進競爭，確保公平與創新」。⁴ 要是微軟就像蘋果與 Google 那樣，在行動時代大發利市，而不是被趕下王座，又或者 Xbox 在遊戲主機界排名第一，而不是敬陪末座，微軟或許不會像這樣改變看法。而要是臉書也有自己的作業系統，而不是因此處處遭受阻礙，還會不會對側載（sideloading）＊如此寬容？要不是臉書太晚才開始打造高人氣的遊戲平台，真的會想要依賴 OpenXR 與 WebXR 嗎？雖然這些想法十分合理，但同時也忽略各大平台業者與開發商過去幾十年來各種真實（或說是痛苦）的教訓。而且從千禧年之後到現在，並不是只有平台業者與開發商變得更聰明。

正如區塊鏈「無需信任」、「無需許可」的特性所示，Web3 運動沸沸揚揚，有一大部分是因為不滿過去二十年間的各種數位應用程式、平台與生態系統。確實，Web 2.0 為我們帶來許多優秀的服務，像 Google 地圖與 Instagram，也有許多職業與企業以此為基礎、應運而生，但還是有許多人認為這不是一筆公平的交易。使用者為了換取這些「免費服務」，就提供自己的「免費資料」，讓業者打造出市值數千億、甚至數兆美元的企業。而更糟的是，這些企業還將資料永遠據為己有，反而讓真正生成這些資料的民眾難以將資料帶到別處使用。舉

＊ 編注：指的是在不透過網路的情況下，讓兩台裝置之間進行檔案傳輸，特別是個人電腦與行動裝置之間的傳輸。

例來說，亞馬遜的推薦功能之所以如此強大，是因為靠著過去多年來的搜尋與購買紀錄，但正因為資料只在亞馬遜手中，就算沃爾瑪或其他新創企業也有一樣的商品、類似的技術，還能夠提供更低的價格，卻很難讓亞馬遜的顧客感到滿意。許多人也就主張，亞馬遜應該要讓使用者有權匯出自己的歷史紀錄、帶到對手網站使用。嚴格來說，Instagram 的用戶確實能把自己的所有照片下載成一個 zip 壓縮檔，再上傳到另一個對手的服務中；但這件事的過程並不容易，而且也無法保留每張照片得到的按讚數與留言。整體而言，許多人已經開始相信，那些「以他們的資料」建立起來的企業，實際上使得現實世界嚴重惡化，也對使用者的心理與情感生活都有不利的影響。祖克柏宣布臉書要改名為 Meta 的時候，民眾的反應有很大一部分是嗤之以鼻。像臉書這樣的公司，我們究竟為什麼還要容許它把手更深入我們的生活？就像我們在吉布森、史蒂文森與克萊恩筆下看到的那些反烏托邦，難道那些科技龍頭的所作所為還不夠反烏托邦嗎？

　　這樣說來，「Web3」與「元宇宙」常被混為一談，也就不足為奇。要是有人對於過去 Web 2.0 的理念與發展已經不以為然，講到未來那些科技巨頭還可能會掌握更大的權力，肯定會覺得膽顫心驚。這些營利性質的科技企業，將會編寫、執行、傳輸那些虛擬宇宙的「原子」，經營掌握著另一個平行的存在平面。我們並不能因為「元宇宙」一詞與許多隨之而來的靈感

是出於反烏托邦科幻小說，就認為元宇宙肯定會是個反烏托邦的景象。但講到那些虛擬宇宙，無論是「母體」、「魅他域」、或是「綠洲」的控制者常常以此作惡，倒也不是空穴來風，畢竟這些人握有絕對的權力，而絕對的權力必然導致腐化。讓我們回想斯維尼的警告：「要是某間核心企業掌握元宇宙，就會變得比任何政府都更強大，根本就是地球上的神。」

這一切將我們導向認真討論元宇宙時最重要的一點，那就是元宇宙將會如何影響我們周遭的世界？我們又會需要哪些政策，才能形塑元宇宙的影響？

第 15 章

元宇宙形式的存在

　　人類生活的許多面向，在數位時代都得到改善。資訊的取得從未如此容易，我們也從未擁有這麼多的免費資訊。許多過去邊緣化的群體與個人，目前就像是拿到巨大而無人能擋的數位大聲公。即使實際上相隔天涯，也能感覺恍若比鄰。過去我們沒有那麼簡單就能找到藝術品，也沒有那麼多藝術家能夠賣出他們的傑作。

　　然而，雖然網際網路協定套組已經推出幾十年，社會的線上生活卻仍然面臨諸多挑戰：錯誤資訊、惡意操弄與極端思想；騷擾與虐待；資料權利受限；資料安全性低落；演算法與個人化讓人覺得綁手綁腳又怒火沖天；參與線上活動的結果普遍令人不滿；平台掌握龐大權力，政府又像紙老虎。類似的問題不一而足，多半也隨著時間日益嚴重。

　　雖然這些問題是透過科技技術而傳播、強化或加劇，但行動時代的問題核心仍然在於人類與社會。當愈來愈多人口、時間與消費走進網路世界，就會把更多問題帶進網路世界。臉書目前已經雇用上萬名管理員來審查內容；如果只要有更多管理員，就能解決平台上的騷擾、錯誤資訊等問題，應該沒什麼能

夠阻擋祖克柏這麼做。然而整個科技世界，每天有著幾億、甚至幾十億個科技使用者，就像是《機器磚塊》裡的個人創作者，目前已經在追求邁向「下一代的網際網路」。

　　元宇宙最根本的理念，就是認為人類會把更多的生活、勞動、休閒、時間、消費、財富、幸福與人際關係帶到線上。事實上，這些事物未來是會直接存在於網路世界；而不像目前，我們只是把既有事實「放上」網路而成為臉書發文或 Instagram 照片，也不像是現在的 Google 搜尋或 iMessage，只是用數位設備與軟體來協助日常生活。這樣一來，雖然目前網際網路的許多優點會在未來繼續成長，但也代表各種尚未解決的重大社會與科技挑戰將會愈演愈烈。而且這些問題挑戰還會演化，讓我們無法直接把過去十五年間從社群與行動網路學到的教訓派上用場。

　　2010 年代中期，好戰的遜尼派組成伊斯蘭國（Islamic State），通常簡稱 ISIS，透過社群媒體引誘外國人民走向極端，並前往敘利亞接受訓練。許多國家擔心國民成為 ISIS 的戰鬥人員，於是只要人民的旅行紀錄出現敘利亞或其他中東國家，就可能列入「紅旗警示」。要是 ISIS 運用豐富的即時算繪 3D 虛擬世界，極端化肯定會變得更容易，讓人就算不用踏出原生國家，也能得到更完整的訓練；出於部分同樣的因素，遠距教學的效果也會更好。但是同時，元宇宙或許也會讓掌權者更容易透過數位活動來了解與追蹤人民的行蹤，於是讓更多人

進入政府黑名單，或是遭到政府監控。

　　雖然目前就已經有各種斷章取義、酸言酸語與偽科學主張，但未來的錯誤資訊與選舉舞弊還可能更嚴重，讓人覺得現在的問題只是小事。面對科技龍頭所製造的諸多問題，許多人認為「去中心化」會是解決良方，但這也會讓政府更難以管理、不滿更難以平息，還會讓不當募資變得更容易。就算過去主要只有文字、照片與影片的形式，騷擾也已經成為數位世界似乎難以阻擋的災難，許多人的人生被毀掉，受到傷害的更是難以估計。理論上，有幾種策略可以讓「元宇宙濫用」的情形減到最少。舉例來說，在特定空間內互動之前，可以要求使用者必須明確指定彼此的互動權限級別，例如應用動作捕捉時，能否有觸覺互動等；而平台也可以自動擋下某些功能，例如設置「禁止觸摸區」。然而，元宇宙裡也必然會出現新的騷擾形式。有了高擬真化身、深偽技術（deepfake）、語音合成、動作捕捉，以及其他新興的虛擬或實體技術，未來在元宇宙裡的復仇式色情（revenge porn）可能來到怎樣的地步，絕對值得擔心。

　　至於資料權利與使用的問題，雖然比較抽象，但同樣令人憂慮。我們要談的不只是企業或政府存取個資，而是會牽涉到一些更根本的議題，像是使用者究竟是否了解自己分享什麼內容？做出的評估是否適當？平台是否有義務將資料還給使用者本人？如果是免費服務，是否該向使用者提供「買斷」資料的選項？又該如何計價？對這些問題，如今並沒有完美的解答，

也不知道應該如何找出答案。但到了元宇宙的時代，代表會有更多資料與重要資料被放到網上，也代表這些資料會被無數第三方分享，並且讓這些第三方能夠對資料上下其手。面對這種新的流程，該怎樣做才能安全管理？又該由誰來管理？一旦發生錯誤、失敗、損失、漏洞，能向誰求助？針對這點而言，又該由誰來擁有這些虛擬資料？如果在《機器磚塊》平台上，某間企業投下數百萬美元進行開發，是不是就代表他們能擁有這項開發成果？或是有權利把成果帶到別的平台上嗎？而如果玩家在《機器磚塊》裡買土地或商品，就能擁有所有權嗎？他們應該擁有所有權嗎？

　　元宇宙也會重新定義工作與勞動市場的本質。目前，多半只有一些乏味瑣碎、以語音就能進行的工作會採取境外外包（offshoring），例如客服技術支援、收款工作。至於零工經濟（gig economy）雖然也有些相似之處，但通常還是採取真人實體形式，例如汽車共乘、房間清潔或代客遛狗。而隨著虛擬世界、3D 顯示、即時動作捕捉、觸覺感測的技術不斷提升，這一切也將有所改變。負責二十一點發牌的荷官不用住在拉斯維加斯附近、甚至也不用住在美國，就能透過賭場的數位孿生，做好發牌的工作。全球最好的教師（以及性工作者）也能透過程式，計時提供服務。在各種零售店裡需要服務的時候，消費者可能改為打電話給人在數千公里以外的員工，而且這種做法可能對雙方都更好。員工不用在店裡晃來晃去等著顧客上門，

而是在顧客需要協助時才出現，而且透過各種追蹤鏡頭與 3D 投影機，就能提供尺寸或剪裁等方面的諮詢服務。

　　然而，元宇宙又會如何影響雇用權與最低工資法？Mirror 健身課程的教練可以住在秘魯首都利馬嗎？二十一點的荷官可以住在印度的班加羅爾嗎？如果可以，這會如何影響現場人力的供給以及價格？這些算不上是全新的問題，但如果元宇宙開始在全球經濟中占幾兆美元的規模，或是像黃仁勳預計的那樣，占超過一半規模，這些問題就會變得更加重要。未來最黑暗的一種可能，就是元宇宙成為一個虛擬遊樂場，雖然可以把各種不可能化為可能，卻是靠著壓榨「第三世界」的勞工來成就「第一世界」的快樂。

　　虛擬世界也會有身分問題。現代社會就已經得面對各種文化挪用的問題，連衣著與髮型也會有倫理道德的考量；而到了元宇宙，一方面似乎可以用虛擬化身來表現出一個不同、而且可能更真實的自己，但另一方面也似乎有必要忠實反映出我們現實的樣貌，兩方面的拉扯就會形成壓力。如果是個白人男性，能不能使用原住民女性外表的化身？化身的現實主義，會不會影響這個答案？而且要談這點的話，要不要計較化身究竟應該是個（虛擬）生物，或者可以由金屬構成？

　　舉例來說，最近圍繞著加密龐克 NFT 系列，衍生出一些關於線上身分的問題。這個 NFT 系列是用演算法生成一萬個 24×24 像素的 2D「加密龐克」化身圖形，鑄造到以太坊區塊

鏈上，一般用於各種社群網路上的個人資料圖片。而不管哪一天，在所有待價而沽的加密龐克圖當中，最低價的都是膚色較深的圖形。有些人相信，這種價格動態顯然就是種族歧視。但也有人相信，這反映的是加密貨幣社群裡的白人成員並不適合用這些膚色較深的加密龐克圖。會這麼認為的人，甚至會主張白人連持有這樣的圖片都不合適。如果事實如此，那麼膚色深的加密龐克圖價格較低，反映的是相較於美國的白人比例（美國是加密龐克圖主要的買賣地點，也是加密貨幣社群主要的所在地），加密龐克系列當中白人的比例其實太低。所以，並不是「非白人」的加密龐克圖價格太低，而是「白人」加密龐克圖太稀有了。也有人認為，或許非白人加密龐克圖的價格低也是件好事，這樣一來，對於整體而言本來就比較不富裕的人來說，想取得這些化身與理論上的會員卡也比較容易。

對於元宇宙，社會上也還有一些關於「數位鴻溝」（digital divide）與「虛擬孤立」（virtual isolation）的擔憂，只不過這些問題似乎相對較容易解決。十年前，也曾經有人擔心大眾開始使用超強行動裝置（多半比「智障型手機」還要貴好幾百美元）之後，也會讓不平等更加劇。大家最常提到的例子，就是在教學上使用 iPad。要是某些學生就是買不起最新的學習設備，還是得依靠「類比的」、過時的、非個人化的教科書，身邊有錢的同學（可能真的坐在他們旁邊，也可能其實坐在遙遠的私立學校裡）卻能擁有數位的、能夠動態更新的最新教科

書，這樣的狀況不就太糟糕了嗎？然而，隨著這類型設備的價格迅速下降、性能又不斷提升，憂慮也得以緩解。時至 2022 年，在美國只要不到 250 美元就能買到一台新的 iPad；這個價格已經比大多數的個人電腦都便宜，而且效能又比個人電腦更強大。至於目前最貴的 iPhone，價格是 2007 年第一代 iPhone 的三倍，但如果講的是蘋果目前最便宜的 iPhone 機型，就比第一代還便宜 20％，假使計入通膨，更是便宜 40％，運算能力還高出百倍有餘。而且，學生多半不用特別為了上課去購買這些裝置設備，而是早就已經擁有一台。大多數消費性電子產品的發展都是如此，一開始是有錢人的玩具，但早期的銷售業績讓廠商有更多資金投入研發，於是降低單位成本、帶動銷量，進而有助於提高生產效率，這樣一來又能降低售價，就這樣循環下去。虛擬實境與擴增實境頭戴設備也不例外。

　　當然也有人會擔心，未來民眾會不會都不想出門，整天就是被虛擬實境頭戴設備給綁在家裡？但這種擔憂常常沒考慮到現況背景。像是在美國，就有將近三億人平均每天看影片的時間高達五個半小時，或者說總觀看時數達到十五億小時，而他們看影片的時候多半也是自己在沙發上或床上，而不是社交活動的一環。好萊塢常常得意的說，影片就是一種被動消費，產業行話稱為「往後一躺的娛樂」（lean-back entertainment）。要是能把這些時間的一部分，轉移到社交與互動都更多、參與度也更高的娛樂活動，其實反而是進步而非退步，就算我們還是

都待在室內也是進步。對於老年人來說,更特別算是進步,畢竟美國老年人口平均每天有七個半小時都在看電視。我們心目中理想的退休與長壽生活,應該不會是把餘生醒著的半數時間拿來看電視。元宇宙能提供的一切,或許怎樣都比不上實際在加勒比海揚帆前行,但如果能在虛擬世界有老友相伴,共同駕起一條虛擬帆船,應該已經能說是差可比擬,而且還能同時享受其他唯獨數位世界能夠提供的特權。再怎麼樣,這也比只是看著中午的福斯新聞或 MSNBC 強得太多。

管理元宇宙

元宇宙就是如此具有破壞性,發展難以預測、曲曲折折,整件事也還沒有清楚的輪廓;而出於同樣的原因,我們難以判斷元宇宙會出現什麼問題、怎麼做才能以最好的辦法來解決已經存在的問題,或是又該如何引導問題的走向。然而,我們身為選民、使用者、消費者、開發商,還是能發揮影響力,不只是控制自己的虛擬化身悠遊虛擬空間,而是要影響那更廣泛的議題,例如該由誰來打造元宇宙、以什麼方式打造、背後又應該依據怎樣的哲學理念。

以我為例,雖然這輩子有很長一段時間,想的寫的談的都是某些人認定自由市場資本主義者的夢想,但我身為加拿大人,或許會比許多國家的國民更相信政府應該跳出來,並且承

擔更重要的角色。目前十分顯然，元宇宙的一大挑戰就在於缺
乏管理機構，只有虛擬世界平台的營運商與服務供應商在管
理。而我們談到現在，大家應該已經能夠相信，光憑這些人並
無法打造出一個健康的元宇宙。

　　讓我們回想一下網際網路工程任務小組的重要性。這個組
織最早是由美國聯邦政府成立，宗旨是要指導公益性質的網際
網路標準，特別是網際網路協定套組。要不是網際網路工程任
務小組與其他非營利組織（部分是由美國國防部成立），就不
會有目前我們所熟悉的網際網路，而可能會是個規模小得多、
受到的控制大得多，而且也沒那麼活躍的網際網路；又或者市
面上只有各種不同的「網路」，而沒有「網際網路」這回事。

　　雖然網際網路工程任務小組的成就到今日仍然照顧著我
們，但年輕世代基本上已經不知道這個組織的存在。但因為網
際網路工程任務小組的貢獻多半是鴨子划水而不為人所知，部
分也導致許多人以為西方國家無法有效進行技術的監督與管
理。我在這裡指的並非反壟斷問題，雖然這個問題也確實十分
急迫，我要討論的是，在技術發展的過程中，政府應該扮演怎
樣的角色。事實上，把「政府」與「技術」兩者明顯切開的想
法，其實是相對最近才出現的事。過去在整個 20 世紀，各國
政府已經證明他們當然有能力領導各項新科技技術，從電信、
鐵路、石油再到金融服務，當中當然也包括網際網路。一直到
過去這十五年左右，政府才顯得似乎力有未逮。元宇宙等於帶

來一種機會，而且這項機會不只有利於使用者、開發商與平台，也有利於制定新規則、新標準、新的管理機構，以及對這些機構的新期許。

元宇宙的管理政策應該是什麼樣貌？開始談這個議題之前，我要先坦白招認。由於以下的內容牽涉道德、人權以及過去的判例，我會刻意謹慎克制。在本書詳述的許多內容背後，都存在明顯的社會正義問題，像是談到該用哪些設備來存取元宇宙與這些設備的價格成本、這些設備能夠提供怎樣品質的體驗，以及需要收取怎樣的平台費用。我很清楚這些問題確實存在，也知道有其他人更有資格把這些問題說得更明白。我只是在這裡提出一個思考框架，反映出我的專業領域，並且針對本書前幾章提出的問題再進一步說明。

2022 年，包括美國、歐盟、韓國、日本與印度在內，許多政府都很關注是否應該繼續讓蘋果與 Google 單方面決定應用程式內付費的政策，也想討論蘋果與 Google 究竟是否有權封鎖對手的支付服務、切斷其他支付管道，例如媒體交換自動轉帳與電匯。如果能推倒蘋果與 Google 的霸權，會是個很好的開始；這能夠迅速增加開發商的利潤、降低消費者需要支付的價格、使新業務與商業模式蓬勃發展，也不再會因為佣金制度不一致，而鼓勵開發商專注於實體商品或廣告，而非著重在虛擬世界的體驗與消費者支出上。但正如我們所見，支付方法只是平台用來控制開發商、使用者與潛在對手的眾多手段之

一。蘋果與 Google 會這麼做，是為了讓自己在線上營收這塊餅上分到更大的一塊。因此，政府管理單位應該要求各個平台，將身分、軟體分銷、應用程式介面、權利等項目和硬體與作業軟體拆分開來。元宇宙與數位經濟想要發展蓬勃，就必須讓使用者能夠「擁有」自己的線上身分、「擁有」他們購買的軟體。而且知道想買哪款軟體之後，也應該能夠選擇安裝與付款的方式，至於開發商也應該能夠自由選擇軟體在特定平台上要如何傳播販售。到頭來，使用者與開發商就能一起判斷出哪些標準與新興技術是最好的選擇，而不只是因為程式碼要在哪種作業系統中運作，就必須被系統業者的偏好所左右。打破綑綁的情形之後，過去挾作業系統以自大的企業，就必須更清楚依據產品的優點來競爭。

　　另外，開發商如果需要打造自家的獨立遊戲引擎、整合型虛擬世界平台、應用程式商店，也應該得到更大的保護。斯維尼把虛幻引擎的授權提供給開發商，這會是正確的方向，他們等於是將終止授權的權利交給法院，而不只是由企業內部片面做決定。目前許多企業內規簡直就像是法律，有自己的立法與司法程序，但我們不能只由營利企業自行決定規範的程度與範圍。就算 Epic Games 的例子表面上是「利他主義」的展現，骨子裡仍然是一樁好生意，但我們還是不能期望只靠利他主義就解決一切問題。關鍵在於，我們必須明確針對虛擬資產、虛擬租賃與虛擬社群訂出新的法律，否則過去為實體商品、實體

市集商場與實體基礎設施時代所設計的法律，很有可能遭到誤用、濫用。要是元宇宙經濟總有一天能夠和實體世界經濟匹敵，政府就需要以同樣認真的態度，看待其中的就業、商業交易與消費者權利問題。

想要起頭，有一個很好的方法是制定相關政策，規定在開發商想要匯出他們創建的環境、資產與體驗時，整合型虛擬世界平台必須提供什麼程度的支援。這對於各國政府與監理機構來說，會是比較新的問題。在目前的網際網路上，幾乎所有的線上「內容單元」，如照片、文本、音檔或影片，都能輕鬆在各個社群平台、資料庫、雲端業者、內容管理系統、網域或主機業者之間傳輸。至於程式碼，多半也能夠輕鬆傳輸移轉。雖然如此，那些以內容為主的線上平台似乎仍然是輕而易舉，就打造出這個產值百億千億、甚至有可能上兆美元的生意。這些公司不需要「擁有」某個使用者的內容，也能取得飛輪效應，像 YouTube 就是個完美的例子。YouTuber 其實很容易就能跳槽前往另一個線上影片網站，還可以把自己的所有影片都帶走；而他們之所以留下，只是因為目前 YouTube 能為內容創作者帶來更高的觸及率，多半也就代表更高的收入。

事實上，正是因為 YouTuber 可以如此輕鬆跳槽到 Instagram、臉書、Twitch 或亞馬遜，才讓這麼多平台對 YouTube 的內容創作者虎視眈眈，也反過來促使 YouTube 發揮創新，更努力滿足內容創作者的需求，成為整體而言更負責任的平

台。而同樣的，也是因為 Snapchat 創作者可以輕鬆將內容丟上所有的社群服務，像是 Instagram、TikTok、YouTube 與臉書，因此創作者不必讓製作預算成倍翻漲，就能接觸到更大的客群。要是像 YouTube 這樣的平台想要獨占某位創作者，就應該付費簽約，而不能只仗著要把內容搬上多個平台太過困難或太過昂貴來留住他們。目前，各個社群網路都慢慢走向原創節目，有營收保證與創作者基金等做法，實在其來有自。

　　遺憾的是，這種「2D」內容適用的網路動態，並不容易移轉到整合型虛擬世界平台上。目前發布到 YouTube 或 Snapchat 上的內容，多半並不是靠著這些平台的工具所製作，而是使用各種獨立的應用程式，像是蘋果的 Camera 應用程式，或 Adobe 的 Photoshop 與 Premiere Pro。而且就算內容是在某個社群平台上製作，例如 Snapchat 的限時動態就需要用 Snapchat 的濾鏡，但內容通常也很容易匯出，像是搬到 Instagram 再用一次，畢竟這不過就是一張照片嘛。相對的，為了某個整合型虛擬世界平台所製作的內容，多半就應該在整合型虛擬世界平台上製作，無法輕易匯出或再利用。而且現在也沒辦法像是用 iPhone 的截圖功能抓取 Snapchat 的限時動態圖片那樣，靠著某些「小撇步」來解決整合型虛擬世界平台上的問題。所以，目前在《機器磚塊》上製作的內容，基本上就只能用在《機器磚塊》。而且，不同於 YouTube 的影片或 Snapchat 的限時動態，《機器磚塊》的內容並不像串流直播僅

供當下觀賞、也不打算讓人像 YouTuber 的影像網誌（vlog）系列一樣做成合集，而是希望能夠不斷持續更新。

這些差異會造成深遠的影響。如果開發商希望能夠把遊戲體驗放上許多個整合型虛擬世界平台，幾乎是整個遊戲都必須從頭重新打造。但這樣並不會為玩家創造更多價值，對開發商來說就是浪費時間與金錢。很多時候，開發商甚至選擇直接放棄，於是也就限縮自己的影響力，也變得更依賴特定的平台。開發商在特定整合型虛擬世界平台的投資愈多，就愈難離開；一旦離開後，不僅需要重新尋找客源，還得從頭重建。於是，就算出現某個新的整合型虛擬世界平台，能夠提供更好的功能、經濟體或成長潛力，也很難得到開發商的支持，而現有整合型虛擬世界平台也不會面對多大的改進壓力。慢慢的，占有主導地位的整合型虛擬世界平台甚至可能走向「尋租」（rent-seek）行為。過去十年間，各大平台都曾因為尋租行為而受到批評。舉例來說，許多品牌認為臉書動態消息的演算法時有改變，是在逼迫品牌必須購買廣告，才能接觸到早就在品牌粉專頁面按讚的臉書用戶。2020 年，蘋果也修改 App Store 的政策，除了少數例外，iOS 上的應用程式只要允許使用第三方身分系統，例如可以使用臉書或 Gmail 帳號登入，就必須支援蘋果帳號系統。

有些整合型虛擬世界平台確實也支援選擇性匯出的功能。像是《機器磚塊》，就允許玩家以 OBJ 格式匯出在《機器磚塊》

製作的模型，帶到 Blender 軟體裡去使用。但正如本書不斷提到，光是把資料從 A 系統取出，並不代表就能拿到 B 系統裡使用。就算做得到，也不代表過程一定容易，各位大可以試試，下載自己的臉書資料再匯入到 Snapchat，看看是簡單還是困難；而且一切都是平台說了算，像是前面提過，Instagram 就曾關閉能把照片轉貼到推特的應用程式介面。就這點而言，政府既需要負起監管的義務，也等於掌握著塑造元宇宙標準的機會。如果能針對整合型虛擬世界平台匯出資料的動作，設下各種規約、檔案類型與資料結構，政府就等於是告訴各家平台，想取得這樣的資料，就該使用怎樣的規約、檔案類型與資料結構。而我們最深的期許，是希望未來能夠不費吹灰之力，就把虛擬沉浸式教學環境或擴增實境運動場從 A 平台轉移到 B 平台，像是今天要移動部落格或電子報一樣簡單。當然，這不是什麼肯定能達成的目標，畢竟 3D 的世界與邏輯並不像 HTML 或試算表那麼簡單。然而我們還是應該以此為目標，而且比起把充電器接口規格統一，這件事可重要得多了。

　　有人可能會覺得，有些企業對於行動時代的打造貢獻良多，像是蘋果與安卓；也有些企業對於元宇宙時代的建立厥功甚偉，像是《機器磚塊》與《當個創世神》的背後企業與其他企業。如果現在逼他們放棄對自家生態系統的掌控，讓競爭對手也能來分一杯羹，似乎不太公平。畢竟，正是因為這些平台整合諸多服務與技術，達到豐富的成果，才讓他們如此成功。

然而，我們最好把這些規定要求視為對這些成功的反映與回應，並了解這樣才能維持一個迎向共同繁榮、能夠產生新領導者的市場。蘋果在 2020 年 9 月修改雲端遊戲政策的時候，《The Verge》就指出：「然而，爭論蘋果的方針包含或不包含某項內容並無意義，因為最終決定權都在蘋果手中。蘋果能夠依自己的選擇來加以詮釋，依自己的方便來選定時機，還能依自己的想法來改變內容。」[1] 這實在不是數位經濟的可靠基礎，更不是元宇宙的理想選擇。

　　除了規範各大平台，我們還要制定能夠有助於打造健康元宇宙的法律與政策。首先，我們應該在法律上承認各種智慧合約與去中心化自治組織。就算這些規約與區塊鏈整體而言並不會永遠存在，但如果能得到法律承認，就能刺激更多人發揮創業精神，保護許多人免受剝削，也能讓更多人使用與參與。而這種時候，就能讓經濟蓬勃發展。第二個明顯的契機，則是要擴大過去關於認識你的客戶（Know Your Customer，簡稱KYC）的法規，適用於各種加密貨幣投資、錢包、內容與交易。只要通過適用這些法規，像是 OpenSea、Dapper Labs 等平台以及其他各大區塊鏈遊戲，就需要去驗證使用者的身分與法律地位，並向政府、稅務機關與證券機構提供必要的文件。由於區塊鏈的本質，「認識你的客戶」的要求無法涵蓋「加密」的一切資料。但同樣的，美國國稅局與警方本來也就無法監控所有現金交易。然而，如果能讓將近所有的主流服務、市場與

合約平台都要求提供這些資訊，就能讓大多數的區塊鏈交易符合相關要求。這時候，少數不符合要求的交易就會讓人感受到詐騙的風險，於是在價值上打個折扣。就像大多數人寧可上eBay，向經過驗證的賣家購買商品，而不是到某個不知名的網路商城，付錢給某個匿名帳號。

　　最後一項建議，則是政府應該更加正視資料的蒐集、使用、權利與處罰。元宇宙平台主動與被動生成、蒐集與處理的資訊量，將會非常驚人。這些資料會包括你臥室的尺寸、視網膜的細節、剛出生小寶貝的臉部表情、你的工作績效與薪酬，還有你去過哪裡、待了多久以及為什麼去那裡。幾乎是你所說所做的一切，都會被各種鏡頭、麥克風等設備捕捉下來，有時候還會被放進某間私人企業所打造的虛擬數位孿生，和更多人共享。目前會共享這些資料的對象，多半還只有開發商以及運作相關應用程式的作業系統，而且通常使用者只是稍微知道好像有這一回事。所以，與其事後再來回應那些未預見的後果，政府不妨事先引導、甚至偶爾要求擴大相關內容。包括在「允許事項」的規定應該是要允許使用者要求刪除資料，又或者擁有輕鬆下載再上傳到其他地方的權利。這又是另一個政府可以、而且應該主導元宇宙標準的領域。

　　同樣重要的一點，在於企業如何證明有能力保護那些得到特別許可而取得的資訊，以及在保護不力時，又該受到怎樣的懲罰。對於各銀行，美國聯準會定期都有「壓力測試」，確保

銀行能夠承受經濟衝擊、市場崩盤或大規模擠兌,也要求高層對企業疏失與財報不實負起責任。而關於使用者資料,雖然也有類似的監督機制,卻較為簡陋,而且多半只是非正式的要求,不是正式的流程,況且科技龍頭不太可能自願就範。特別是在資料外洩或遺失的時候,罰款簡直是毫無威嚇力。2017年,美國消費者信用報告調查機構 Equifax 遭到外國駭客入侵超過四個月,被竊走將近一億五千萬美國人、一千五百萬英國居民的全名、社會安全號碼、出生日期、地址與駕照號碼。兩年後,Equifax 以 6 億 5,000 萬美元達成和解,這筆金額還不及這間公司的年度現金流量,而每位受害者只能分到幾美元。

跨國元宇宙

　　大概從 15 年前開始,我們所謂的「網際網路」變得愈來愈區域化。雖然各國都用網際網路協定套組,但每個市場的平台、服務、技術與規約慣例開始變得各有不同。部分原因在於非美國家的技術龍頭企業開始成長,無論歐洲、東南亞、印度、拉丁美洲、中國或非洲,都出現愈來愈多成功的新創企業與軟體領導者,滿足在地支付、日用、生鮮到影片的所有需求。而如果元宇宙將對人類文化與勞動產生愈來愈大的影響,很有可能也會帶出愈來愈多更強大的地區性參與者。

　　現代網際網路之所以變得破碎,最重要的因素在於各國都

有自己的法規。出於各種對資料蒐集權與內容的限制，以及技術標準的問題，目前在中國、歐洲與中東地區會看到的「網際網路」，開始和我們在美國、日本或巴西會看到的網際網路愈來愈不同。現在全球各地政府都面對著如何監管元宇宙的難題，同時還得抑制 Web 2.0 時代龍頭企業手中積蓄的權力，世界各地無疑將會面對非常不同的結果，而且我敢說，也會有許多不同的「元宇宙們」。

我曾在本書開頭提到韓國的「元宇宙聯盟」，由韓國科學技術情報通訊部於 2021 年年中成立，成員包括超過四百五十間韓國企業。雖然這個聯盟的具體目的尚待釐清，但重點很有可能是在韓國打造更強大的元宇宙經濟，並在全球元宇宙裡提升韓國的存在感。為此，韓國政府可能會加強推動互通性與各項標準；雖然這可能會對聯盟裡部分成員較為不利，但卻能夠提升聯盟整體的力量，而且最重要的是能讓韓國得益。

如果根據目前中國網際網路可見的趨勢，可以肯定中國的「元宇宙」將會與西方國家的元宇宙相當不同，而且會由中央控制。中國的元宇宙可能來得更快，而且也更具有互通性與標準化。以騰訊為例，比起全球其他發行商，騰訊的遊戲能夠接觸到更多玩家、創造更多營收、擁有更多智慧產權，也雇用更多員工。在中國，包括任天堂、動視暴雪、史克威爾艾尼克斯等品牌的遊戲都由騰訊代理，而且騰訊也負責開發《絕地求生》等熱門遊戲的中國版本（否則無法在中國上架）。騰訊旗下的

工作室還負責《決勝時刻：Mobile》、《Apex 英雄》手機版（*Apex Legends Mobile*）與《絕地求生 M》等遊戲的全球版本。而且，騰訊也擁有大約 40％的 Epic Games、20％的 Sea Limited（《我要活下去》的開發商）、15％的魁匠團（《絕地求生》開發商）股權，並且完全擁有、營運微信與 QQ 這兩個中國最受歡迎的傳訊應用程式，同時也是實質上的應用程式商店。微信還是中國第二大數位支付公司與網路，而且騰訊已經開始使用臉部辨識軟體，以中國的「居民身分證」*系統驗證玩家身分。如果說到要推動使用者資料、虛擬世界、身分與支付的互通性，又或是影響元宇宙當中的各種標準，沒有任何公司比騰訊擁有更好的條件。

元宇宙或許會是個「由許多即時算繪的 3D 虛擬世界形成一個大規模、可互通的網路」，但我們已經了解到，這一切還是要靠實際的硬體、電腦處理器與網路連線才能實現。而不論這些項目是由企業單獨管理、政府單獨管理，又或是一群去中心化而精通技術的程式設計師與開發商來管理，元宇宙都需要仰賴這些人的努力。雖然我們或許永遠無法定案一棵虛擬的樹木如何存在、又如何倒下，但不論如何，實體都將永存。

---

* 編註：中國當地的正式名稱為「居民身份證」。

靜觀其變

　　「科技常常會帶來眾人意料之外的驚喜；但說到那些最宏大、也最奇幻的發展，又往往在幾十年前便有人預期到它們的出現。」這是我在本書開頭寫下的第一句話，希望這整本書已經讓你同意我的觀察，但也了解預測就是會有局限。凡納爾‧布許曾經神奇的預測未來的設備與設備的功能，也預判政府將扮演怎樣的關鍵角色，讓各種設備發揮作用、有利於全體民眾。但與此同時，他所設想的 Memex 足足有桌子那麼大，而且是應用機電學原理，把使用者可能需要的所有內容，以實體方式儲存並且連結。時至今日，我們的電腦能夠放進口袋，而且是透過軟體來運作，和布許的 Memex 只剩下在精神上還有相似之處。在史丹利‧庫柏力克於《2001 太空漫遊》所想像的未來當中，人類已經殖民太空，也研發出有知覺的 AI，但片中類似 iPad 的各種顯示幕功能仍然只是讓人類在吃早餐的時候方便看電視，而且電話仍然是需要電話線的「智障型」產品。尼爾‧史蒂文森的《潰雪》則啟發接下來數十年間的研發計畫，也是目前許多全球頂尖企業奉為圭臬的指引方針。然而，當初史蒂文森還以為元宇宙會出現在電視產業，而不是在

電玩遊戲產業，也很意外「現在大家的狀況，並不是像《潰雪》那樣去拜訪『大街』上的酒吧，而是像《魔獸世界》的公會那樣」，到遊戲裡發動攻擊。

　　關於未來，我應該有一大部分可以說得八九不離十。未來肯定會愈來愈集中於即時算繪的 3D 虛擬世界。網路頻寬、延遲與可靠性的問題都會改善。運算能力會持續提升，進而改善並行性、延續性，並且能有更複雜的模擬與全新的體驗；然而運算能力仍然會遠遠供不應求。年輕世代將會是率先接受「元宇宙」的一群，而且接受的程度也將高於他們的父母輩。政府監理機關將會把作業系統的部分拆分開來，但擁有這些作業系統的企業仍然會繼續蓬勃發展；原因在於，這些產品即使拆分之後仍然會是市場龍頭，而且元宇宙的出現又會讓市場大餅變得更大。元宇宙的整體架構應該會和今日所見頗為類似，由少數做好垂直與水平整合的企業，控制整個數位經濟的一大部分，而且他們的實質影響力還會更高。雖然政府監理機關會抓得更嚴，但可能再嚴都不夠。元宇宙裡的各個重要產業龍頭，有一些將和目前世界上的領導企業不同。有些企業雖然被擠下王座，但仍然能夠存活、甚至比起過去仍有所成長；但也有些企業會就此滅亡。我們還是會繼續使用許多元宇宙之前發明的數位與行動產品；畢竟在許多任務或體驗的處理上，即時 3D 算繪並不見得是最佳的選擇。

　　互通性的實現會十分緩慢、不盡完美，永遠沒有終點、也

得付出相當的代價。雖然市場到頭來總會圍繞著一小群標準達成共識，但這些標準永遠無法完美的互相轉換，總會有各自的缺點。而在達成共識之前，又會先有幾十種的選項被提出、被採用、被拋棄，以及出現分支。至於各個虛擬世界與整合型虛擬世界平台，也會像是世界經濟那樣慢慢互相開放，但有不同的方式來交換資料與使用者。舉例來說，許多世界與平台會和各個獨立開發商達成各自的專屬協議，就像是美國與加拿大、印尼、埃及、宏都拉斯、歐盟往來時，本來就會各有不同政策；甚至歐盟本身，也是與一群「世界」達成協議所形成的集合。往來之間，就會產生所得稅與關稅等費用，也會需要不同的身分系統、錢包與虛擬儲物櫃。而且，所有政策都可能需要改變。至於區塊鏈將扮演怎樣的角色，會是目前對於元宇宙未來最不明確的一點。在許多人看來，區塊鏈有可能是元宇宙成功的關鍵，甚至如果沒有區塊鏈，元宇宙從架構上就無法存在。但也有人認為，雖然區塊鏈是個有趣的技術，確實能為元宇宙帶來好處，但無論有沒有區塊鏈，元宇宙都會存在、而且形式上也不會有太大的不同。還有許多人認為，區塊鏈從頭到尾就是個騙局。從 2021 年到 2022 年初，區塊鏈飆升的漲勢不斷，吸引各個主流開發商、優秀創辦人、幾百億美元的創投資金，以及甚至更高額的法人投入加密貨幣。但截至本書寫作期間，區塊鏈的成功仍然非常有限，而且仍然面對重重的技術、文化與法律阻礙。

　　等到 2020 年代末，我們應該會有共識認為元宇宙已經來到 *，並且有數兆美元的價值。但究竟元宇宙是在什麼時候開始、究竟能產生多少營收，就連到時候我們可能還是沒辦法確定。而在那之前，我們應該已經退出現在的炒作風潮，甚至已經再次進入又離開另一階段的炒作風潮。會有這樣的循環，成因至少有三項：第一，對於元宇宙能提供怎樣的體驗、能在何時成真，許多企業會把話說得太滿；第二，要克服關鍵技術障礙，其實十分困難；第三，就算克服這些障礙，也還需要時間了解應該「在元宇宙裡」建立哪些企業。

　　請回憶一下你最早的那台 iPhone，或者是你的前六台 iPhone。從 2007 年到 2013 年，蘋果作業系統的圖示都呈現「擬真」風格，像是 iBooks 應用程式看起來就是數位書架放著幾本數位書籍；筆記應用程式就像是一疊實際的黃頁筆記；日曆應用程式就像是一本日曆本；至於遊戲中心的背景就像是賭場桌子用的綠色毛氈。直到 iOS 7，蘋果才為行動時代的原生用戶，拋棄那些傳統的設計原則。許多目前的重要消費數位企業，都是在蘋果的這個擬真時代逐漸成立。像是 Instagram、

---

* 作者注：到頭來，如果「元宇宙」這個詞已經遭到過度濫用，又因為和反烏托邦科幻小說、科技巨頭、區塊鏈與加密貨幣等領域的連結而產生負面聯想，我們有可能直接選擇另一個稱呼。像是在 2021 年 5 月，騰訊就曾經選擇將他們的努力方向稱為「超數位實境」（超數字現實），是後來因為「元宇宙」一詞開始流行，才讓騰訊又改變稱呼。至於未來，情況也可能再有類似的改變。

Snap 與 Slack 等，為數位通訊提出新的構想：重點不在於如何透過網路協定撥打到市話，像是 Skype；也不在於文字傳訊，像是黑莓機推出的 BlackBerry Messenger 傳訊服務；而是要徹底重塑我們通訊的方式、原因與內容。Spotify 的內容，不像是 Broadcast.com 單純透過網際網路轉播廣播的內容，也不是製作網路廣播的 Pandora，而是直接改變我們取得與發現音樂的方式。在可預見的未來，「元宇宙應用程式」還會卡在開發的早期階段：仍然是視訊會議，只是改採 3D 形式，並且有個模擬的公司會議室；仍然像是 Netflix，只是放到一個虛擬的劇院環境。但是，慢慢的，我們就會重新塑造這一切。要等到這個過程開始「之後」，才會讓人覺得元宇宙十分重要，不再只是幻想的願景，而比較像是具體的現實。打造臉書所需的技術，其實早在祖克柏實際成立臉書幾年前就已經存在。Tinder 要到 iPhone 推出五年後才發明，當時 18 ～ 34 歲的人已經有 70％擁有觸控式的智慧型手機。雖然元宇宙的一大限制因素在於技術，但也在於我們的想像力以及時間。

　　正因為元宇宙的發展可能時快時慢、有爆發也有停滯，就會引來批評，以及一陣又一陣的失望與幻想破滅。美國天文學家克里夫・斯多（Clifford Stoll）曾在美國能源部的勞倫斯柏克萊國家實驗室（Lawrence Berkeley National Laboratory）擔任系統管理員，他 1995 年所寫的《矽蛇油：資訊公路的再思》（*Silicon Snake Oil: Second Thoughts on the Information Highway*），

現在常引來訕笑。當時的《新聞週刊》（*Newsweek*）有一篇關於這本書的社論，他在這篇社論中曾表示：「上網二十年之後，我感到困惑……對這個最時尚、也最誇大的社群感到不安。某些人預見的未來中，有遠距工作者、互動圖書館、多媒體教室，也談到有電子鎮民大會、虛擬社群。據說商業活動會從辦公室與商場走向網路與數據機，而數位網路的自由也將使政府更加民主。這都是胡扯。這群電腦專家是不是一點常識都沒有？……這些網際網路的說客沒告訴你，網際網路就像一片由未經編輯的資料所匯聚成的海洋，連假裝完整都懶得假裝。」[1] 時至今日，這篇文章讀起來也像是在談元宇宙。2000年 12 月，《每日郵報》（*Daily Mail*）有篇報導的標題是〈網際網路「可能只是一時風潮，數百萬人正離它而去」〉，報導中的研究預計英國的一千五百萬名網友將會流失兩百萬人。[2] 當時正值網路泡沫開始破滅，納斯達克指數已經下跌將近 40％，而且接著還會再砍半。後續足足花費十二年，納斯達克指數才又回到網際網路時代的高點。而在本書即將印行的此時，納斯達克指數已經是當時高點的三倍多。

　　就算是走在最前面的人，也難以準確預測未來。我們現在即將跨入元宇宙，但可以最後再一次回想即將成為過去的運算與網路連線時代。就算是網際網路最狂熱的信徒，當初應該也想像不到今日的景況：全球有幾百萬個網路伺服器、數十億個網頁，每天寄出三千億封電子郵件，每天的電腦使用者人數有

數十億人，而且光是臉書這個網路，每個月的使用人數就超過三十億人、每天使用人數也有二十億人。賈伯斯在 2007 年 1 月發表第一代 iPhone 的時候，就說這是一款革命性的產品。當然他說的並沒錯，但第一代 iPhone 既沒有 App Store、也尚未計畫讓第三方開發商加入製作。為什麼？因為賈伯斯告訴開發商：「iPhone 內部就有完整的 Safari 搜尋引擎……所以你可以寫出一些超棒的 Web 2.0 與 Ajax 應用程式，無論看起來或用起來，都會和 iPhone 上的應用程式一模一樣。」[3] 但到了 2007 年 10 月，也就是 iPhone 問世十個月、上市四個月後，賈伯斯改變念頭。蘋果在 2008 年 3 月公布軟體開發套件，同年 7 月推出 App Store。短短一個月，當時人數大約百萬的 iPhone 使用者，下載的應用程式數量就已經是四千萬名 iTunes 使用者下載量的 30％。賈伯斯後來向《華爾街日報》表示：「我不會再相信我們的任何預測，因為到目前看來，現實的發展就是遠遠超出所有預測，讓我們也像各位一樣，只能靜觀其變，觀察這個奇妙的現象如何發展下去。」[4]

　　元宇宙的發展，大致上也會十分類似。只要出現某項技術突破，消費者、開發商與企業家就會跟著反應。到頭來，或許就是一件看似微不足道的東西，可能是手機、觸控螢幕、又或者是電玩遊戲，變得人人不可或缺，而讓世界變成一個沒人預見過、也未曾浮現腦海的樣貌。

致謝

　　這本書能出現，要感謝許多家人、倡議者、老師、朋友、創業家、夢想家、作家與創作者，在過去這四十年來給我的啟發與教導。以下名單只是其中一小部分。喬安・布洛克（Jo-Anne Boluk）、泰德・柏爾（Ted Ball）、波珀（Poppo）、布蘭達・哈洛與艾伊・哈洛（Brenda and Al Harrow）、安舒爾・魯帕雷爾（Anshul Ruparell）、麥可・札沃斯基（Michael Zawalsky）、威爾・米涅瑞（Will Meneray）、阿比那夫・薩希納（Abhinav Saksena）、傑森・賀許宏（Jason Hirschhorn）、克里斯・梅勒丹德利（Chris Meledandri）、塔爾・沙查爾（Tal Shachar）、傑克・戴維斯（Jack Davis）、楊茱莉（Julie Young，音譯）、加迪・艾波斯登（Gady Epstein）、雅各・那沃克（Jacob Navok）、克里斯・卡塔迪（Chris Cataldi）、戚傑森（Jayson Chi，音譯）、馮蘇菲（Sophia Feng，音譯）、安娜・絲維特（Anna Sweet）、因朗・薩瓦（Imran Sarwar）、強納森・格利克（Jonathan Glick）、彼得・羅哈斯（Peter Rojas）、彼得・卡夫卡（Peter Kafka）、馬修・漢尼克（Matthew Henick）、雪倫・塔兒・伊谷多（Sharon Tal Yguado）、高橋邦典、湯尼・

追斯可（Tony Driscoll）、馬克‧諾斯沃席（Mark Noseworthy）、亞曼達‧慕恩（Amanda Moon）、湯瑪斯‧樂比恩（Thomas LeBien）、丹尼爾‧葛索（Daniel Gerstle）、彼臘‧昆恩（Pilar Queen）、夏洛特‧波門（Charlotte Perman）、保羅‧瑞里格（Paul Rehrig），以及格瑞格里‧麥當諾（Gregory McDonald）。

附注

引言

1. Casey Newton, "Mark in the Metaverse: Facebook's CEO on Why the Social Network Is Becoming 'a Metaverse Company,'" *The Verge*, July 22, 2021, accessed January 4, 2022, https://www.theverge.com/.

2. Dean Takahashi, "NVIDIA CEO Jensen Huang Weighs in on the Metaverse, Blockchain, and Chip Shortage," *Venture Beat*, June 12, 2021, accessed January 4, 2022, https://venturebeat.com/.

3. Data pulled from Bloomberg database on January 2, 2022 (excludes a dozen references to companies that included "Metaverse" only in their names).

4. Zheping Huang, "Tencent Doubles Social Aid to $15 Billion as Scrutiny Grows," *Bloomberg*, August 18, 2021, accessed January 4, 2022, https://www.bloomberg.com/.

5. Chang Che, "Chinese Investors Pile into 'Metaverse,' Despite Official Warnings," *SupChina*, September 24, 2021, accessed January 4, 2021, https://supchina.com/2021/09/24/chinese-investors-pile-into-metaverse-despite-official-warnings/.

6. Jens Bostrup, "EU's Danske Chefforhandler: Facebooks store nye projekt 'Metaverse' er dybt bekymrende," *Politiken*, October 18, 2021, accessed January 4, 2022, https://politiken.dk/.

第1章 一部簡單的未來史

1. Neal Stephenson, *Snow Crash* (New York: Random House, 1992), 7.

2. John Schwartz, "Out of a Writer's Imagination Came an Interactive World," *New York Times,* December 5, 2011, accessed January 4, 2022, https://www.nytimes.com/.

3. Joanna Robinson, "The Sci-Fi Guru Who Predicted Google Earth Explains Silicon Valley's Latest Obsession," *Vanity Fair,* June 23, 2017, accessed January 4, 2022, https://www.vanityfair.com/.

4. Stanley Grauman Weinbaum, *Pygmalion's Spectacles* (1935), Kindle edition,p. 2.

5. Ryan Zickgraf, "Mark Zuckerberg's 'Metaverse' Is a Dystopian Nightmare," *Jacobin*, September 25, 2021, accessed January 4, 2022, https://www.jacobinmag.com/.

6. J. D. N. Dionisio, W. G. Burns III, and R. Gilbert, "3D Virtual Worlds and the Metaverse: Current Status and Future Possibilities," *ACM Computing Surveys* 45, issue 3 (June 2013), http://dx.doi.org/10.1145/2480741.2480751.

7. Josh Ye, "One Gamer Spent a Year Building This Cyberpunk City in Minecraft," *South China Morning Post,* January 15, 2019, accessed January 4, 2022, https://www.scmp.com/.

8. Josh Ye, "Minecraft Players Are Recreating China's Rapidly Built Wuhan Hospitals," *South China Morning Post,* February 20, 2020, accessed January 4, 2022, https://www.scmp.com/.

9. Tim Sweeney (@TimSweeneyEpic), Twitter, June 13, 2021, accessed January 4, 2022, https://twitter.com/timsweeneyepic/status/1404241848147775488.

10. Tim Sweeney (@TimSweeneyEpic), Twitter, June 13, 2021, accessed January 4, 2022, https://twitter.com/TimSweeneyEpic/status/1404242449053241345?s=20.

11. Dean Takahashi, "The DeanBeat: Epic Graphics Guru Tim Sweeney Foretells How We Can Create the Open Metaverse," *Venture Beat*, December 9, 2016,

accessed January 4, 2022, https://venturebeat.com/.

第2章 疑惑與未知

1. Satya Nadella, "Building the Platform for Platform Creators," LinkedIn, May 25, 2021, accessed January 4, 2022 https://www.linkedin.com/pulse/building-platform-creators-satya-nadella.

2. Sam George, "Converging the Physical and Digital with Digital Twins, Mixed Reality, and Metaverse Apps," Microsoft Azure, May 26, 2021, accessed January 4, 2022, https://azure.microsoft.com/en-ca/blog/converging-the-physical-and-digital-with-digital-twins-mixed-reality-and-metaverse-apps/.

3. Andy Chalk, "Microsoft Says It Has Metaverse Plans for Halo, Minecraft, and Other Games," *PC Gamer*, November 2, 2021, accessed January 4, 2022, https://www.pcgamer.com/microsoft-says-it-has-metaverse-plans-for-halo-minecraft-and-other-games/.

4. Gene Park, "Epic Games Believes the Internet Is Broken. This Is Their Blueprint to Fix It," *Washington Post*, September 28, 2021, accessed January 4, 2022, https://www.washingtonpost.com/video-games/2021/09/28/ epic-fortnite-metaverse-facebook/.

5. Alex Sherman, "Execs Seemed Confused About the Metaverse on Q3 Earnings Calls," CNBC, November 20, 2021, accessed January 5, 2021, https:// www.cnbc.com/2021/11/20/executives-wax-poetic-on-the-metaverse-during-q3-earnings-calls.html.

6. CNBC, "Jim Cramer Explains the 'Metaverse' and What It Means for Facebook," July 29, 2021, accessed January 5, 2022, https://www.cnbc.com/video/2021/07/29/jim-cramer-explains-the-metaverse-and-what-it-means-for-facebook.html.

7. Elizabeth Dwoskin, Cat Zakrzewski, and Nick Miroff, "How Facebook's 'Metaverse' Became a Political Strategy in Washington," *Washington Post*, September 24, 2021, accessed January 3, 2022, https://www.washingtonpost.

com/ technology/2021/09/24/facebook-washington-strategy-metaverse/.

8. Tim Sweeney (@TimSweeneyEpic), Twitter, August 6, 2020, accessed January 4, 2022, https://twitter.com/timsweeneyepic/status/1291509151567425536.

9. Alaina Lancaster, "Judge Gonzalez Rogers Is Concerned That Epic Is Asking to Pay Apple Nothing," *The Law*, May 24, 2021, accessed June 2, 2021, https://www.law.com/therecorder/2021/05/24/judge-gonzalez-rogers-is-concerned-that-epic-is-asking-to-pay-apple-nothing/?slreturn=20220006091008.

10. John Koetsier, "The 36 Most Interesting Findings in the Groundbreaking Epic Vs Apple Ruling That Will Free The App Store,"*Forbes*,September 10,2021,accessed January 3, 2022, https://www.forbes.com/sites/johnkoetsier/2021/09/10/the-36 -most-interesting-findings-in-the-groundbreaking-epic-vs-apple-ruling-that-will-free-the-app-store/?sh=56db5566fb3f.

11. Wikipedia, s.v. "Internet," last edited October 13, 2021, https://en.wikipedia.org/wiki/Internet.

12. Paul Krugman, "Why Most Economists' Predictions Are Wrong," *Red Herring Online*, June 10, 1998, Internet Archive, https://web.archive.org/web/19980610100009/http://www.redherring.com/mag/issue55/economics.html.

13. Wired Staff, "May 26, 1995: Gates, Microsoft Jump on 'Internet Tidal Wave,' " *Wired*, May 26, 2021, accessed January 5, 2022, https://www.wired.com/2010/05/0526bill-gates-internet-memo/.

14. CNBC, "Microsoft's Ballmer Not Impressed with Apple iPhone," January 17, 2007, accessed January 4, 2022, https://www.cnbc.com/id/16671712.

15. Drew Olanoff, "Mark Zuckerberg: Our Biggest Mistake Was Betting Too Much On HTML5," *TechCrunch*, September 11, 2022, accessed January 5, 2022, https://techcrunch.com/2012/09/11/mark-zuckerberg-our-biggest-mistake-with-mobile-was-betting-too-much-on-html5/.

16. M. Mitchell Waldrop, *Complexity: The Emerging Science at the Edge of Order*

and Chaos (New York: Simon & Schuster, 1992), 155.

第3章　元宇宙的定義（終於來了！）

1. Dean Takahashi, "How Pixar Made Monsters University, Its Latest Technological Marvel," *Venture Beat*, April 24, 2013, accessed January 5, 2022, https:// venturebeat.com/2013/04/24/the-making-of-pixars-latest-technological-marvel-monsters-university/.

2. Wikipedia, s.v. "Metaphysics," last edited October 28, 2021, https:// en.wikipedia.org/wiki/Metaphysics.

3. Stephenson, *Snow Crash*, 27.

4. CCP Team, "Infinite Space: An Argument for Single-Sharded Architecture in MMOs," *Game Developer,* August 9, 2010, accessed January 5, 2022, https:// www.gamedeveloper.com/design/infinite-space-an-argument-for-single-sharded-architecture-in-mmos.

5. "John Carmack Facebook Connect 2021 Keynote," posted by Upload VR, October 28, 2021, accessed January 5, 2022, https://www.youtube.com/ watch?v=BnSUk0je6oo.

第4章　下一代的網際網路

1. Josh Stark and Evan Van Ness, "The Year in Ethereum 2021," *Mirror*, January 17, 2022, accessed February 2, 2022, https://stark.mirror.xyz/q3OnsK7mvfGt TQ72nfoxLyEV5lfYOqUfJIoKBx7BG1I.

2. BBC, "Military Fears over PlayStation2," April 17, 2000, accessed January 4, 2022, http://news.bbc.co.uk/2/hi/asia-pacific/716237.stm.

3. "Secretary of Commerce Don Evans Applauds Senate Passage of Export Administration Act as Modern-day Legislation for Modern-day Technology," Bureau of Industry and Security, US Department of Commerce, 6 September 2001, www.bis.doc.gov.

4. Chas Littell, "AFRL to Hold Ribbon Cutting for Condor Supercomputer,"

Wright-Patterson Air Force Base, press release, November 17, 2010, accessed January 5, 2022, https://www.wpafb.af.mil/News/Article-Display/Article/399987/afrl-to-hold-ribbon-cutting-for-condor-supercomputer/.

5. Lisa Zyga, "US Air Force Connects 1,760 PlayStation 3's to Build Supercomputer," Phys.org, December 2, 2010, accessed January 5, 2022, https://phys.org/news/2010-12-air-playstation-3s-supercomputer.html.

6. Even Shapiro, "The Metaverse Is Coming. NVIDIA CEO Jensen Huang on the Fusion of Virtual and Physical Worlds," *Time*, April 18, 2021, accessed January 2, 2022, https://time.com/5955412/artificial-intelligence-NVIDIA-jensen-huang/.

7. David M. Ewalt, "Neal Stephenson Talks About Video Games, the Metaverse, and His New Book, REAMDE," *Forbes*, September 19, 2011.

8. Daniel Ek, "Daniel Ek一Enabling Creators Everywhere," *Colossus*, September 14, 2021, accessed January 5, 2022, https://www.joincolossus.com/episodes/14058936/ek-enabling-creators-everywhere?tab=transcript.

9. David M. Ewalt, "Neal Stephenson Talks About Video Games, the Metaverse, and His New Book, REAMDE," *Forbes*, September 19, 2011.

第5章　網路連線

1. Farhad Manjoo, "I Tried Microsoft's Flight Simulator. The Earth Never Seemed So Real," *New York Times*, August 19, 2022, accessed January 4, 2022, https://www.nytimes.com/2020/08/19/opinion/microsoft-flight-simulator.html.

2. Seth Schiesel, "Why Microsoft's New Flight Simulator Should Make Google and Amazon Nervous," *Protocol*, August 16, 2020, accessed January 5, 2022, https://www.protocol.com/microsoft-flight-simulator-2020.

3. Eryk Banatt, Stefan Uddenberg, and Brian Scholl, "Input Latency Detection in Expert-Level Gamers," Yale University, April 21, 2017, accessed January 4, 2022, https://cogsci.yale.edu/sites/default/files/files/Thesis2017Banatt.pdf.

4. Rob Pegoraro, "Elon Musk: 'I Hope I'm Not Dead by the Time People Go to

Mars,' " *Fast Company,* March 10, 2020, accessed January 3, 2022, https://www.fastcompany.com/90475309/elon-musk-i-hope-im-not-dead-by-the-time-people-go-to-mars.

第6章 運算

1. Foundry Trends, "One Billion Assets: How Pixar's Lightspeed Team Tackled Coco's Complexity," October 25, 2018, accessed January 5, 2022, https://www.foundry.com/insights/film-tv/pixar-tackled-coco-complexity.

2. Dean Takahashi, "NVIDIA CEO Jensen Huang Weighs in on the Metaverse, Blockchain, and Chip Shortage," *Venture Beat*, June 12, 2021, accessed February 1, 2022, https://venturebeat.com/2021/06/12/NVIDIA-ceo-jensen-huang-weighs-in-on-the-metaverse-blockchain-chip-shortage-arm-deal-and-competition/.

3. Raja Koduri, "Powering the Metaverse," Intel, December 14, 2021, accessed January 4, 2022, https://www.intel.com/content/www/us/en/newsroom/opinion/powering-metaverse.html.

4. Tim Sweeney (@TimSweeneyEpic), Twitter, January 7, 2020, accessed January 4, 2022, https://twitter.com/timsweeneyepic/status/1214643203871248385.

5. Peter Rubin, "It's a Short Hop from Fortnite to a New AI Best Friend," *Wired*, March 21, 2019, accessed February 1, 2021, https://www.wired.com/story/epic-games-qa/.

第7章 虛擬世界引擎

1. " 'The Future—It's Bigger and Weirder than You Think—' by Owen Mahoney, NEXON CEO," posted by NEXON, December 20, 2019, accessed January 5, 2022, https://www.youtube.com/watch?v=VqiwZN1CShI.

2. Roblox, "A Year on Roblox: 2021 in Data," January 26, 2022, accessed February 3, 2022, https://blog.roblox.com/2022/01/year-roblox-2021-data/.

第8章　互通性

1. Josh Ye (@TheRealJoshYe), Twitter, May 3, 2021, accessed February 1, 2022, https://mobile.twitter.com/therealjoshye/status/1389217569228296201.

2. Tom Phillips, "So, Will Sony Actually Allow PS4 and Xbox One Owners to Play Together?," *Eurogamer*, March 17, 2016, accessed January 5, 2022, https://www.eurogamer.net/articles/2016-03-17-sonys-shuhei-yoshida-on-playstation-4-and-xbox-one-cross-network-play.

3. Jay Peters, "Fortnite's Cash Cow Is PlayStation, Not iOS, Court Documents Reveal," *The Verge,* April 28, 2021, accessed February 1, 2022, https:// www.theverge.com/2021/4/28/22407939/fortnite-biggest-platform-revenue-playstation-not-ios-iphone.

4. Aaron Rakers, Joe Quatrochi, Jake Wilhelm, and Michael Tsevtanov, "NVDA: Omniverse Enterprise—Appreciating NVIDIA's Platform Strategy to Capitalize ($10B+) on the 'Metaverse,'" *Wells Fargo*, November 3, 2021.

5. Chris Michaud, "English the Preferred Language for World Business: Poll," Reuters, May 12, 2016, https://www.reuters.com/article/us-language/english-the-preferred-language-for-world-business-poll-idUSBRE84F0OK20120516.

6. Epic Games, "Tonic Games Group, Makers of 'Fall Guys', Joins Epic Games," March 2, 2021, accessed February 2, 2022, https://www.epicgames.com/site/en-US/news/tonic-games-group-makers-of-fall-guys-joins-epic-games.

第9章　硬體

1. Mark Zuckerberg, Facebook, April 29, 2021, accessed January 5, 2022, https://www.facebook.com/zuck/posts/the-hardest-technology-challenge-of-our-time-may-be-fitting-a-supercomputer-into/10112933648910701/.

2. Tech@Facebook, "Imagining a New Interface: Hands-Free Communication without Saying a Word," March 30, 2020, accessed January 4, 2022, https:// tech.fb.com/imagining-a-new-interface-hands-free-communication-without-saying-a-word/.

3. Tech@Facebook, "BCI Milestone: New Research from UCSF with Support from Facebook Shows the Potential of Brain-Computer Interfaces for Restoring Speech Communication," July 14, 2021, accessed January 4, 2022, https://tech.fb.com/bci-milestone-new-research-from-ucsf-with-support-from-facebook-shows-the-potential-of-brain-computer-interfaces-for-restoring-speech-communication/.

4. Antonio Regalado, "Facebook Is Ditching Plans to Make an Interface that Reads the Brain," *MIT Technology Review*, July 14, 2021, accessed January 4, 2022, https://www.technologyreview.com/2021/07/14/1028447/ facebook-brain-reading-interface-stops-funding/.

5. Andrew Nartker, "How We're Testing Project Starline at Google," Google Blog, November 30, 2021, accessed February 2, 2022, https://blog.google/technology/research/how-were-testing-project-starline-google/.

6. Will Marshall, "Indexing the Earth," *Colossus*, November 15, 2021, accessed January 5, 2022, https://www.joincolossus.com/episodes/14029498/ marshall-indexing-the-earth?tab=blocks.

7. Nick Wingfield, "Unity CEO Predicts AR-VR Headsets Will Be as Common as Game Consoles by 2030," *The Information*, June 21, 2021.

第10章　支付管道

1. NACHA, "ACH Network Volume Rises 11.2% in First Quarter as Two Records Are Set," press release, April 15, 2021, accessed January 26, 2022, https://www.prnewswire.com/news-releases/ach-network-volume-rises-11-2-in-first-quarter-as-two-records-are-set-301269456.html.

2. Takashi Mochizuki and Vlad Savov, "Epic's Battle with Apple and Google Actually Dates Back to Pac-Man," *Bloomberg*, August 19, 2020, accessed January 4, 2021, https://www.bloomberg.com/.

3. Tim Sweeney (@TimSweeneyEpic), Twitter, January 11, 2020, accessed January 4, 2022, https://twitter.com/TimSweeneyEpic/status/12160891

59946948620.

4. Epic Games, "Epic Games Store Weekly Free Games in 2020!," January 14, 2022, accessed February 14, 2022, https://www.epicgames.com/store/en-US/news/epic-games-store-weekly-free-games-in-2020.

5. Epic Games, "Epic Games Store 2020 Year in Review," January 28, 2021, accessed February 14, 2022, https://www.epicgames.com/store/en-US/news/epic-games-store-2020-year-in-review.

6. Epic Games, "Epic Games Store 2021 Year in Review," January 27, 2022, accessed February 14, 2022, https://www.epicgames.com/store/en-US/news/epic-games-store-2021-year-in-review.

7. Tyler Wilde, "Epic Will Lose Over $300M on Epic Games Store Exclusives, Is Fine With That," *PC Gamer*, April 10, 2021, accessed February 14, 2022, https://www.pcgamer.com/epic-games-store-exclusives-apple-lawsuit/.

8. Adi Robertson, "Tim Cook Faces Harsh Questions about the App Store from Judge in Fortnite Trial," *The Verge*, May 21, 2021, accessed January 5, 2022, https://www.theverge.com/2021/5/21/22448023/epic-apple-fortnite-antitrust-lawsuit-judge-tim-cook-app-store-questions.

9. Nick Wingfield, "IPhone Software Sales Take Off: Apple's Jobs," *Wall Street Journal*, August 11, 2008.

10. John Gruber, "Google Announces Chrome for iPhone and iPad, Available Today," *Daring Fireball*, June 28, 2021, accessed January 4, 2022, https://daringfireball.net/linked/2012/06/28/chrome-ios.

11. Kate Rooney, "Apple: Don't Use Your iPhone to Mine Cryptocurrencies," *CNBC*, June 11, 2018, accessed January 4, 2021, https://www.cnbc.com/2018/06/11/ dont-even-think-about-trying-to-bitcoin-with-your-iphone.html.

12. Tim Sweeney (@TimSweeneyEpic), Twitter, February 4, 2022, accessed February 5, 2022, https://twitter.com/TimSweeneyEpic/status/1489690359194173450.

13. Marco Arment (@MarcoArment), Twitter, February 4, 2022, accessed February 5, 2022, https://twitter.com/marcoarment/status/148959944 0667168768.

14. Manoj Balasubramanian, "App Tracking Transparency Opt-In Rate—Monthly Updates," *Flurry*, December 15, 2021, accessed February 5, 2022, https://www.flurry.com/blog/att-opt-in-rate-monthly-updates/.

第11章　區塊鏈

1. Telegraph Reporters, "What Is Ethereum and How Does It Differ from Bitcoin?," *The Telegraph*, August 17, 2018.

2. Ben Gilbert, "Almost No One Knows about the Best Android Phones on the Planet," *Insider*, October 25, 2015, accessed January 4, 2022, https://www.businessinsider.com/why-google-makes-nexus-phones-2015-10.

3. Wikipedia, s.v. "Possession is Nine-Tenths of the Law," last edited December 6, 2021, https://en.wikipedia.org/wiki/Possession_is_nine-tenths_of_the_law.

4. Hannah Murphy and Joshua Oliver, "How NFTs Became a $40bn Market in 2021," *Financial Times*, December 31, 2021, accessed January 4, 2022. Note, this sum, $40.9 billion, is limited to the Ethereum blockchain, which is estimated to have 90% share of NFT transactions.

5. Kevin Roose, "Maybe There's a Use for Crypto After All," *New York Times*, February 6, 2022, accessed February 7, 2022, https://www.nytimes.com/2022/02/06/technology/helium-cryptocurrency-uses.html.

6. Kevin Roose, "Maybe There's a Use for Crypto After All," *New York Times*, February 6, 2022, accessed February 7, 2022, https://www.nytimes.com/2022/02/06/technology/helium-cryptocurrency-uses.html.

7. Helium, accessed March 5, 2022, https://explorer.helium.com/hotspots.

8. CoinMarketCap, "Helium," accessed February 7, 2022, https://coinmarketcap.com/currencies/helium/.

9. Dean Takahashi, "The DeanBeat: Predictions for gaming in 2022," *Venture Beat*, December 31, 2021, accessed January 3, 2022, https://venturebeat.com/2021/12/31/the-deanbeat-predictions-for-gaming-2022/.

10. Ephrat Livni, "Venture Capital Funding for Crypto Companies Is Surging,"*New York Times*, December 1, 2021, accessed January 5, 2022, https://www.nytimes.com/2021/12/01/business/dealbook/crypto-venture-capital.html.

11. Olga Kharif, "Crypto Crowdfunding Goes Mainstream with ConstitutionDAO Bid," *Bloomberg*, November 20, 2021, accessed January 2, 2022, https://www.bloomberg.com/news/articles/2021-11-20/crypto-crowdfunding-goes-mainstream-with-constitutiondao-bid?sref=sWz3GEG0.

12. Miles Kruppa, "Crypto Assets Inspire New Brand of Collectivism Beyond Finance," *Financial Times*, December 27, 2021, accessed January 4, 2022, https://www.ft.com/content/c4b6d38d-e6c8-491f-b70c-7b5cf8f0cea6.

13. Lizzy Gurdus, "NVIDIA CEO Jensen Huang: Cryptocurrency Is Here to Stay, Will Be an 'Important Driver' For Our Business," CNBC, March 29, 2018, accessed February 2, 2022, https://www.cnbc.com/2018/03/29/NVIDIA-ceo-jensen-huang-cryptocurrency-blockchain-are-here-to-stay.html.

14. Visa, "Crypto: Money Is Evolving," accessed February 2, 2022, https://usa.visa.com/solutions/crypto.html.

15. Dean Takahashi, "Game Boss Interview: Epic's Tim Sweeney on Blockchain, Digital Humans, and Fortnite," *Venture Beat*, August 30, 2017, accessed February 2, 2022, https://venturebeat.com/2017/08/30/game-boss-interview-epics-tim-sweeney-on-blockchain-digital-humans-and-fortnite/.

16. Tim Sweeney (@TimSweeneyEpic), Twitter, January 30, 2021, accessed January 4, 2022, https://twitter.com/TimSweeneyEpic/status/1355573241964802050.

17. Tim Sweeney (@TimSweeneyEpic), Twitter, September 27, 2021, accessed January 4, 2022, https://twitter.com/TimSweeneyEpic/status/1442519522875949061.

18. Tim Sweeney (@TimSweeneyEpic), Twitter, October 15, 2021, accessed January 4, 2022, https://twitter.com/TimSweeneyEpic/status/144914631 7129895938.

第12章　元宇宙何時到來？

1. Tom Huddleston Jr., "Bill Gates Says the Metaverse Will Host Most of Your Office Meetings Within 'Two or Three Years'—Here's What It Will Look Like," CNBC, December 9, 2021, accessed February 2, 2022, https://www. cnbc.com/2021/12/09/bill-gates-metaverse-will-host-most-virtual-meetings-in-a-few-years.html.

2. "The Metaverse and How We'll Build It Together—Connect 2021," posted by Meta, October 28, 2021, accessed February 2, 2022, https://www.youtube.com/ watch?v=Uvufun6xer8.

3. Steven Ma, "Video Games' Future Is More Than the Metaverse: Let's Talk 'Hyper Digital Reality'," *GamesIndustry*, February 8, 2022, accessed February 11, 2022, https://www.gamesindustry.biz/articles/2022-02-07-the-future-of-games-is-far-more-than-the-metaverse-lets-talk-hyper-digital-reality.

4. George Smiley, "The U.S. Economy in the 1920s," Economic History Association, accessed January 5, 2022, https://eh.net/encyclopedia/ the-u-s-economy-in-the-1920s/.

5. Tim Hartford, "Why Didn't Electricity Immediately Change Manufacturing?," August 21, 2017, accessed January 5, 2022, https://www.bbc. com/news/ business-40673694.

6. David E. Nye, *America's Assembly Line* (Cambridge, MA: MIT Press, 2015), 19.

第13章　元宇宙產業

1. Wikipedia, s.v. "Baumol's cost disease," last edited October 2, 2022, https:// en.wikipedia.org/wiki/Baumol%27s_cost_disease.

2. US Bureau of Labor Statistics, accessed December 2021.

3. Melissa Pankida, "The Psychology Behind Why We Speed Swipe on Dating Apps," *Mic*, September 27, 2019, accessed January 2, 2022,https://www. mic.com/ life/we-speed-swipe-on-tinder-for-different-reasons-depending-on-our-gender-18808262.

4. Benedict Evans, "Cars, Newspapers and Permissionless Innovation," September 6, 2015, accessed January 2, 2022, https://www.ben-evans.com/ benedictevans/2015/9/1/permissionless-innovation.

5. Gene Park, "Epic Games Believes the Internet Is Broken.This Is Their Blueprint to Fix It," *Washington Post*, September 28, 2021, accessed January 4, 2022, https://www.washingtonpost.com/video-games/2021/09/28/epic-fortnite-metaverse-facebook/.

6. Bob Woods, "The First Metaverse Experiments? Look to What's Already Happeningin Medicine," CNBC, December 4, 2021, accessed January 4, 2022, https:// www.cnbc.com/2021/12/04/the-first-metaverse-experiments-look-to-whats-happening-in-medicine.html.

第14章　元宇宙的贏家與輸家

1. Microsoft, "Microsoft to Acquire Activision Blizzard to Bring the Joy and Community of Gaming to Everyone, Across Every Device," January 18, 2022, accessed February 2, 2022, https://news.microsoft.com/2022/01/18/microsoft-to-acquire-activision-blizzard-to-bring-the-joy-and-community-of-gaming-to-everyone-across-every-device/.

2. AdiRobertson,"TimCookFacesHarshQuestionsabouttheAppStorefromJudge in Fortnite Trial," *The Verge*, May 21, 2021, accessed January 4, 2022, https:// www.theverge.com/2021/5/21/22448023/epic-apple-fortnite-antitrust-lawsuit-judge-tim-cook-app-store-questions.

3. Brad Smith, "Adapting Ahead of Regulation: A Principled Approach to App Stores," Microsoft, February 9, 2022, accessed February 11, 2022, https://

blogs.microsoft.com/on-the-issues/2022/02/09/open-app-store-principles-activision-blizzard/

4. Brad Smith (@BradSmi), Twitter, February 3, 2022, accessed February 4, 2022, https://twitter.com/BradSmi/status/1489395484808466438.

第15章　元宇宙形式的存在

1. Sean Hollister, "Here's What Apple's New Rules about Cloud Gaming Actually Mean," *The Verge,* September 18, 2020, accessed January 4, 2022, https:// www.theverge.com/2020/9/18/20912689/apple-cloud-gaming-streaming-xcloud-stadia-app-store-guidelines-rules.

結論　靜觀其變

1. Clifford Stoll, "Why the Web Won't Be Nirvana," *Newsweek*, February 26, 1995, accessed January 6, 2022, https://www.newsweek.com/clifford-stoll-why-web-wont-be-nirvana-185306.

2. James Chapman, "Internet 'May Just Be a Passing Fad as Millions Give Up on It,' " *Daily Mail*, December 5, 2000.

3. 9to5 Staff, "Jobs' Original Vision for the iPhone: No Third-Party Native Apps," *9to5Mac,* October 21, 2011, accessed January 5, 2022, https://9to5mac.com/2011/10/21/jobs-original-vision-for-the-iphone-no-third-party-native-apps/.

4. Nick Wingfield, " 'The Mobile Industry's Never Seen Anything Like This': An Interview with Steve Jobs at the App Store's Launch," *Wall Street Journal,* originally recorded August 7, 2008, published in full on July 25, 2018, accessed January 5, 2022, https://www.wsj.com/articles/the-mobile-industrys-never-seen-anything-like-this-an-interview-with-steve-jobs-at-the-app-stores-launch-1532527201.

財經企管 BCB777

元宇宙
The Metaverse: And How it Will Revolutionize Everything

作者 —— 馬修・柏爾　Matthew Ball
譯者 —— 林俊宏

總編輯 —— 吳佩穎
書系副總監 —— 蘇鵬元
責任編輯 —— 王映茹
校對 —— 黃雅蘭
封面設計 —— 張議文

出版者 —— 遠見天下文化出版股份有限公司
創辦人 —— 高希均、王力行
遠見・天下文化 事業群榮譽董事長 —— 高希均
遠見・天下文化 事業群董事長 —— 王力行
天下文化社長 —— 林天來
國際事務開發部兼版權中心總監 —— 潘欣
法律顧問 —— 理律法律事務所陳長文律師
著作權顧問 —— 魏啟翔律師
社址 —— 臺北市 104 松江路 93 巷 1 號
讀者服務專線 —— 02-2662-0012｜傳真 —— 02-2662-0007；02-2662-0009
電子郵件信箱 —— cwpc@cwgv.com.tw
直接郵撥帳號 —— 1326703-6 號　遠見天下文化出版股份有限公司

電腦排版 —— 薛美惠
製版廠 —— 中原造像股份有限公司
印刷廠 —— 中原造像股份有限公司
裝訂廠 —— 中原造像股份有限公司
登記證 —— 局版台業字第 2517 號
總經銷 —— 大和書報圖書股份有限公司｜電話 —— 02-8990-2588
出版日期 —— 2022 年 7 月 29 日第一版第一次印行
　　　　　　2023 年 10 月 6 日第一版第二次印行

國家圖書館出版品預行編目（CIP）資料

元宇宙／馬修 ・ 柏爾（Matthew Ball）著；林俊宏譯 .--
第一版 .-- 臺北市：遠見天下文化出版股份有限公司，
2022.07
480 面；14.8×21 公分 .--（財經企管；BCB777）

譯自：The Metaverse: And How It Will Revolutionize
Everything

ISBN 978-986-525-728-6（平裝）

1. CST：虛擬實境 2. CST：數位科技 3. CST：產業發展

312.8　　　　　　　　　　　　　　111011541

定價 —— 600 元
ISBN —— 978-986-525-728-6｜EISBN —— 9789865257262（EPUB）；9789865257279（PDF）
書號 —— BCB777
天下文化官網 —— bookzone.cwgv.com.tw

天下·文化
Believe in Reading